高等职业教育“十四五”规划教材

宠物病理

祝艳华　杨祎程　主编

中国农业大学出版社
·北京·

内容简介

本教材是以技术技能型人才培养为目标，以宠物临床疾病防治方面的岗位能力需求为导向，坚持适度、够用、实用及学生认知规律和同质化原则；以实际应用知识，依据教学内容的同质性和技术技能的相似性，将宠物病理等知识和技能列出，进行归类和教学设计。其内容体系分为模块、项目和任务三级结构，每一项目又设“学习目标”“学习任务”“学习评价”“病例分析”等教学组织单元，并以任务的形式展开叙述，明确学生通过学习应达到的知识目标和能力目标；大多数项目的相关理论知识，均结合大量的图片来描述病理变化，为实现课程的教学目标和提高学生学习的效果奠定良好的基础。

本教材语言精炼，图文并茂，通俗易懂，现代职教特色鲜明，既可作为教师和学生开展“校企合作、工学结合”人才培养模式的特色教材，又可作为企业技术人员的培训教材，还可作为广大宠物医疗工作者短期培训、技术服务和继续学习的参考用书。

图书在版编目(CIP)数据

宠物病理 / 祝艳华，杨祎程主编. -- 北京：中国农业大学出版社，2023.5(2025.1 重印)
ISBN 978-7-5655-2982-5

Ⅰ.①宠… Ⅱ.①祝…②杨… Ⅲ.①宠物-兽医学-病理学-教材 Ⅳ.①S852.3

中国国家版本馆 CIP 数据核字(2023)第 079664 号

书　名 宠物病理
作　者 祝艳华　杨祎程　主编

策划编辑	康昊婷	**责任编辑**	许晓婧
封面设计	李尘工作室		
出版发行	中国农业大学出版社		
社　址	北京市海淀区圆明园西路 2 号	**邮政编码**	100193
电　话	发行部 010-62733489,1190		编辑部 010-62732617,2618
	出版部 010-62733440		读者服务部 010-62732336
网　址	http://www.caupress.cn	**E-mail**	cbsszs@cau.edu.cn
经　销	新华书店		
印　刷	天津鑫丰华印务有限公司		
版　次	2023 年 7 月第 1 版　2025 年 1 月第 2 次印刷		
规　格	185 mm×260 mm　16 开本　13.25 印张　330 千字		
定　价	53.00 元		

编审人员

主　编　祝艳华　甘肃畜牧工程职业技术学院

　　　　杨祎程　兰州现代职业学院

副主编　代佳娣　遵义职业技术学院

　　　　王　龙　黑龙江农业工程职业学院

　　　　保志鹏　云南农业职业技术学院

　　　　赵雪娇　郑州城建职业学院

参　编　（以姓氏笔画排列）

　　　　何　强　甘肃农业职业技术学院

　　　　何晚红　甘肃农业大学

　　　　张　洁　甘肃农业职业技术学院

　　　　张潇文　甘肃畜牧工程职业技术学院

　　　　姚万玲　甘肃农业大学

审　稿　王雯慧　甘肃农业大学

　　　　张登辉　甘肃畜牧工程职业技术学院

前言 Preface

宠物病理是学习和掌握宠物疾病诊疗工作基本知识和基本理论的一门学科，是宠物医疗技术专业重要的专业基础课，是推动宠物疾病防治不断发展的重要理论基础和技术指南，具有较强的理论性和实践性。它包括病理解剖、病理生理、各系统病理三部分。

宠物病理解剖主要阐明宠物机体患病时各组织、器官形态结构的变化、发病原因及发生机理，从形态学角度揭示疾病的本质和发生发展的一般规律。主要包括疾病概论，血液循环障碍，细胞和组织的损伤，代偿、适应与修复，炎症和肿瘤。

宠物病理生理主要阐明宠物疾病的发生、发展、转归和患病机体机能、代谢变化的规律。主要包括物质代谢病理相关内容。由于机体是一个完整的统一体，它的形态结构和机能代谢是相辅相成、相互关联、不可分割的，所以病理解剖和病理生理之间存在着有机的内在联系。

各系统病理主要阐明的是重要系统在不同疾病中出现的共同病理生理变化，揭示了疾病的本质，为建立有效的疾病诊疗和预防策略提供理论和实验依据。主要包括内脏系统病理及神经、骨骼、肌肉病理。

本教材根据《国家职业教育改革实施方案》（简称“职教二十条”）《高等职业学校专业教学标准》以及《“十四五”职业教育规划教材建设实施方案》等相关文件精神，结合宠物专业的职业活动、应职岗位需求，培养学生通过典型病理变化诊断宠物疾病的专业能力，作为专业基础课，其阐述的基本理论与方法对临床疾病诊断与防治具有指导意义，也为其他专业课程的学习和从事宠物养护及疾病防控工作奠定了扎实的理论基础。

习近平总书记在二十大报告中指出：“深化教育领域综合改革，加强教材建设和管理，完善学校管理和教育评价体系，健全学校家庭社会育人机制。”本教材认真贯彻习近平总书记关于教材建设的重要指示精神，把立德树人融入教材建设各个环节，围绕立德立志、增智健体、成才用才推进改革，教材编写过程中，除了培养学生专业技能外，还注重提升学生的政治素质，培养学生的敬业奉献精神，激发学生的创新活力，促进学生向新时代德智体美劳全面发展。

《宠物病理》的编写分工为：绪论、项目七、项目八由祝艳华编写，项目一、项目二、项目三、项目四由张洁编写，项目五由何强、代佳娣编写，项目六由何晚红、姚万玲、王龙、保志鹏、赵雪娇编写，项目九由张潇文、杨祎程编写。全书由祝艳华、杨祎程修改定稿。

承蒙甘肃农业大学王雯慧教授和甘肃畜牧工程职业技术学院张登辉教授对本教材进行了认真审定，并提出了宝贵意见；编写过程中得到编写人员所在学校的大力支持，在此一并表示感谢。作者参考著作的有关资料，不再一一述及，谨对所有作者表示衷心的感谢！

由于时间仓促，编者水平有限，书中错误和不妥之处在所难免，敬请同行、专家批评指正。

编　者

2023 年 6 月

目录 Contents

模块二 宠物病理生理

模块三 各系统病理

绪　　论

一、课程性质

宠物病理是宠物医学及其相关专业的基础课，具有较强的理论性和实践性。一方面，它将宠物疾病的基础知识与宠物临床实践有机融合，并基于宠物医师的职业活动、应职岗位的实际要求，培养学生识别病理变化、采集病理材料等专业能力，同时注重学生职业素质的培养。另一方面，作为后续课程的基础，其阐述的基本原理与方法更具有一般指导意义，能为后续专业课程的学习和从事宠物疾病诊疗工作奠定扎实的理论基础。

二、教材内容

本教材内容编写以技术技能人才培养为目标，以宠物临床对宠物医生的岗位能力需求为导向，尽量按照学习过程中学生认知心理顺序，与专业所对应的典型职业工作顺序，将陈述性知识与过程性知识整合、理论知识与实践知识整合，适度、够用、实用的陈述性知识总量没有变化，只是这类知识在教材中的排序方式发生了变化，教材内容不再是静态的学科体系的显性理论知识的复制与再现，而是着眼于隐性知识生成与构建，更符合职业教育教材开发的全新理念。

本教材以实际应用知识为主，删去了实践中应用性不强的内容，将动物病理的相关知识和关键技能列出，依据教学内容的同质性和技术技能的相似性，进行归类和教学设计，划分为三大模块、九个项目，即：

模块一　宠物病理解剖

　项目一　疾病概论

　项目二　血液循环障碍

　项目三　细胞和组织的损伤

　项目四　代偿、适应和修复

　项目五　炎症

　项目六　肿瘤

模块二　宠物病理生理

　项目七　物质代谢病理

模块三　各系统病理

　项目八　内脏系统病理

　项目九　神经、骨骼、肌肉病理

三、课程目标

掌握宠物病理的基本知识,能够:

(1)识别临床常见的基本病理变化。

(2)掌握用于病原学、血清学和病理学检验材料的采集、保存、包装和送检技术。

(3)提高综合分析病例的能力。

模块一

宠物病理解剖

项目一 疾病概论

学习目标

知识目标：掌握疾病的概念；熟悉引起疾病的原因，疾病发生、发展的基本规律及疾病的经过与转归；了解疾病发生的机理及特征。

能力目标：能区分引起疾病的内因、外因还是诱因；根据动物的临床表现区分死亡的三个时期（濒死期、临床死亡期、生物学死亡期）。

学习任务

任务1 疾病的概述

一、健康

健康是指动物机体在神经体液的调节下，通过各组织、器官、系统的协调，使机体保持相对动态平衡，进行正常生命活动的状态。健康不等于没有疾病。从健康到疾病是量变累积到质变的过程，二者之间存在量变过程，即所说的亚健康状态，无疾病特征性变化。例如对于有些宠物来说，长期饲喂的食物单一，缺乏锻炼，以至于身体较弱，体力和适应环境的能力很差，这种宠物虽没有检查出疾病，但是不健康。

二、疾病

疾病是指宠物机体与来自内外环境中的致病因素相互作用所产生的损伤和抗损伤的斗争过程。在此过程中，宠物机体表现出一系列机能、代谢和形态结构的变化，机体内外环境及体内各系统之间的相对平衡状态发生紊乱，出现一系列的症状与体征，并导致宠物的运动和观赏性能下降。概括起来疾病具有以下特点。

1.疾病是在一定条件下，致病因素作用于机体的结果

任何疾病都是有原因的，查明疾病发生的原因是防治疾病的先决条件，但疾病的发生不仅仅是致病因素直接作用的结果，还与机体内部因素和外界条件有密切关系。

2.疾病是以局部变化为主的全身性反应

尽管不同的疾病会有不同的表现形式，但其本质都是机体与外界环境的统一或机体内各器官系统之间的动态平衡发生紊乱。虽然有些疾病以局部变化为主，但由于局部组织受神经系统和体液因素的调节，因此，局部的变化均应该看成是全身反应的表现。

3.疾病是一种矛盾斗争的过程

当致病因素作用于机体后，一方面对机体造成损伤，在机能、代谢和形态结构等方面出现异常变化，同时也激发了机体出现一系列抗损伤反应。在疾病过程中，损伤与抗损伤作用常同时出现且不断变化，贯穿于疾病的整个过程。两者既相互联系又相互斗争，从而推动疾病向前发展，双方力量的对比决定着疾病的发展方向。

4.疾病的发生发展有其规律性

任何疾病都有发生、发展的规律，并且在疾病的经过中还存在阶段性和特殊性，只有认识疾病的阶段性和特殊性，才能正确诊断和治疗疾病。

5.疾病有其特征和症状

根据宠物的异常表现才能发现其是否患病，再根据其典型症状及病变特征才能正确诊断宠物所患疾病。

6.各种能力降低是宠物患病的标志之一

患病时由于机体的适应能力降低，机体内部的机能、代谢和形态结构发生障碍或破坏，必然导致宠物各种能力的下降，如生理能力下降会引起消化、呼吸、心血管、泌尿、繁殖力降低，宠物不愿活动致使观赏性降低等。

三、衰老

1.衰老的概念

衰老是指生物体随着年龄的增长而发生的进行性变化的总和，表现为机体机能活动的进行性下降，机体维特内环境恒定和对环境的适应能力逐渐降低。生物的个体发育均经生长、发育、衰老和死亡几个阶段，因此，衰老是生命的一种表现形式，是生命发展的必然。

2.宠物的寿命

宠物的寿命一般以平均预期寿命表示。宠物的平均寿命由以下方式来推算。

（1）根据个体的大小　一般来说，个体越大，代谢越低，寿命越长，如犬 18 年，猫 15 年。

（2）根据脑的重量　脑重同体重的比例，与寿命有一定的关系，大脑相对重者寿命较长，因为脑重者内环境的调节机制较好。

（3）根据心跳快慢　心跳越快寿命越短。一生中总心跳次数是恒定的，在 5 亿～10 亿次。

（4）根据性成熟期　灵长类寿命为性成熟期的 6 倍，啮齿类为 30～50 倍。

（5）根据生长期　一般哺乳动物的寿命为生长期的 5～7 倍。

(6)根据细胞分裂代数和时间　平均寿命为细胞分裂代数和分裂间隔时间的乘积。寿命长的动物细胞分裂代数较寿命短的动物的多。

寿命的长短和一生中各阶段的划分,均需以年龄表示。由于同龄个体衰老程度有很大差异,因而又提出一种生理年龄,也称生物学年龄,表示实际的老化情况。

如上所述,不同物种的寿命差异很大,即使同一种动物中不同个体的寿命也有很大差别。一般来说,雄性动物的寿命比雌性动物短。自然寿命主要由遗传因素决定,不过后天因素,特别是不良环境与疾病,常可促使机体衰老,寿命缩短。

任务 2　疾病发生的原因

任何疾病的发生都有一定的原因,没有原因的疾病是不存在的。疾病发生的原因就是引起疾病的各种因素,统称为病因,又称为致病因素。概括起来可分为外界致病因素(外因)和内部致病因素(内因)两方面。对于多数疾病除了内因与外因以外,还有促使疾病发生的条件性因素,即诱因。

一、外界致病因素

引起宠物疾病发生的外界致病因素很多,通常分为机械性原因、物理性原因、化学性原因、生物性原因和营养性原因五大类。

(一)机械性致病因素

机械性致病因素是指具有一定动能的机械性外力因素作用于机体而引起的损伤。如锐器及钝器的打击,爆炸的冲击波,机体的震荡等,都可以引起机体的各种损伤和障碍。机体内部的机械性因素有肿瘤、寄生虫、结石等造成的压迫、堵塞。

机械性外力的致病作用特点:①对组织不具有选择性。②无潜伏期及前驱期,或很短。③只能引起疾病的发生,不参与疾病的进一步发展。④机械力的强度、性质、作用部位、作用时间及作用范围决定着引起损伤的性质和程度,很少受机体影响。⑤转归的方式常为病理状态。

(二)物理性致病因素

属于物理性致病因素有高温(烧伤、烫伤、灼伤)、温热(日灼病、热射病)、低温(冻伤)、电流(雷击伤、交流电损伤)、电离辐射(放射线灼伤)等,这些因素达到一定强度或作用时间较长时,都可以使机体发生物理性损伤。

物理性因素致病作用特点:①一般只在疾病开始时起作用,不参与以后的疾病发展过程。②除光能外,一般没有潜伏期,或最多只有几个小时的潜伏期。③作用结果都会产生明显的组织损伤。

(三)化学性致病因素

化学性致病因素可分为内源性和外源性两类。内源性化学致病因素一般指机体在代谢过程中产生的某些物质,当这些物质在体内大量蓄积时可引起相应的疾病,例如肾功能衰竭引起的尿毒症,尿酸盐沉积引起的痛风等。外源性化学致病因素指来自体外的某些化学物质,常见的主要有强酸、强碱、化学毒物、动植物毒性物质及药物等。

化学性致病因素的致病作用特点:①某些化学物质对机体的组织、器官有选择性的毒害作用。如四氯化碳主要引起肝细胞损伤，一氧化碳能牢固与血红蛋白结合，使其失去携氧功能。②化学性因素的致病作用与毒物本身的性质、剂量等有关。③除慢性中毒外，化学毒物引起的疾病一般都有较短的潜伏期。

（四）生物性致病因素

生物性致病因素是最常见的外界致病因素。主要包括病原微生物（如细菌、病毒、衣原体、立克次体、支原体、放线菌、真菌等）和寄生虫（如原虫、蠕虫和节肢动物），可引起各种传染病、真菌病、寄生虫病等。

生物性致病因素较复杂，但其致病作用具有以下特点：①有一定的潜伏期。②对易感动物的种属、侵入门户和作用部位有一定的选择性。③具有持续性和传染性，有特异的免疫反应和特征性的病理变化。

（五）营养性致病因素

除上述各项致病因素外，当宠物喂养管理不当，特别是日粮中各种营养因素供应不平衡（过剩或不足），宠物的营养需要不能得到合理的补充和调剂时，也常可引起疾病的发生。

1. 营养供给过剩

宠物对于构成机体的主要物质如蛋白质、脂肪、糖、盐、水和维生素等长期缺乏和不足时均可导致疾病的发生。但是，如果这些营养因素摄取过多或过剩时，也会带来极为不良的后果。如蛋白质摄入过剩时，部分可在体内蓄积致使血液酸度升高，而引起酸中毒；尿液酸度增高，可继发肾机能障碍或骨软症。脂肪摄取过多，可引起脂肪沉着，其脏器机能可发生障碍；胆固醇过剩、蓄积可造成细胞物质代谢障碍，生活力减退，也是动脉硬化的原因。

2. 营养供给不足

宠物日粮中营养物质缺乏，可造成宠物饥饿。饥饿分为两种：一种是营养物质供给完全断绝称为绝对饥饿；另一种是营养供给减少称为部分饥饿。绝对饥饿可使组织成分中的糖原消耗、脂肪萎缩、蛋白质分解加强、肌肉消瘦，最后常因动物营养极度衰竭而死亡。部分饥饿可发生在日粮摄入量减少，细胞生活力减退，低蛋白血症，可引起贫血、组织渗透压降低、体腔和全身水肿等。

二、内部致病因素

宠物疾病的发生除外因外，其内因极为重要。所谓内因就是机体本身的生理状态，大致可包括两个方面：一方面是机体对致病因素损伤作用的敏感性，即机体的感受性；另一方面是机体具有防御致病作用的能力，即所谓抵抗力。疾病发生的根本原因，就在于机体对致病因素的感受性和机体抵抗力。

机体对致病因素的易感性和防御能力既与机体各器官的结构机能和代谢特点以及防御系统的机能状态有关，也与机体一般特性即宠物的种属、品种和个体反应性等有关。

（一）防御免疫机能降低

1. 机体屏障机能降低

健康机体皮肤黏膜能够阻止微生物的入侵，黏膜还可通过分泌黏液及分泌物中的溶菌酶来冲淡和杀灭病原微生物。由脑软膜、脉络膜、室管膜及脑血管内皮所组成的血脑屏障能阻止细菌、某些毒素及一些大分子物质通过血液进入脑脊液或中枢神经系统。孕宠的胎盘屏障可阻止母体内的某些有害物质(细菌毒素、代谢产物等)通过绒毛膜进入胎儿血液循环,保护胎儿不受伤害。当这些屏障功能受损时,一些疾病就容易发生。

2. 吞噬机能降低

各种组织中的巨噬细胞,能吞噬和吞饮细菌并分解杀灭病原微生物和可溶性大分子物质。血液中的嗜中性粒细胞也有吞噬和杀菌作用。胃液、唾液、鼻腔分泌物、汗液、泪液及血清中等都有不同程度的杀灭病原微生物的物质。当机体吞噬和杀菌能力减弱时,某些感染性疾病就容易发生。

3. 解毒机能降低

肝是机体主要的解毒器官,从肠道吸收的各种有毒有害物质,随血液转运到肝,肝细胞可通过氧化、还原、水解、结合等方式,使之转化为无毒或低毒物质,并使其水溶性增强而有利于其排出体外。当肝的解毒功能发生障碍时,则易发生中毒性疾病。

4. 排除机能降低

肾的泌尿,肺的呼吸,汗腺的分泌,消化道的呕吐、腹泻等,都可将各种有害物质排出体外。如果这些排除过程受阻,则可发生相应的疾病。

5. 特异性免疫机能改变

机体的免疫反应在防止和对抗感染的过程中起着十分重要的作用。许多疾病的发生、发展与免疫反应密切相关,当细胞免疫功能降低时,容易发生病毒、霉菌等感染,还较易发生肿瘤;当体液免疫功能降低时,容易发生细菌感染,特别是化脓性细菌的感染。

(二)机体的反应性改变

机体的反应性是指机体对各种刺激以相对恒定的方式发生反应的特性。它对疾病的发生和疾病的表现形式具有重要的影响。

1. 种属反应性

不同种属的动物对同一病原微生物的感受性不同。例如犬瘟热病毒感染犬,而不感染猫。

2. 个体反应性

不同个体由于其抵抗力和营养状况等方面的差异,对同一致病因素的反应性也有不同。如在流行犬细小病毒病时,同一群犬有些个体病情异常严重,有的则较轻,有的体内带毒,但不表现任何临床症状。

3. 年龄与性别

年龄不同对疾病的反应性不同。幼龄动物由于屏障结构及免疫系统均未发育完善,抵抗力较弱,而成年动物屏障结构及免疫器官发育成熟,抵抗力较强。如幼龄、老龄动物易患肠道性疾病,老龄动物易患神经性障碍疾病,雌性动物易患白血病等。

4. 遗传因素

基因突变或染色体畸变等遗传物质发生改变引起的疾病,常称为遗传性疾病。例如,犬的髋关节发育不良等遗传性疾病。

(三)机体应激机能降低

应激反应是指机体突然受到强烈有害刺激(如创伤、手术、失血、感染、中毒、缺氧、饥饿等)时,通过下丘脑引起血中促肾上腺皮质激素和糖皮质激素增多,并引起一系列全身反应以抵抗有害刺激，称为应激反应。如应激反应过于强烈或持久，超过机体调节的限度，内环境的稳定性破坏，则会引发疾病甚至死亡。例如，机体受到创伤、烧伤、失血、剧痛、中毒、缺氧、剧烈的温度变化、噪声、恐惧、捕捉、运输等刺激时，由于内分泌、神经机能紊乱，而引起应激反应，导致发病。

三、自然条件和社会制度

条件性因素虽然不会直接致病，但可以影响机体的机能状态和致病因素的致病作用，因此，对疾病的发生和发展具有促进或抑制作用。条件性因素包括自然条件和社会条件。

1. 自然条件

自然条件指气候、季节和地理环境等，对疾病的发生和发展具有明显的影响。例如，居住环境拥挤、卫生条件差，常可诱发疾病；冬季寒冷的刺激可使机体抵抗力下降，发生呼吸系统疾病。

2. 社会条件

社会条件指社会因素对疾病发生、发展的影响。不同国家社会制度不同，对宠物饲养的条件要求、防疫等所采取的措施有差异，各个国家受经济、技术等条件的制约，动物防疫体系的水平高低不一，对疾病的控制力不尽相同。

任务3 疾病发生发展的规律

疾病发生发展的规律就是研究疾病在发生、发展过程中共同遵守的一般规律和机理，也称为发病学。

一、疾病发生发展的一般规律

（一）损伤与抗损伤的斗争贯穿于疾病发展的始终

损伤与抗损伤是贯穿于整个疾病过程的一对矛盾，两者既相互联系，又相互斗争，这是引起疾病和推动疾病发展的基本动力。在疾病过程中，损伤与抗损伤作用常同时出现，并不断变化。当致病因素作用于机体后，一方面造成机体的机能、代谢和形态结构等方面的异常和损伤，同时也激发了机体一系列抗损伤反应的出现。损伤与抗损伤双方力量的对比决定着疾病的发展方向，当损伤作用占优势时，疾病向恶化的方向发展，甚至引起死亡；反之，当抗损伤反应为主导时，症状则趋于缓和，机体逐渐恢复健康。

（二）疾病过程中的因果交替

因果交替是疾病发生、发展过程中的基本规律之一。在疾病的过程中，原始致病因素作用于机体后造成的结果，在一定的条件下常会成为后续病理变化的原因，由于原因和结果互相转化和交替，所以，即使原始病因已不存在，上述的因果交替仍可继续推动疾病过程不断发展。针对具体的疾病，应该全面考虑各种病理现象之间的因果关系，并掌握疾病的发展方向和发病的主导环节，尽早采取措施在疾病发展的某一环节上终止因果交替和恶性循环，就可使疾病朝有利于康复的方向发展。

（三）疾病过程中局部与整体的关系

在疾病发生发展过程中，局部与整体是一种辩证统一的关系。局部的病变会影响全身机能状态，而全身机能状态又制约着局部病变的发展。因此，对任何疾病，原则上都应该看成是整体的变化，而各组织、器官的病理变化均是全身性疾病的局部表现。在临诊上，针对具体的疾病，应该辩证地理解疾病过程中整体与局部关系，这样才能促进机体的康复。

二、病因在机体内的蔓延途径

致病刺激物在突破机体外部屏障与内部的阻挡后通常可以经以下三种途径蔓延。

1. 组织蔓延

致病刺激物从侵入部位沿组织逐渐蔓延。有连续蔓延、管内蔓延和接触蔓延三种形式。例如，喉气管炎沿气管、支气管扩散引起支气管炎或支气管性肺炎，就是由管内蔓延形成的。

2. 体液蔓延

致病刺激物随血液或淋巴液由一处扩散至他处，甚至散布至全身各器官，此种情况，前者称为血源性蔓延，后者称为淋巴源性蔓延。此类扩散速度快，例如，败血症等多为血液蔓延。

3. 神经蔓延

神经蔓延可分为刺激物蔓延和刺激蔓延两种，刺激物沿神经干内的淋巴间隙蔓延，如狂犬病病毒和破伤风毒素即属于刺激物扩散方式；有时刺激物作用于神经，引起冲动，传至相应中枢，使中枢机能改变，因而引起相应器官机能的改变，此种通过反射途径扩散的方式称为刺激蔓延。

必须指出，上述三种方式在疾病发生过程中都不是孤立的，而是相互关联的，其中通过神经反射的作用，是疾病发生的最基本最重要的方式。

任务4 疾病的经过和转归

疾病从发生至结束的整个过程称疾病的经过。在疾病过程中，由于损伤和抗损伤矛盾双方力量对比的不断变化，使疾病出现不同的阶段性。由生物性致病因素引起的传染病，其病程经过的阶段性表现比较明显，通常可分为潜伏期、前驱期、临床明显期和转归期四个发展阶段。

一、潜伏期

潜伏期是指从致病因素作用于机体开始，到机体出现最初的临床症状为止，这段时期称为潜伏期。病原微生物的特性不同，机体所处的环境及自身的情况不同，潜伏期的长短不一。如犬瘟热的潜伏期为3～6 d；犬细小病毒的潜伏期为7～14 d。

二、前驱期

前驱期是从疾病出现最初症状开始，到疾病的主要症状出现为止，这段时期称前驱期。在这一阶段中，机体的活动及反应性均有所改变，出现一些非特异性的临床症状，如精神沉郁、食欲减退、呼吸及脉搏的变化、体温升高等。

三、临床明显期

临床明显期为疾病的特异性症状表现出来的阶段。不同疾病这一阶段持续的时间是不一样的。在这一时期中，病宠表现出的特异性症状对疾病的正确诊断有着十分重要的意义。

四、转归期

转归期是指疾病的结束阶段。疾病的转归可分为完全康复、不完全康复和死亡三种情况。

(一)完全康复

完全康复是指机体完全恢复了健康。病宠机体的功能、代谢障碍完全消失，形态结构的损伤得到完全修复，机体内部各器官系统之间以及机体与外界环境之间的平衡关系完全恢复。

(二)不完全康复

不完全康复是指致病因素对机体的损害作用已经停止，疾病的主要症状已经消失，但机体的功能、代谢障碍和形态结构的损伤未完全恢复，往往遗留下某些持久性的不再变化的损伤残迹。此时机体借助于代偿作用来维持正常生命活动，如心内膜炎后所形成的心瓣膜闭锁不全。

(三)死亡

死亡是指生命活动的终止。它也是一个发生发展的过程，通常分为濒死期、临床死亡期及生物学死亡期。

1. 濒死期

在此期间机体各系统功能发生严重的障碍，脑干以上的中枢神经处于深度抑制状态，病宠表现为反应迟钝、感觉消失、心跳微弱、呼吸时断时续或出现周期性呼吸、括约肌松弛、粪尿失禁等。

2. 临床死亡期

此期的主要标志为心跳和呼吸完全停止。各种反射消失，延髓处于深度的抑制状态，但各组织仍然进行着微弱的代谢过程。

这两期因机体重要器官的代谢过程尚未停止，此时若采取急救措施，机体有复活的可能，也称死亡的可逆时期。

3. 生物学死亡期

生物学死亡期是死亡过程的最后阶段。此时从大脑皮层开始到整个神经系统以及其他各系统器官的新陈代谢相继停止，并出现不可逆的变化，整个机体已没有复活的可能。

学习评价

一、名词解释

1. 疾病　2. 健康　3. 潜伏期　4. 前驱期　5. 临床明显期　6. 转归期
7. 应激

二、填空题

1. 疾病的自然进程和转归可分为________、________、________、________等几个阶段。

2. 引起疾病发生的外界致病因素包括________、________、________、________、________。

3. 发病后期有以下几种转归走向，即__________、__________及__________。

4. 死亡是一发生发展的过程，通常分为__________、__________、__________。

三、单项选择题

1. 患病动物的主要症状虽然消除，但受损的组织结构尚未恢复，而是通过代偿维持其相应的功能活动的一种病理状态，属于(　　)。

A. 完全康复　B. 痊愈　C. 不完全康复

D. 机化　E. 再发

2. 应激是机体在受到各种刺激时所出现的(　　)。

A. 非特异性全身反应　B. 代偿性反应　C. 特异性全身反应

D. 损害性反应　E. 防御性反应

3. 应激时，动物发生的特征性病变是(　　)。

A. 坏死性肝炎　B. 胆囊炎　C. 心肌炎

D. 胃溃疡　E. 脑炎

4. 判断临床死亡的标志是(　　)。

A. 出现尸冷、尸斑、尸僵等变化　B. 血压为零

C. 脑死亡　D. 出现下颌式呼吸　E. 处于深昏迷状态

5. 下列哪一个为疾病的外因(　　)。

A. 有机磷中毒　B. 种属　C. 营养状况

D. 年龄　E. 性别

四、多项选择题

1. 下面属于机体内部因素的是(　　)。

A. 年龄　B. 性别　C. 应激

D. 皮肤受损　E. 基因突变

2. 以下说法正确的是(　　)。

A. 疾病的自然进程和转归大致可分为潜伏期、前驱期、临床明显期和转归期

B. 前驱期是疾病预防的最佳时期

C. 潜伏期是早期发现和诊断疾病的良好时机

D. 临床明显期需要及时的治疗和护理

E. 对传染病而言，临床明显期应严格隔离措施

3. 临床死亡期时，正确的是(　　)。

A. 瞳孔散大固定，对光反射消失　B. 自主呼吸、心跳停止

C. 细胞和组织代谢活动停止　D. 延髓处于极度抑制状态

E. 生命已结束

五、问答题

1. 什么是应激？应激引起宠物机体发生了哪些变化？

2. 以某疾病为例阐述疾病损伤与抗损伤斗争及其相互转化规律。

3. 疾病的经过和转归有哪几种形式？

病例分析

病例一：一只 2 岁黄白色本地犬，外界骤烈降温后来就诊，体温 39.6 ℃，呼吸 42 次/min，心跳 85 次/min。食欲下降，吞咽困难，精神萎靡不振等，检查发现：咽喉肿胀、潮红色，轻轻刺激咽喉部，表现躲闪、痛苦。

病例二：一只 3 岁黑色犬，确诊为犬瘟热，体温 39.9 ℃，呼吸 46 次/min，心跳 90 次/min。虽积极治疗，3 d 后死亡。剖检后发现：眼睑水肿，结膜红色并有多量的脓性眼眵，足垫过度角化、龟裂样硬掌垫现象。肺淤血，有出血斑块，胸腔中有浆液性或脓性液体。胃黏膜潮红，卡他性或出血性肠炎，大肠有多量液体，直肠黏膜皱襞出血，膀胱黏膜充血，有点状或条状出血，心肌扩张，心外膜下有出血点。肝肿大暗红，边缘钝圆。肠黏膜明显增厚。肾肿大。脑膜充血，脑膜下有少量水肿液浸润，脑室扩张及脑脊液增多等非特异性脑炎变化。全身淋巴结髓样肿胀。脾肿大、淤血。

用本章学习的知识分析这两个病例中疾病的特征(分析病因，损伤与抗损伤之间的关系)，疾病的发生、发展的规律性。

知识拓展

脑死亡的诊断标准

脑死亡是指以脑干或脑干以上中枢神经系统永久性地丧失功能为参照系而宣布死亡的标准。脑死亡有别于“植物人”，“植物人”脑干功能是正常的，昏迷只是由于大脑皮层受到严重损害或处于突然抑制状态，病人可以有自主呼吸、心跳和脑干反应，而脑死亡则无自主呼吸，是永久、不可逆性的。

不少国家过去一直把“心跳停止”“呼吸消失”和“血压为零”作为死亡的标准。但随着医学科技的发展，病人的心跳、呼吸、血压等生命体征都可以通过一系列药物和先进设备加以逆转或长期维持。但是如果脑干发生结构性损伤破坏，无论采取何种医疗手段最终发展为心脏死亡。因此，与心脏死亡相比，脑死亡显得更为科学，标准更可靠。

自 1968 年美国哈佛大学死亡定义审查特别委员会提出脑死亡诊断指标以来，世界上已有 80 多个国家和地区陆续建立了死亡标准，一些国家还制定了相应的脑死亡法，但也有国家采用的是脑死亡和呼吸死亡标准并存方式。

项目二　血液循环障碍

学习目标

知识目标：重点掌握充血、淤血、出血、贫血、血栓形成、栓塞、梗死、休克的概念，熟悉其原因、类型、病理变化、结局。熟悉淤血、血栓形成、栓塞及梗死之间的相互关系以及贫血的类型和病理特征。了解淤血、血栓形成、栓塞、梗死、休克的发生机理、结局及对机体的影响。

能力目标：能在标本上准确识别充血、淤血、出血；能在宠物饲养过程中防止贫血的发生。

学习任务

血液循环障碍是指心血管系统受损或血液性状发生改变，而导致血液在血管内的运行发生异常，并于机体的相应部位形成一系列的病理变化。血液循环障碍是机体在各种疾病中经常发生的一种病理过程，常可引起各组织器官的代谢紊乱、机能失调和形态结构改变。组织细胞的变性、坏死及炎症等变化多与血液循环障碍有着密切的关系。

血液循环障碍按其波及的范围不同可分为全身性和局部性两种。全身性血液循环障碍是由于心血管系统的疾病或血液本身性状的改变所造成，如贫血、心衰；而局部性血液循环障碍则是指某一器官或组织的循环障碍，其表现为局部血量异常（充血、缺血）、血管内容物性状的改变（血栓形成、栓塞）以及血管壁通透性改变（水肿、出血）等。全身性与局部性血液循环障碍，虽然在表现形式和对机体的影响上有所不同，但二者之间关系密切。

任务1　充　血

机体局部组织、器官的血管内血液含量比正常增多的状态称为充血。根据血量增多发生的机理不同，分为动脉性充血和静脉性充血（图 2-1）。

一、动脉性充血

在某些生理或病理因素的影响下，局部组织或器官的小动脉及毛细血管发生扩张，流入血量增多，而此时静脉回流量仍保持正常，导致组织或器官内含血量增多，这种现象称为动脉性充血，简称充血。

图 2-1　正常供血与动脉性充血、静脉性充血示意图

1. 动脉性充血　　2. 正常供血　　3. 静脉性充血

(一)原因及分类

动脉性充血又可分为生理性充血和病理性充血。

1. 生理性充血

在生理情况下，当某器官组织机能活动增强，就会引起充血。如采食后胃肠道黏膜充血、运动时肌肉充血、妊娠子宫的充血等。

2. 病理性充血

致病因子作用局部组织引起的充血，称为病理性充血。

(1)炎性充血　在炎症早期或炎灶边缘(图 2-2)，由于致炎因子刺激血管舒张神经或麻痹缩血管神经及一些扩张血管的炎症介质(如组织胺、5-羟色胺、激肽、腺苷等)的作用，引起的局部组织小动脉及毛细血管扩张充血。这种充血又称为反射性充血。

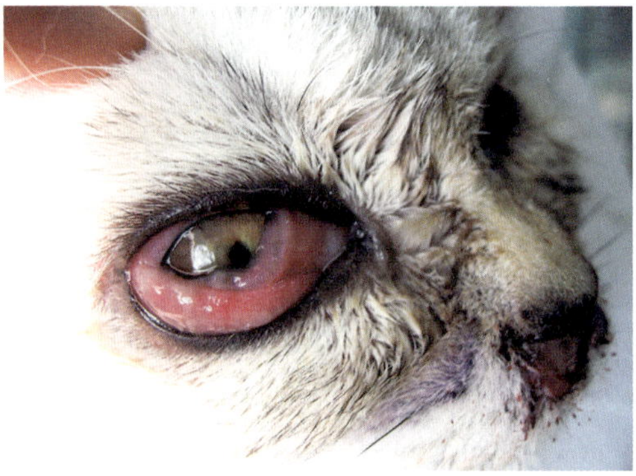

图 2-2　结膜炎

眼结膜充血、水肿　　(周庆国)

(2)侧支性充血　某一动脉由于血栓形成、栓塞或肿瘤压迫等原因，使动脉管腔狭窄或阻塞，其周围的动脉吻合支(侧支)为增强血液供应发生扩张，使缺血组织得到血液供应称为侧支性充血(图 2-3)。

图 2-3　侧支循环模式图

(3)贫血后充血　宠物机体某部因血管长期受压引起局部组织缺血，小动脉血管张力降低，血容量增大，当压力突然解除后，受压组织内血容量激增，称为减压后充血或贫血后充血。

(二)病理变化

组织发生充血时，眼观，色泽鲜红(图 2-4)，温度增高，机能增强，体积稍大。皮肤和黏膜充血时常称为“潮红”(图 2-5)。镜检，小动脉和毛细血管扩张且充满红细胞，平时处于闭锁状态的毛细血管也开放(图 2-6)。炎性充血时可见炎性产物渗出、出血、实质细胞变性或坏死等。

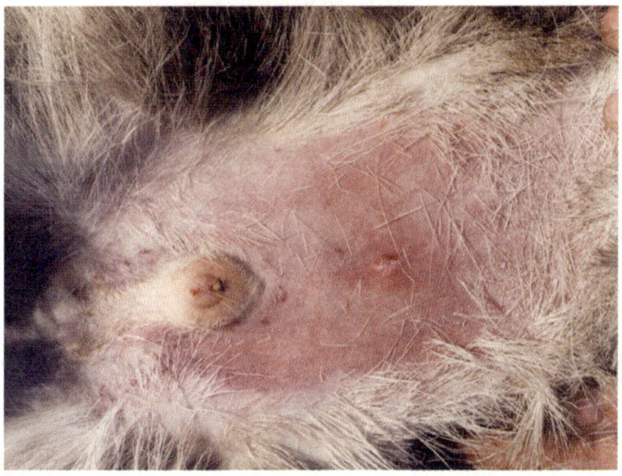

图 2-4　皮肤充血

公马膀尿道结石所致的腹下皮肤充血、潮红，同时皮下发生水肿　(陈怀涛)

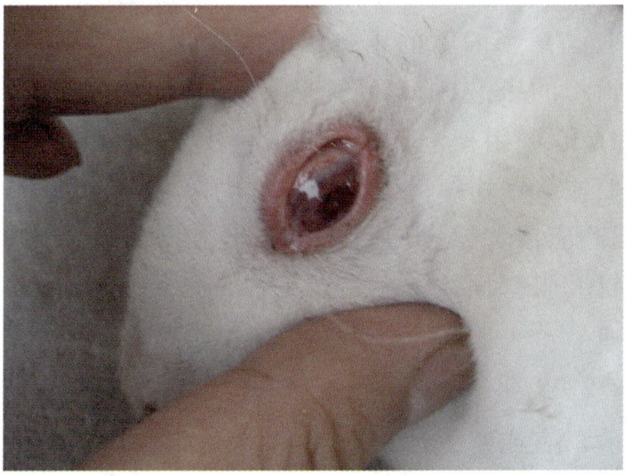

图 2-5　结膜炎

眼结膜充血、潮红，有浆液性分泌物　(任克良)

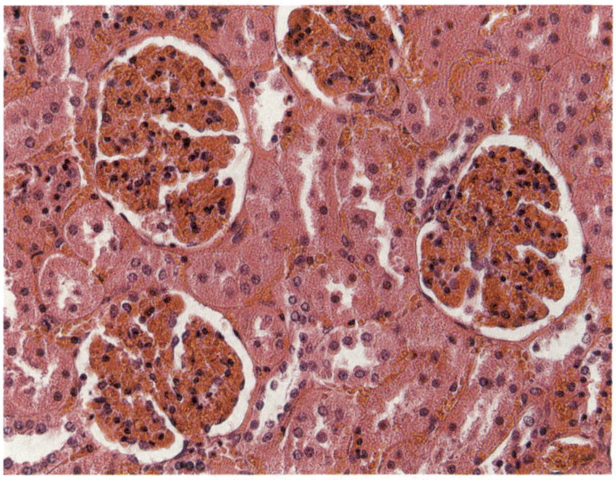

图 2-6　充血

肾小球小动脉及肾小球毛细血管扩张充血，肾小球稍增大。HE×400　(陈怀涛)

(三)结局和对机体的影响

充血对机体的影响，常因其持续时间和发生部位的不同而有很大的差异。一般来说，短时间的轻度充血，对机体往往是有利的。因为充血时血流量增加和血流速度加快，一方面可以输送更多的氧、营养物质、激素、白细胞和抗体等到组织，从而增强局部的抵抗能力；同时又可将局部产生的病理性产物及时地排除，这对于消除病因和恢复组织机能均有着积极的作用。临床上依据此原理，常用理疗、热敷和涂擦刺激剂等疗法造成宠物局部组织充血，促进组织代谢，以达到治疗某些疾病的目的。若病因作用较强或持续时间较长而引起持续性充血时，则可发生淤血、水肿和出血等变化。充血发生的部位不同，对机体的影响也有很大的差异。如脑部发生严重充血时(如中暑)，常可因颅内压升高而使宠物发生神经机能障碍，甚至发生昏迷。

二、静脉性充血

在局部组织器官内，动脉流入的血量保持正常，而静脉的血液回流受阻，使大量血液淤积于毛细血管和静脉内，称为静脉性充血，又称淤血。在病理情况下，静脉性充血比动脉性充血多见。

(一)原因及分类

淤血按其发生原因可分为局部性淤血和全身性淤血两种。

1. 全身性淤血的原因

(1)心脏机能障碍　在某些急性传染病和急性中毒等情况下,由于体内的有毒产物损害心脏,可引起严重的心肌变性,导致心肌收缩力减弱,心输出量减少,静脉血液不能充分回到心脏,使全身各器官发生淤血。

(2)胸膜及肺疾病　例如,胸膜炎时,由于胸腔内蓄积炎性渗出物,使胸腔内压增高,可直接影响心脏的舒张;同时又因胸膜炎时胸廓疼痛和扩张受限,使前后腔静脉内的血液回流受阻,也可发生全身性淤血。

2. 局部性淤血的原因

(1)静脉受压　静脉受压后管腔狭窄或闭塞,血液回流受阻,导致相应部位的器官和组织发生淤血。肿瘤、肿大的淋巴结、寄生虫包囊对局部静脉的压迫,妊娠子宫对髂静脉的压迫,绷带包扎过紧对肢体静脉的压迫,肠扭转和肠套叠对肠系膜静脉的压迫以及肝硬化时门静脉受增生结缔组织的压迫等,均可引起相应器官、组织淤血。

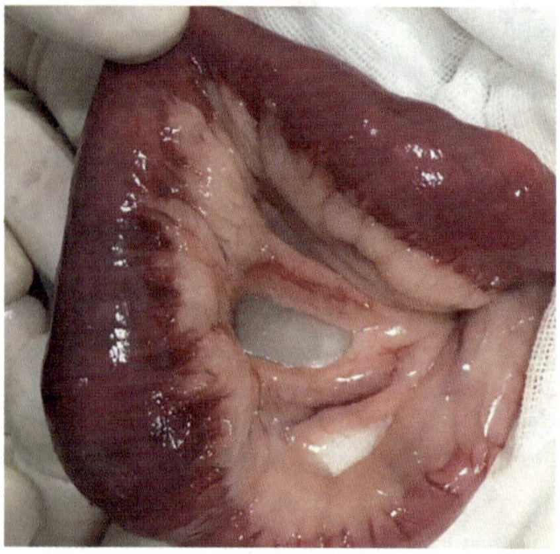

图 2-7　肠淤血

肠道内异物导致淤血、水肿

(2)静脉管腔阻塞　静脉内血栓形成、栓塞或因静脉内膜炎使血管壁增厚等,均可造成静脉管腔狭窄或阻塞,可引起相应器官、组织淤血。但由于静脉分支多,只有当静脉管腔阻塞而又不能建立有效的侧支循环时,才会发生淤血。

(二)病理变化

淤血的器官或组织体积增大,颜色呈暗红色或紫红色,手压褪色,切面富有暗红色的血液,若淤血发生在体表,淤血组织的温度降低。

眼观　淤血组织呈暗红色(图 2-7)或紫红色,手压褪色,切面富有暗红色的血液,皮肤及黏膜淤血时呈蓝紫色,称为发绀,体积增大,机能减退,温度降低。淤血时由于静脉回流受阻,血流缓慢,使血氧过多地被消耗,因而血液中氧分压降低和氧合血红蛋白减少,还原血红蛋白含量显著增多,血管内充满紫黑色的血液,故使局部组织呈暗红色或蓝紫色。淤血时血流缓慢局部组织缺氧,代谢率降低,产热减少,淤血区表现温度降低。淤血时因局部血量增加,静脉压升高而导致体液外渗(水肿),使淤血组织的体积增大。

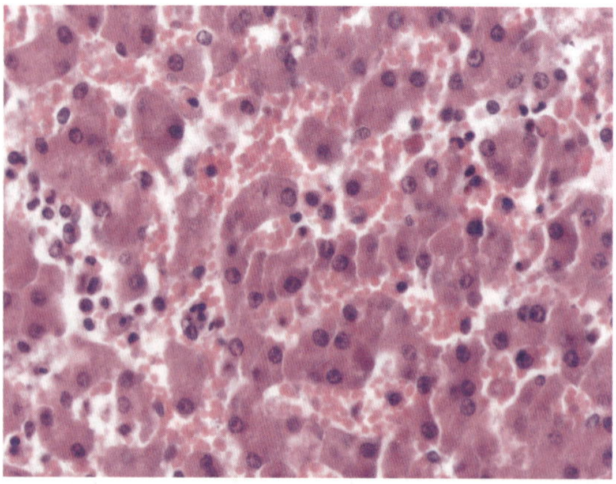

图 2-8　淤血(一)

肝。肝窦扩张,充满红细胞和其他血细胞,部分肝细胞萎缩。HE×400　　(王雯慧)

镜检　淤血组织的小静脉及毛细血管扩张充满红细胞(图 2-8),小血管周围的间隙及结缔组织内积聚水肿液,阻塞时间较长的毛细血管有时发生出血。如果淤血持续时间更长，淤血组织器官的实质细胞萎缩、变性、甚至坏死，间质可发生增生。

慢性淤血常继发水肿、出血、实质细胞萎缩或变性坏死、纤维结缔组织增生等变化。在所有的器官组织中，肺与肝最易发生淤血，病变最为明显。

(1)肺淤血　主要由于左心功能不全，血液淤积在左心房，阻碍肺静脉血液回流，而引起肺淤血。

急性肺淤血时，肺呈暗红色，体积膨大，质地稍变韧(图 2-9)，重量增加，被膜紧张而光滑，从切面上流出大量混有泡沫的血样液体，取小块肺组织置于水中，呈半浮、半沉状态。镜检见肺内小静脉及肺泡壁毛细血管高度扩张，充满大量红细胞；肺泡腔内出现淡红色的浆液和数量不等的红细胞(图 2-10)。慢性肺淤血时，常在肺泡腔中见到吞噬有红细胞或含铁血黄素的巨噬细胞，因为慢性肺淤血多见于心力衰竭，因而又有“心力衰竭细胞”之称(图 2-11)。

肺长期淤血时，可引起肺间质结缔组织增生(图 2-12)，同时常伴有大量含铁血黄素在肺泡腔和肺间质内沉积，使肺发生褐色硬化。

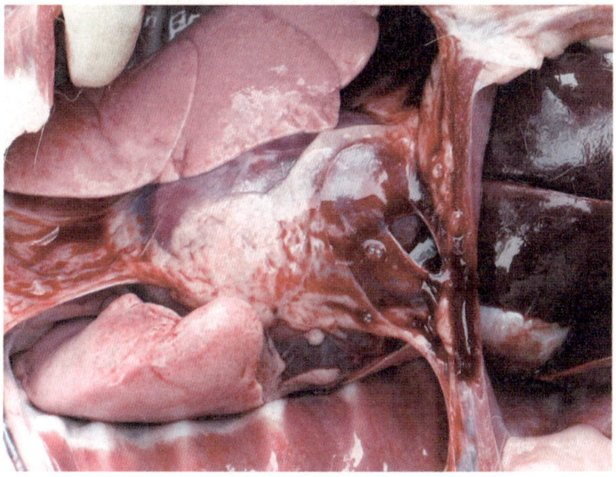

图 2-9　肺淤血

肺淤血、肿大，色暗红　（周庆国）

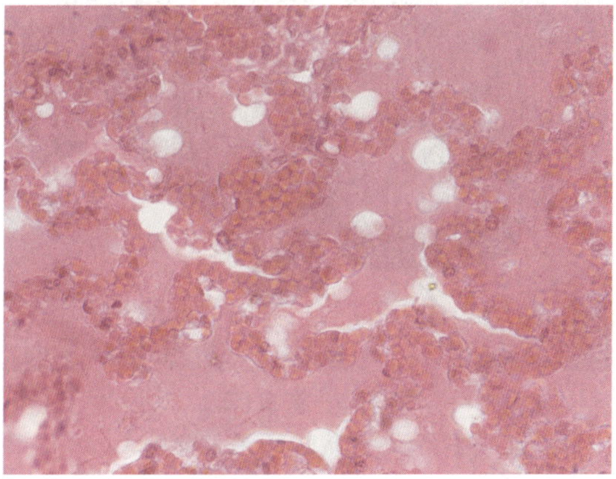

图 2-10　淤血(二)

肺泡隔毛细血管扩张，充满红细胞；肺泡腔内含有大量浆液。HE×400　（王雯慧）

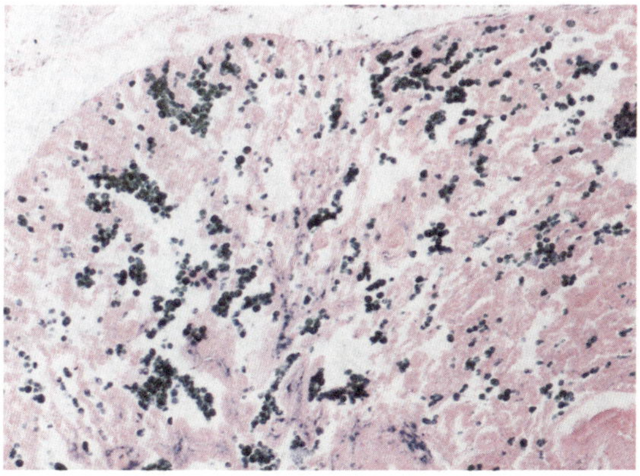

图 2-11　慢性肺淤血

肺泡隔淤血，肺泡腔变小，有许多内含铁血黄素的心衰细胞。普鲁士蓝染色×200　（陈怀涛）

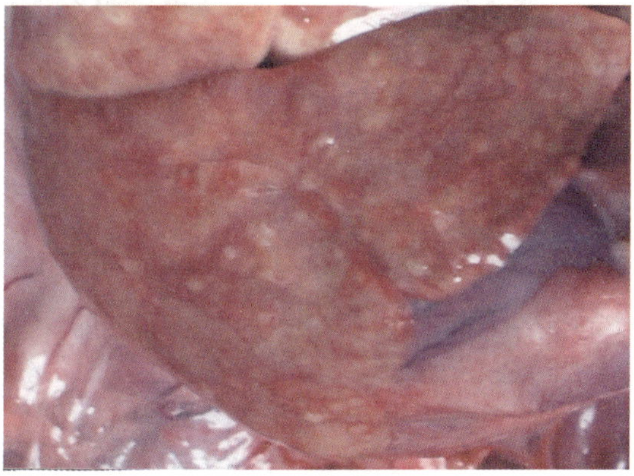

图 2-12　间质性肺炎

犬瘟热肺炎：在暗红色的背景上可见许多大小不等的灰黄色肺炎灶　（陈怀涛，许小红）

(2)肝淤血　主要见于右心功能不全，肝静脉与后腔静脉回流障碍时。

肝淤血多见于右心衰竭的病例。急性肝淤血时，肝体积稍肿大，被膜紧张，表面呈暗红色，质地较实(图 2-13)。切开时，由切面流出大量暗红色血液。淤血较久时，由于淤血的肝组织伴发脂肪变性，故在切面可见到红黄相间的网格状花纹(图 2-14)，形似槟榔切面(图 2-15)，故有“槟榔肝”之称。镜检时，可见肝小叶中央静脉及窦状隙扩张充满红细胞。发生“槟榔肝”时，小叶中心部的窦状隙及中央静脉显著充血，此处肝细胞受压迫而发生萎缩消失，而周边肝细胞因缺氧发生脂肪变性。

镜检　肝小叶中心部的窦状隙及中央静脉扩张，充满红细胞(图 2-16)。病程稍久，肝小叶中心部肝细胞因受压迫而发生萎缩或消失，肝小叶周边肝细胞因缺氧而发生脂肪变性。如肝淤血较久，肝细胞萎缩消失后，发生网状纤维胶原化，间质结缔组织增生，此时肝眼观体积缩小、变硬，称为淤血性肝硬化。

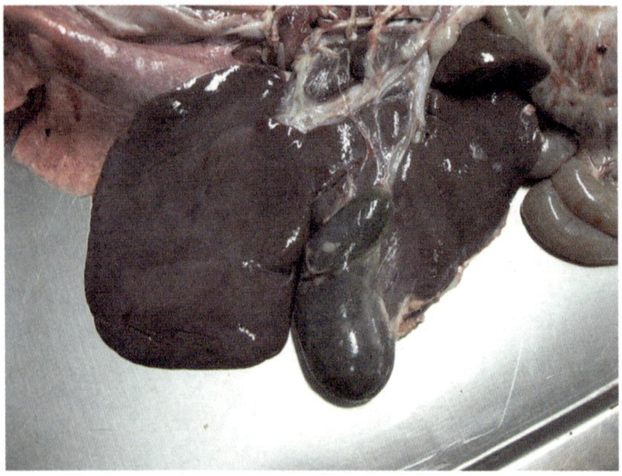

图 2-13　淤血(三)

肝淤血，体积肿大，色暗红，伴有胆囊肿大

(王雯慧)

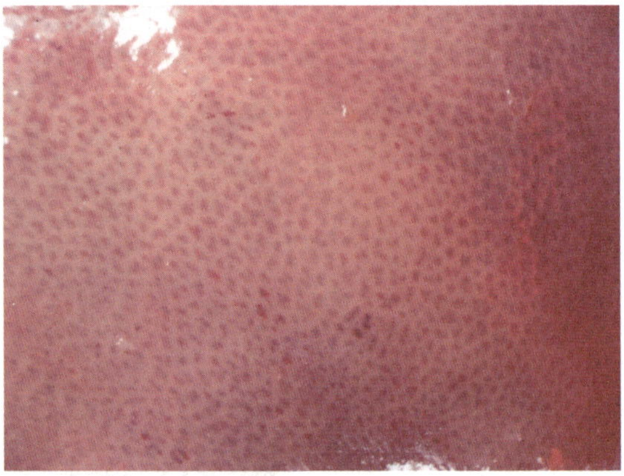

图 2-14　淤血(四)

肝淤血、变性，表面呈红黄相间的网格状花纹，与槟榔切面相似　(陈怀涛)

图 2-15　槟榔

槟榔切面。

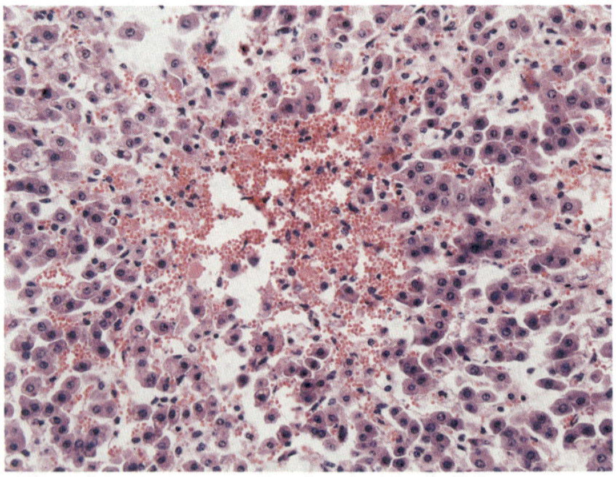

图 2-16　淤血(五)

可见肝小叶中央静脉及窦状隙扩张，充满红细胞，有些肝细胞索萎缩。HE×400

(陈怀涛，许小红)

(3)肾淤血　右心衰竭时常伴发肾淤血。

眼观　肾体积稍肿大，表面呈暗红色(图 2-17)，被膜上小血管呈细网状扩张，切开时，从切面流出多量暗红色血液，皮质因变性而呈红黄色。皮质和髓质交界处，因弓状静脉淤血而呈暗紫色，故使皮质和髓质的分界明显。

镜检　肾间质，特别是皮质和髓质交界部的间质中毛细血管扩张明显，其内充满大量的红细胞(图 2-18)，肾小管上皮常发生不同程度的变性。

慢性长时间的淤血则可导致间质水肿和增生性变化。肾淤血时，由于血流缓慢，通过肾的血量减少，肾小球的滤过机能降低，故临诊上病宠尿量减少。

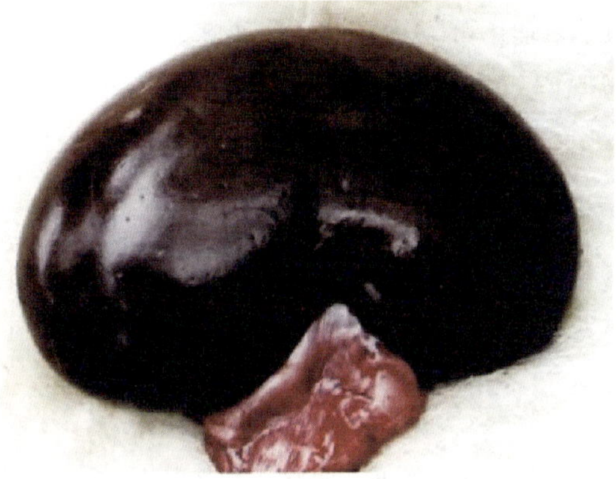

图 2-17　肾淤血

肾淤血，体积肿大，色暗红　（周庆国）

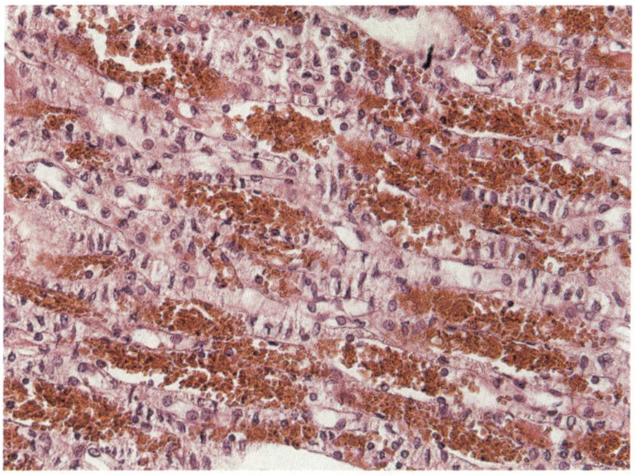

图 2-18　淤血(六)

肾间质小静脉和毛细血管明显扩张，其内充满红细胞。HE×400　（陈怀涛）

(三)结局及对机体的影响

短暂的淤血在病因消除后可迅速恢复正常。如果淤血持续时间过长，侧支循环又不能有效建立时，淤血局部除水肿与出血外，还会发生血栓，局部组织得不到足够的氧和营养物质供应，代谢中间产物蓄积，淤血组织或器官的代谢及机能下降，实质细胞萎缩、变性、坏死，间质结缔组织增生(图 2-19)，组织或器官硬化等。淤血组织的抵抗力降低，损伤不易修复，容易继发感染。

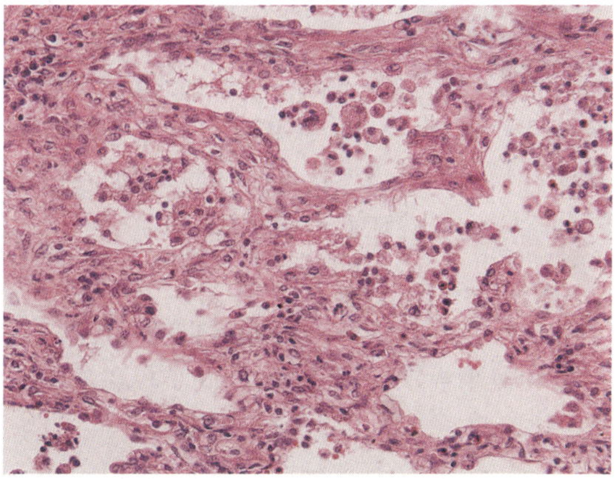

图 2-19　肺泡壁纤维结缔组织增生

肺泡隔明显增宽，可见纤维结缔组织增生，淋巴细胞和单核细胞浸润，肺泡上皮仍有一定增生和脱落，肺泡腔内有淋巴细胞、单核细胞与脱落的上皮细胞。HE×400　（王雯慧）

任务2 出 血

血液(主要指红细胞)流出心脏血管之外,称为出血。血液流出体外,称为外出血;血液流入体腔或组织间隙内,称为内出血。

一、原因及类型

根据出血的发生原因可将其分为破裂性出血和渗出性出血两种。

(一)破裂性出血

破裂性出血是指由于心脏、血管破裂而引起的出血。可发生于心脏、动脉、静脉和毛细血管,而且多为局限性。引起心、血管破裂性出血的原因主要有机械性损伤(如咬伤、刺伤、挫伤等);血管壁被周围的病变侵蚀(如肿瘤、炎症、溃疡等);心脏或血管壁本身病变(如心肌梗死、动脉硬化、动脉瘤、静脉曲张等);当动脉血压突然升高时,可引起血管破裂而出血。

(二)渗出性出血

渗出性出血是指毛细血管和微静脉壁的通透性升高,血液通过扩大的内皮细胞间隙和损伤的血管基底膜而渗出到血管外。渗出性出血常见于浆膜、黏膜等。引起渗出性出血的病因很多,但概括起来主要有以下几种。

1. 血管壁受损

血管壁受损常见的病因有:缺氧,可使毛细血管内皮细胞变性、坏死,使血管壁受损;败血症、立克次体感染、流行性出血热、蛇毒、血液寄生虫病(如梨形虫病、弓形虫病等)和有机磷中毒等使毛细血管壁损伤,增加其通透性;维生素C缺乏可引起毛细血管通透性升高;药物过敏时引起变态反应性血管炎。

2. 血小板数量减少

血小板是维持毛细血管通透性重要因素,血小板减少到一定数量时即可发生渗出性出血,如再生障碍性贫血、白血病、骨髓内广泛性肿瘤转移等均可使血小板生成减少;原发性血小板减少性紫癜、血栓性血小板减少性紫癜、弥散性血管内凝血(DIC)使血小板破坏或消耗过多;某些药物在体内诱发抗原抗体复合物免疫反应,血小板被巨噬细胞所吞噬;一些细菌的内毒素和外毒素也有破坏血小板的作用等。

3. 血小板功能障碍

血小板的结构和功能缺陷也能引起渗出性出血,这类疾患很多是先天性的,如血小板功能不全和血小板颗粒缺乏症时,血小板黏集能力降低,则可因凝血障碍而导致渗出性出血。

4. 凝血因子缺乏

凝血因子Ⅳ、Ⅴ、Ⅶ、Ⅷ(血友病A)、Ⅸ(血友病B)、Ⅹ、Ⅺ、纤维蛋白原、凝血酶原等的先天性缺乏或肝实质疾病时使凝血因子Ⅶ、Ⅸ、Ⅹ合成减少等,均可引起渗出性出血。

二、病理变化

(一)破裂性出血的病理变化

破裂性出血的病理变化常因损伤的血管不同而异。小动脉发生破裂时,由于血压高而出血量多,出血速度快,常呈喷射状;静脉血压低,呈涌出状,颜色暗红。出血后血液积聚于体腔称积血;在局部形成半球形的叫血肿;脑出血称为脑溢血;混有血液的尿液称为血尿;混有血液的粪便称为血便(图 2-20);肺出血称咯血;胃出血称吐血或呕血。

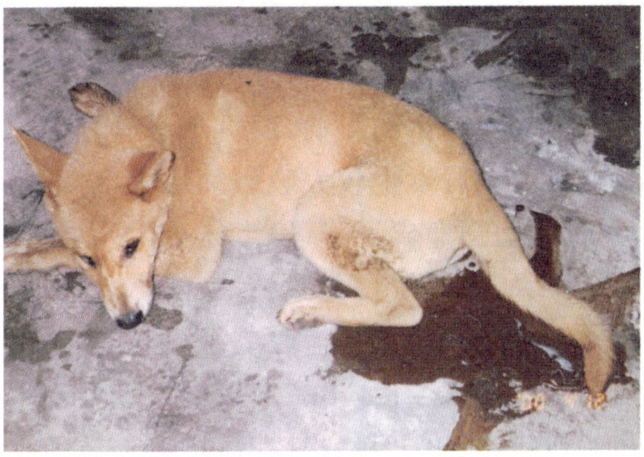

图 2-20 腹泻

病犬虚弱无力,排出大量血便 (周庆国)

(二)渗出性出血的病理变化

渗出性出血时,肉眼上甚至在光学显微镜下也看不出血管壁有明显的解剖学变化,红细胞可通过通透性增高的血管壁漏出血管之外。渗出性出血只发生于毛细血管、小动脉及小静脉。出血常伴发组织或细胞的变性或坏死。

渗出性出血因出血范围大小不同而有所差别。其病变常见的有以下几种。

(1)出血点 又称淤点,出血量少,出血范围在 1 mm 以内,通常见于浆膜、黏膜和肝、肾、肺等器官的表面(图 2-21)。

(2)出血斑 又称淤斑,其出血量较多,出血部位直径在 1～10 mm(图 2-22、图 2-23)。

(3)出血性浸润 血液弥漫地浸透于组织间隙,使出血的局部呈大片暗红色(图 2-24)。

此外,当机体有全身性出血倾向时,则称为出血性素质。

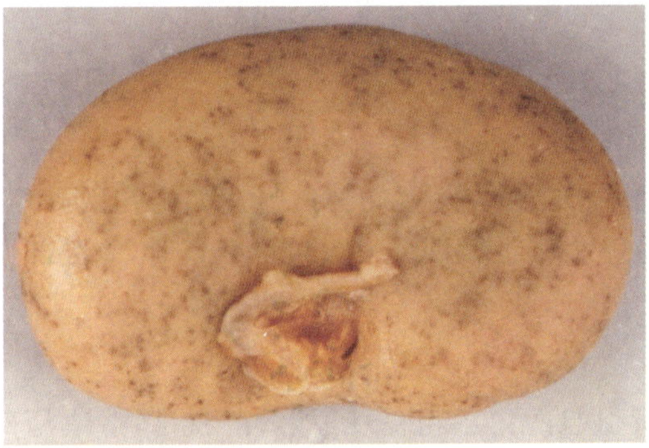

图 2-21 肾出血

肾表面密布针尖至针帽大小的出血点 (王永坤)

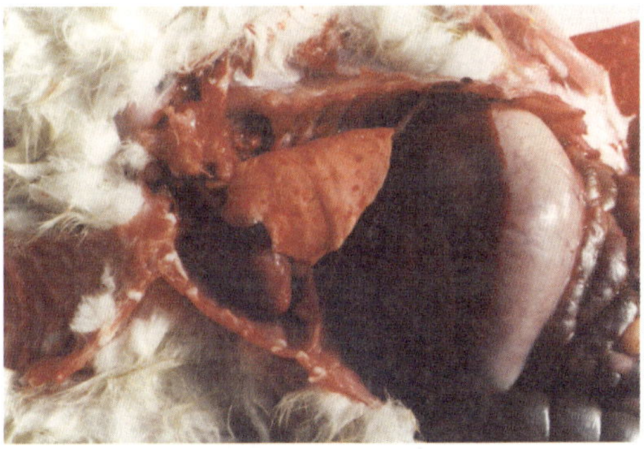

图 2-22 肺充血、出血

肺充血,并有大小不等的出血点 (陈怀涛)

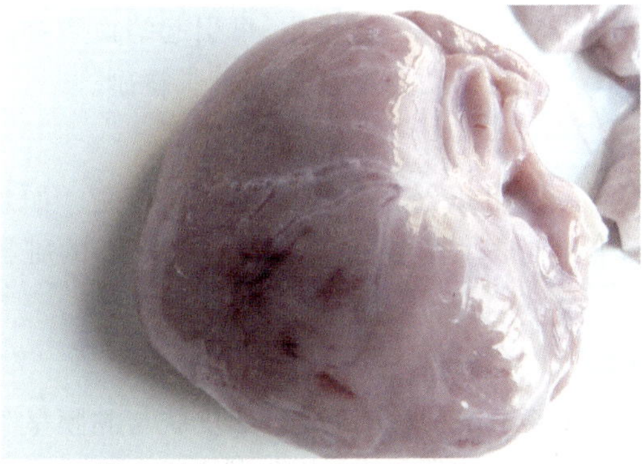

图 2-23 心外膜出血

心外膜有明显的出血点

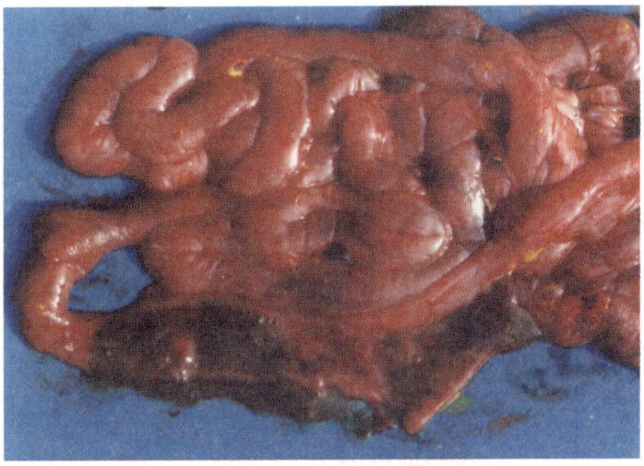

图 2-24 出血性肠炎

整个肠壁红染,呈弥漫性出血,肠腔内有红色糊状内容物 (陈怀涛)

三、对机体的影响

出血对机体的影响，取决于出血发生的原因、部位、出血量和出血持续的时间。当心脏或一些较大动脉发生较大破裂而出血时，常在短时间内引起大量失血，若失血量超过总血量的30%时，血压急骤下降，发生休克而死亡。一般体表的小血管破裂出血，可自行止血，对机体的影响不大。如果出血发生在脑部或心脏，即使是少量的出血，也常常会造成严重的后果，甚至导致动物死亡。流入体腔或组织内的血液，随着时间的延长而被吸收、机化或包裹。渗出性出血的过程比较缓慢，出血量较少，一般不会引起严重的后果。但发生长期持续性或广泛性的少量出血时，则可引起全身性贫血。

任务3 贫 血

贫血有两种情况，一种是由局部血液循环障碍引起的局部贫血，另一种是由血液中红细胞的数量及血红蛋白的含量改变引起的全身性贫血。

一、局部贫血

局部组织和器官动脉血输入减少，称为局部贫血。如局部组织或器官完全没有血液输入，称为局部缺血。

(一)原因及发生机理

1. 动脉受压

动脉受压，其管腔变狭窄或闭塞，使该动脉所供血的组织发生局部贫血。如宠物因肿瘤、腹水、脓肿及绷带包扎过紧等均可引起压迫性贫血。临床上大型犬发生生产瘫痪时，侧卧部血管长期受到压迫造成局部组织贫血。

2. 动脉管腔狭窄或阻塞

动脉管腔内血栓形成、栓塞或动脉壁炎症等所引起的内膜粗糙变厚、管腔狭窄，造成局部组织血液流入减少而发生局部贫血。

3. 动脉痉挛

寒冷、创伤、剧痛等刺激及某些化学物质(如麦角碱、肾上腺素)等作用，可引起缩血管神经兴奋，反射性地引起动脉痉挛性收缩而造成局部贫血。如冠状动脉痉挛造成心肌缺血。

4. 代偿性贫血

机体某局部组织发生充血流入的血量增多，其他部位组织器官会出现代偿性贫血。如急速排出胸水或腹水时，胸腔内压或腹控内压突然降低，血液大量快速流入胸腔或腹腔的脏器内，可引起脑组织的贫血。

(二)病理变化

局部贫血的组织因含血量减少而颜色变淡，多呈现该组织的固有色彩，如皮肤与黏膜呈苍白色(图 2-25)，肺呈灰白色(图 2-26)，肝呈褐色。贫血组织体积缩小，质地松弛而软，被膜可形成皱褶。由于动脉供血不足，氧气和营养物质缺乏，组织功能减退，代谢减弱，产热减少，若发生于体表则局部温度下降。长期贫血，常引起实质细胞发生萎缩、变性或坏死。

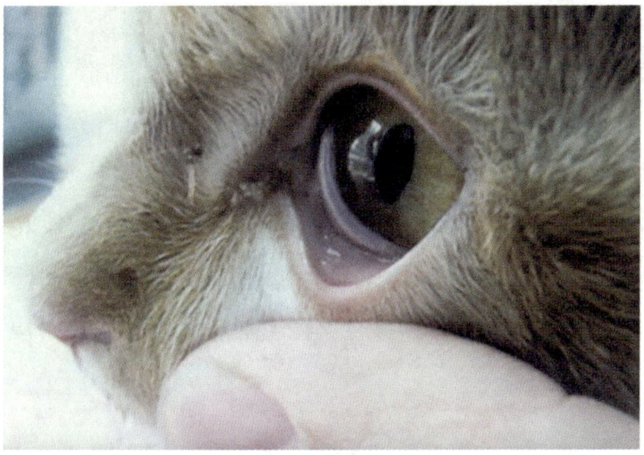

图 2-25 贫血(一)

猫贫血,眼结膜苍白

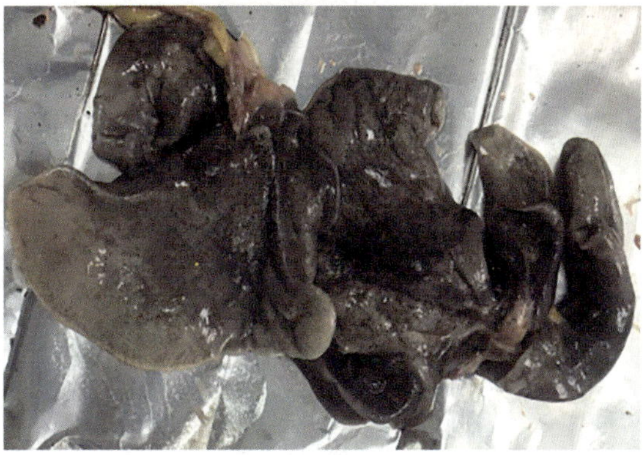

图 2-26 贫血(二)

肺因贫血呈灰白色,体积缩小,并伴有点状及弥散性出血

二、全身性贫血

全身性贫血是指循环血液中红细胞的总量减少或单位容积血液内红细胞数或血红蛋白含量低于正常值。贫血一般不是独立的疾病,而是很多疾病过程中出现的病症。贫血时除红细胞和血红蛋白含量减少外,红细胞的形态也会发生改变。长期贫血可以出现疲倦无力,宠物生长发育迟缓,消瘦,被毛干枯,抵抗力下降等。贫血按其病因可分为失血性贫血、溶血性贫血、再生障碍性贫血、营养不良性贫血四类。

(一)失血性贫血

1. 原因

最常见于各类外伤或肝脾破裂等的急性出血。另外,寄生虫病(犬钩虫、肝片吸虫、血吸虫、球虫、蜱、吸血虱和某些蚤类等)和出血性胃肠炎、消化道溃疡、体腔内肿瘤等可造成长期轻微失血和持续性慢性贫血。

2. 机制

红细胞大量丢失造成失血性贫血。

3. 病理特征

(1)急性失血性贫血　短时间内血液总量减少,但单位容积的红细胞数和血红蛋白含量正常,经过一定的时间,血液总量暂时恢复,单位容积的红细胞数和血红蛋白含量低于正常值,再经过一定时间,外周血液中可见多量的网织红细胞、多染性红细胞和有核红细胞。

急性失血性贫血时,如血液大量丧失,机体来不及代偿,可导致低血容量性休克甚至死亡。如不出现危症,机体可以发挥代偿作用,即当急性失血时血压降低,刺激主动脉窦和颈动脉窦的压力感受器,使交感神经反射性兴奋,儿茶酚胺分泌增多,引起肝、脾、肌肉等贮血器官内血管收缩,将排出的血补充到体循环;同时血压降低还能使组织液进入血管,也能补充体循环血量的不足,使血液总量暂时恢复,但血液被稀释,单位容积的红细胞数和血红蛋白含量低于正常范围,此时红细胞形态正常,呈正色素性贫血。急性失血时因红细胞总数锐减,导致缺氧,引起肾产生促红细胞生成酶,使肝产生的促红细胞生成素原,再转化为促红细胞生成素,增强骨髓造血功能,骨髓内发育各个阶段的红细胞增多,并出现在外周血液中。如果失血后铁供应不足，血红蛋白的合成比红细胞再生速度慢，外周血液中出现淡染红细胞(红细胞中心变淡，甚至透亮)，细胞体积小，血红蛋白平均浓度低于正常，为低色素性贫血。剖检可见，皮肤、黏膜呈苍白色，脾体积缩小、切面红髓减少，管状骨骨体中红骨髓再生，将黄骨髓取代。

(2)慢性失血性贫血　初期由于失血量少，骨髓造血功能可以实现代偿，贫血症状不明显。但是长期反复失血，因铁丧失过多，导致缺铁性贫血。一般为小细胞性、低色素性贫血，血象特点为红细胞大小不均，并呈异形性(椭圆形、梨形、哑铃形等)。严重时，骨髓造血功能衰竭，肝、脾内可出现髓外造血灶。剖检可见，皮肤、黏膜呈苍白色，浆膜、黏膜上有出血点，血液稀薄，皮下组织水肿及体腔积水，管状骨骨体中可见红骨髓再生。

(二)溶血性贫血

1.原因

溶血性贫血指各种疾病造成红细胞溶解，在体内破坏速度超过了骨髓的代偿能力引起的贫血。

(1)生物性因素　某些微生物如溶血性链球菌、葡萄球菌、溶血性梭菌、产气荚膜杆菌等，都能够产生溶血毒素使红细胞破坏引起溶血。某些血液寄生虫如焦虫、锥虫、边虫、附红细胞体等通过机械性的损伤、产生的毒素和代谢产物破坏红细胞引起溶血。

(2)物理因素　包括高温、电离辐射、低渗溶液等均能引起红细胞大量破坏。高温可直接损伤红细胞膜，溶解细胞膜的脂质，使红细胞的通透性和脆性增加，从而破坏红细胞。电离辐射可直接破坏红细胞，还可使红细胞膜的脆性增加，产生溶血作用。低渗溶液能降低血浆渗透压，导致红细胞吸水膨胀崩解。

(3)化学因素　很多化学品都能使宠物发生溶血性贫血。其中最常见的是铜、铅、皂苷和某些药物，如硝基呋喃妥因、非那西汀及磺胺等药超量使用时能够产生贫血。

(4)遗传性因素　由于遗传性血液病和代谢病，使红细胞发育异常，引起红细胞破坏增多。

溶血性贫血时血液总量一般无变化，但红细胞被大量破坏，所以单位容积血液内红细胞数和血红蛋白的含量减少。在缺氧和红细胞分解产物的作用下，骨髓的造血机能增强，外周血液中网织红细胞增多，可见到有核红细胞和多染性红细胞。溶血时红细胞破坏增多，血红蛋白释放增多，血液中间接胆红素增多，临床伴发黄疸，病宠粪便和尿液中胆红素的含量增高，颜色加深。剖检可见，皮肤和黏膜黄染，呈黄白色，有出血带点，实质器官变性，肝和脾肿大并有多量含铁血黄素的沉积。若骨髓造血机能增强，黄骨髓中可见红骨髓的再生。

(5)免疫反应　机体通过免疫机制使红细胞破坏引起溶血，如自身免疫现象、异型输血、新生幼龄动物溶血性疾病及某些药物均可引起溶血性贫血。

自然发生的自身免疫溶血性贫血(AIHA)，在犬已有数例报道，贫血常为巨红细胞型。自身免疫现象的第二个综合征为具有代表性的全身性红斑狼疮。红斑狼疮的临诊特征是出现血液、皮肤、肾和关节的病变。血液学变化是表现典型的 AIHA 和特发性血小板减少性紫癜。肾主要发生肾小球性肾炎，关节为对称性关节炎。确定诊断时，依据是在外周血液中查出红斑狼疮细胞。在形态上，红斑狼疮细胞含有两个细胞核(吞噬细胞吞进了一个以上的细胞核之故)。

异型输血性溶血是由于血型系统不符，供血者的红细胞进入受血者体内，可被受血者体内产生的相应抗体破坏，产生溶血。

新生幼龄动物溶血性疾病是由于新生幼龄动物的红细胞与母体的抗红细胞抗体发生免疫反应所致。父系雄性动物的血型与雌性动物的不同，则胎儿血型与雌性动物血型不合，胎儿红细胞经胎盘向母体血流渗透时，使母体产生抗胎儿红细胞抗体，初生幼龄动物通过吸吮初乳摄入母源抗体，抗体与幼龄动物红细胞结合发生免疫反应，致使幼龄动物红细胞被破坏产生溶血。

药物免疫性溶血是由于某些药物(如青霉素、链霉素、头孢霉素、磺胺等)进入体内后，在血浆与蛋白质或红细胞结合后具有抗原性，刺激机体产生相应的抗体，通过抗原抗体反应，引起免疫性溶血。

2. 机制

红细胞大量破坏引起溶血性贫血。

3. 病理特征

血液总量一般不减少，由于红细胞大量破坏，使单位容积的红细胞和血红蛋白减少。由于缺氧和红细胞分解产物的作用，使骨髓造血功能增强。血象特点是外周血中网织红细胞明显增多，还可见到有核红细胞和多染性红细胞。

急性溶血性贫血时，大量释放血红蛋白，出现血红蛋白尿。同时血中间接胆红素增多，在心血管内膜、浆膜、黏膜等部位呈现明显的溶血性黄疸。红细胞大量崩解，肝、脾等多个器官组织内，单核巨噬细胞系统机能增强。肝、脾明显肿大，并有含铁血黄素沉着。

(三)再生障碍性贫血

1. 原因

电离辐射、化学性毒物或药物的中毒、感染、骨髓的肿瘤和纤维化等。

2. 机制

(1)造血机能抑制　化学性的毒物和药物如苯、砷、汞、氯霉素等可抑制红细胞的生成，导致造血机能障碍。某些传染病如结核病等，因这些病原微生物及其在体内形成的有毒物质的作用，引起红细胞生成受抑制而发生贫血。

(2)骨髓组织损伤　化学性毒物、电离辐射及感染等都可引起骨髓干细胞的损伤，使骨髓造血机能发生障碍。如在电离辐射中，一些放射性物质如镭、锶能抑制骨髓干细胞的分化增殖，同时损伤骨髓的基质细胞，引起造血机能障碍。骨髓造血组织被异常组织或细胞所占据，如骨髓的恶性肿瘤、骨髓的纤维化等，可使骨髓的造血机能降低或丧失，引起贫血。

(3)红细胞生成调节障碍　肾疾病如慢性肾功能衰竭时，促红细胞生成素减少，红细胞的生成得不到正常的调节而发生生成障碍，从而导致贫血。

3. 病理特征

再生障碍性贫血由于骨髓造血机能障碍，引起外周血液中红细胞数量呈进行性减少或消失，并有异型红细胞的出现。红细胞减少的同时，白细胞和血小板也减少，临床上出现皮肤、黏膜出血或感染等症状。血清中铁及铁蛋白含量增高(区别于缺铁性贫血)，骨髓造血组织减少甚至消失，红骨髓被脂肪组织或结缔组织取代。

(四)营养不良性贫血

1. 原因

营养不良性贫血是造血原料(铁、铜、钴、维生素 B_{12}、维生素 B_6、叶酸、蛋白质)缺乏或不足，红细胞生成不足造成的贫血。临床以营养性缺铁性贫血最为多见。

2. 机制

(1)缺铁性贫血　是指体内可用来制造血红蛋白的贮存铁已被用尽，红细胞生成障碍所致的贫血。特点是骨髓、肝、脾及其他组织中缺乏可染色铁，血清铁蛋白浓度降低，血清铁浓度和血清转铁蛋白饱和度均降低，表现巨幼红细胞性贫血。

(2)铜　在血红蛋白合成与红细胞的成熟过程中起着促进作用，宠物日粮中缺铜时，体内贮存的铁不能有效地利用，血红蛋白的合成发生障碍从而引起贫血。

(3)维生素 B_{12} 和叶酸　是构成红细胞核酸的必需物质，宠物胃肠内微生物可以合成维生素 B_{12}，当机体合成障碍，则导致维生素 B_{12} 缺乏。钴是维生素 B_{12} 的组成成分，钴缺乏症伴有维生素 B_{12} 合成的下降。

(4)蛋白质　蛋白质是合成血红蛋白的必需成分。宠物日粮中缺乏蛋白质或胃肠消化机能障碍时，可引起蛋白质的吸收不足(老龄宠物这类贫血十分常见)；慢性消耗性疾病(如寄生虫病、恶性肿瘤等)造成蛋白质缺乏，骨髓造血机能降低引起贫血。

3. 病理特征

营养不良性贫血一般病程较长，病宠消瘦，血液稀薄，血红蛋白含量降低，血色淡。铁和铜缺乏时，血象特点是红细胞平均体积及血红蛋白平均含量均降低。严重时，红细胞大小不均，并呈异形性(由于缺铁使红细胞的基质结构合成障碍所致)。钴和维生素 B_{12} 缺乏时，由于红细胞成熟障碍，血象特点为大红细胞高色素型贫血，血红蛋白含量比正常高。

贫血的原因主要是出血、溶血、营养不良、骨髓功能不全，症状上不易区分，但从血涂片等实验室检验项目上区别较容易。各类贫血特点见表 2-1。

表 2-1　各类贫血的特点

特点	失血性贫血		溶血性贫血	营养不良性贫血	再生障碍性贫血
	急性	慢性			
原因	外伤、肝脾破裂、产后大流血等	寄生虫病、胃溃疡等	溶血性微生物、毒物、血液原虫、免疫性溶血等	长期缺乏蛋白质、铁、铜、维生素 B_{12} 等	某些中毒、病毒性传染病、放射性物质照射等
红细胞数量	减少	减少	减少	略减少	减少
血红蛋白含量	降低	降低	降低	铁和铜缺乏时降低，钴和维生素 B_{12} 缺乏时比正常高	降低
血色指数	初期正色素性，后期为低色素性	正色素性，补铁不足呈低色素性	初期为高色素性，后期为低色素性	缺铁为低色素性贫血，缺维生素 B_{12} 为高色素性贫血	无明显变化

续表 2-1

特点	失血性贫血		溶血性贫血	营养不良性贫血	再生障碍性贫血
	急性	慢性			
血细胞象	红细胞基本正常,后期网状红细胞、有核红细胞增多,也见多染性红细胞	红细胞染色淡、大小不均,严重时有异形细胞出现	网织、有核红细胞增多、出现多染性红细胞	红细胞淡染、体积小,有时呈异形性	红细胞大小不均,出现异形红细胞,白细胞和血小板都减少
病变	贫血性心衰、休克	见肝脾髓外造血灶,肝脂变,脾呈肉状,管状骨内红髓区扩大	贫血、黄疸、脾肿大三联征并血红蛋白尿	呈恶病质(严重水肿、贫血、消瘦)	黏膜、皮肤有出血和感染,反复发烧,抗贫血药治疗无效,管状骨内红髓区缩小
	全身性贫血时全身综合表现:被毛粗乱、消瘦、乏力、呼吸急促、生长慢、不愿动。脉增数、血液稀薄、皮下水肿、可视黏膜苍白、食欲减退、消化不良				

三、贫血对机体的影响

(一)局部贫血对机体的影响

贫血对机体的影响因贫血程度、持续时间长短、组织器官对缺氧的耐受性、侧支循环建立的情况不同而有所区别,如短时间轻度贫血,消除病因后可完全恢复。贫血后如能及时建立起侧支循环进行代偿,则无明显影响。相反,如贫血持续时间长,又不能及时建立侧支循环,贫血的组织因缺氧和营养物质供给不足,发生物质代谢障碍,则可导致组织细胞发生萎缩、变性;当血流供给完全中断后,可使组织发生坏死。体内不同器官、组织对缺氧耐受性不同,如神经细胞对缺氧最敏感,脑组织血流停止 5~10 min 就可产生不可逆变化,导致严重后果;其次,心肌对缺氧敏感;而皮肤、肌肉和结缔组织对缺氧有较强的耐受性。

(二)全身性贫血对机体的影响

1. 组织缺氧

红细胞是携氧和运氧的工具,它的主要功能是将氧从肺输送到全身组织,并将组织中的二氧化碳输送到肺,由肺排出。贫血时,毛细血管内的氧扩散压力过低,以致对距离较远的组织供氧不足。此外,血液总的携氧能力降低,输送至组织的氧因而减少,结果造成组织缺氧、酸中毒。各器官、组织细胞随之出现萎缩、变性、坏死。

2. 生理性代偿反应

即使在组织缺氧的情况下,血红蛋白中的氧实际上并未完全被释放和利用。身体能通过增加血红蛋白中氧的释放、增加心脏输出量和加速血液循环、血液总量的维持、器官和组织中血流的重新分布、红细胞增多等发挥多种代偿机制以便充分利用血红蛋白中的氧,使组织尽量获得更多的氧气。

任务4 血 栓

在活体的心脏或血管内，血液发生凝固或血液中有形成分析出、黏集，形成固体质块的过程，称为血栓形成。所形成的固体物称为血栓。

一、血栓形成的条件及发生机理

促使血栓形成的条件虽然很多，但大致可归纳为以下三个方面。

1.心、血管内膜的损伤

正常心、血管内膜是完整而光滑的，完整的内皮细胞有抑制血小板黏集和抗凝血作用。当内膜受到损伤时，内皮细胞发生变性、坏死、脱落，内皮下的胶原纤维暴露，激活凝血系统形成血栓。心、血管内膜的损伤多见于血管结扎缝合等。

2.血流状态的改变

正常情况下，血液呈轴流状态，即血液的有形成分(红细胞、白细胞、血小板)在血管的中间流动，血浆在周边流动。当血流缓慢或有漩涡产生时，血小板离开中间而贴附于损伤血管壁，激活凝血系统形成血栓。血流状态的改变常见于心力衰竭、心血管的病变等。

3.血液性质改变

血液性质改变主要是指血液凝固性增高，见于血小板和凝血因子增多。如严重创伤、大面积烧伤、产后或大手术时，血液黏性增高，血小板数目增多，血浆中纤维蛋白原、凝血酶原及其他凝血因子(Ⅻ、Ⅶ)等含量也增加，为血栓形成创造了条件。

上述三种因素往往是同时存在，在血栓形成的不同阶段其作用又各有侧重。正确理解血栓形成的条件，在宠物临床实践中采取相应措施，防止或减少血栓形成。如外科手术过程中应尽量避免损伤血管。长期静脉注射时，避免使用同一部位。

二、血栓形成的过程

血栓形成的过程，包括血液中血小板的析出、黏集和血液凝固两个方面，它是在血管内血液不断流动的情况下逐渐形成的。首先是血小板从轴流中分离析出，在损伤的血管内皮处黏集成堆，随之有少量白细胞和纤维蛋白沉积，形成灰白色血栓的头。白色血栓形成后突入血管腔内，使血流变慢并产生漩涡运动，血小板进一步大量析出和凝集，形成许多有分枝的小梁，形如珊瑚，表面黏附许多白细胞。小梁间的血流逐渐变慢，血液中的凝血系统被激活，使纤维蛋白大量形成，并在小梁之间构成网状结构。网状结构的网眼内网罗大量红细胞和少量白细胞，形成红白相间的血栓体。随着血栓体积增大，直至血管腔被阻塞时，则局部血流停止，血液迅速凝固，形成暗红色的血栓尾(图 2-27)。

三、血栓的种类

根据以上血栓形成过程和形态特点，可将血栓分为以下四种。

(一)白色血栓

白色血栓即是血栓的头部，主要由血小板、白细胞和不同数量的纤维蛋白所组成，通常见

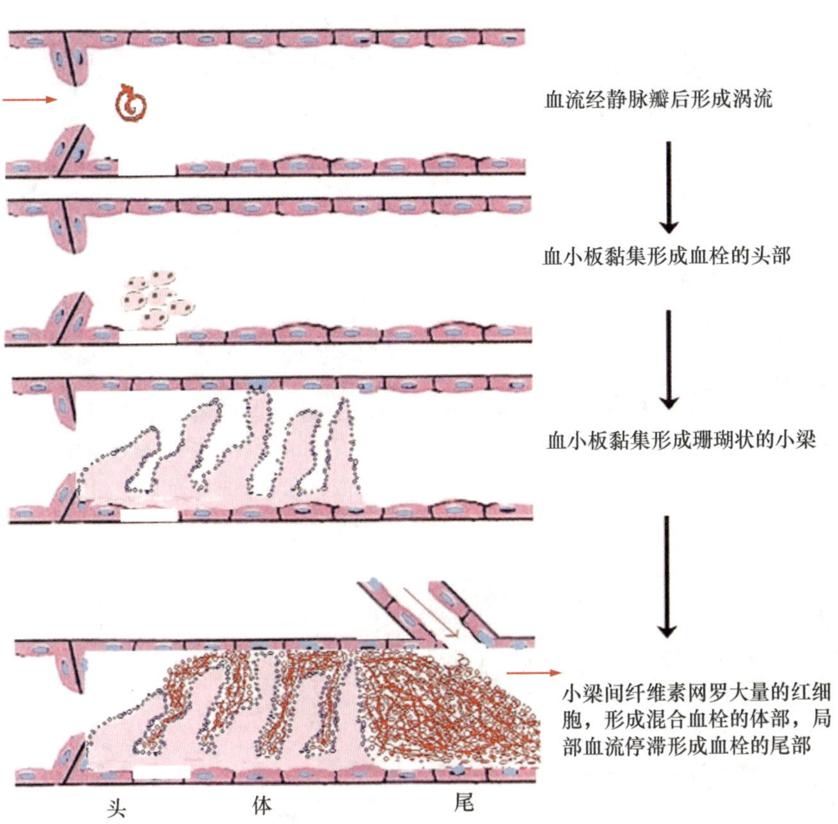

图 2-27 血栓形成过程模式图

于心脏和动脉系统。这是由于动脉和心脏的血流速度较快，血小板在动脉内膜和心瓣上黏集后，崩解释放的血小板因子易被血液迅速地稀释、冲走，血液凝固不易发生之故。眼观，白色血栓呈灰白色，表面粗糙有波纹，质硬，与血管壁紧密相连(图 2-28)。镜检，白色血栓主要由许多聚集呈珊瑚状的血小板小梁构成(图 2-29)，其表面有许多嗜中性粒细胞黏附，形成血细胞边层。这可能是由于纤维素崩解产物的趋化作用吸引而来的结果。血小板小梁之间由于被激活的凝血因子的作用而形成网状的纤维素，其网眼中常含有少量红细胞。白色血栓多粘连于心瓣膜及血管壁上，其形态常随发生的部位不同而异。例如，发生于心瓣膜上的常呈疣状，而发生于动脉内膜的多呈块状或球状，甚至呈小结节状。

(二)混合血栓

混合血栓构成血栓的体部，主要由血小板小梁、纤维蛋白网和多量红细胞所构成，多见于静脉。眼观，混合血栓的表面干燥不平，色泽为红白相间，陈旧血栓，其表面呈波纹状(图 2-30)。这是由于血栓内纤维蛋白发生收缩之故。镜检，血小板小梁呈分枝状，其间有纤维蛋白网，网眼中充满红细胞和少量白细胞(图 2-31)。另外，在二尖瓣狭窄和心房纤维性颤动时，常在心房形成球形血栓。这种血栓和动脉瘤内的血栓均可见到灰白色和红褐色交替的层状结构，称为层状血栓。

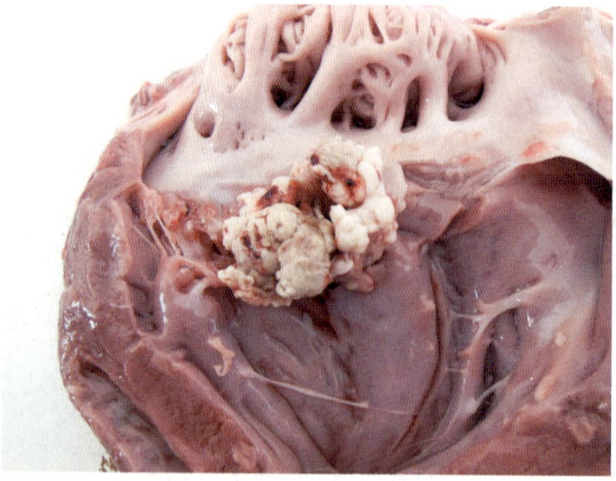

图 2-28　白色血栓(一)(血栓头部)

心瓣膜上菜花样的赘生物为白色血栓

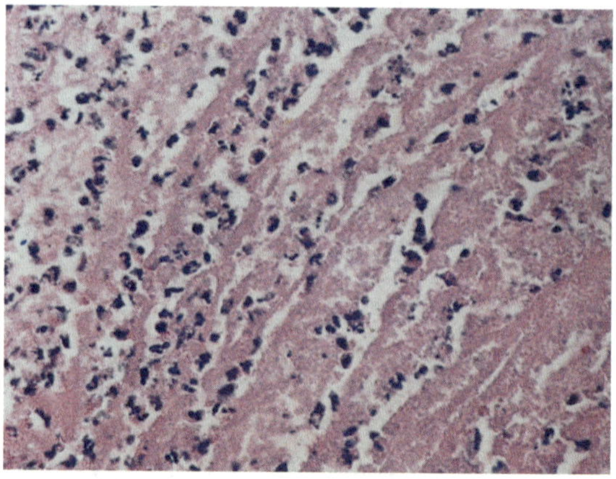

图 2-29　白色血栓(二)

心脏二尖瓣上的白色血栓，由血小板和嗜中性粒细胞构成的层状结构。HE×400　（刘宝岩）

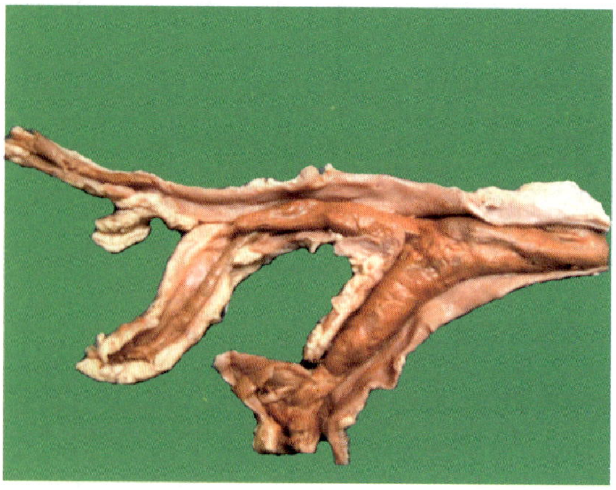

图 2-30　混合血栓(一)

静脉血管内的圆柱状混合血栓

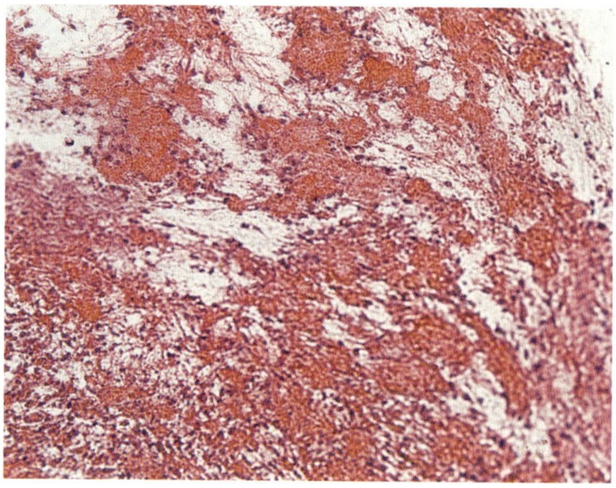

图 2-31　混合血栓(二)

混合血栓的组织结构：深染部分为白色血栓（由血小板和白细胞组成），淡染部分为红色血栓（由纤维蛋白和红细胞组成）。HE×400　（陈怀涛）

(三)红色血栓

红色血栓为血栓的尾部，也见于静脉，主要由红细胞和纤维蛋白所组成，本质就是凝固血块。其形成过程与外凝血过程相同。因此，红色血栓见于混合血栓逐渐增大阻塞管腔，局部血流停止后，常常构成延续性血栓的尾部。眼观，新鲜的红色血栓湿润，有一定的弹性，陈旧的红色血栓由于水分被吸收，变得干燥、易碎，失去弹性，并易于脱落而引起栓塞。

值得指出：红色血栓初形成时很易与死后凝血块相互混淆，应注意鉴别。血栓与死后凝血块的主要区别见表 2-2。

表 2-2 血栓与死后凝血块的区别

项目	血栓	死后凝血块
表面	干而粗糙，无光泽，波纹状	湿润平滑有光泽
质地	较硬，脆弱	柔软、有弹性
色泽	灰红色或红白相间，乃至红色	暗红色，上层呈鸡脂状均匀一致
与血管关系	紧附于血管壁，机化后与管壁粘连	易与血管分离，血管内膜光滑
镜检	具有特殊构造	无特殊构造

注：鸡脂样凝血是动物死亡以后形成的一种凝血块，由于血凝过程较慢，红细胞下沉，使血凝块分成淡黄色和红色两部分，外观似鸡的脂肪，故称鸡脂样凝血，常出现于心脏（图 2-32）和大血管（图 2-33），临床上注意与血栓区别。

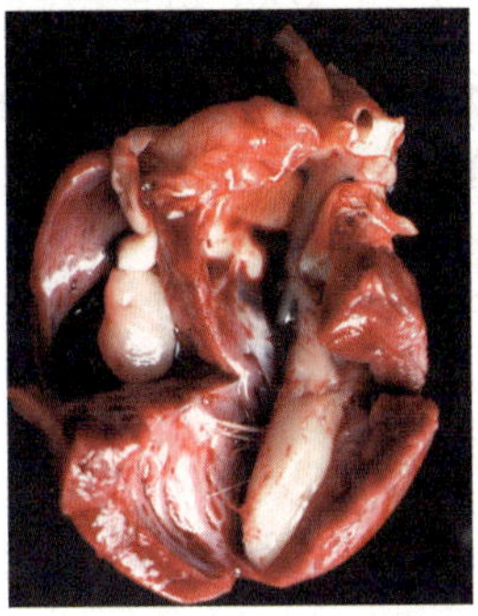

图 2-32 心扩张

心脏扩张，心壁变薄，左右心室均充满鸡脂样凝血块 （陈怀涛）

图 2-33 鸡脂样凝血

从大血管中取出的鸡脂样凝血块，有弹性，主要呈淡黄色，局部为红色 （陈怀涛）

（四）透明血栓

透明血栓又称微血栓，是指由纤维蛋白和血小板在微循环血管内沉积和凝集，形成一种均质无构造的微血栓。它只有在显微镜下才能看见，通常发生于某些败血症、机体自体中毒、大面积烧伤、药物过敏和异型输血等过程中。透明血栓虽可发生于全身性毛细血管，但以肺、肾（图 2-34）和皮肤的毛细血管最为常见。

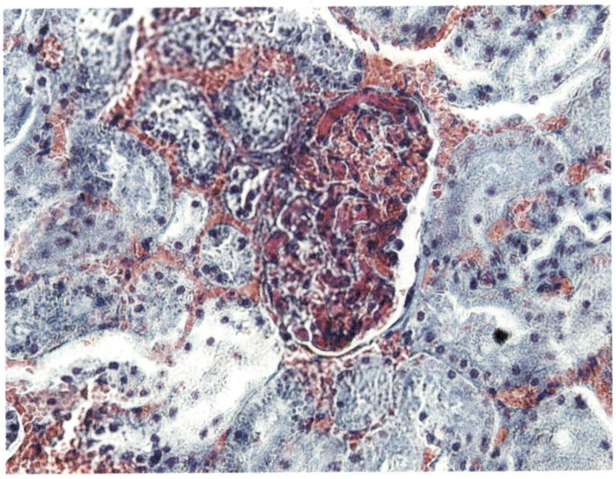

图 2-34 透明血栓

透明血栓（微血栓）；肾小球毛细血管中呈红染的条状透明物即为透明血栓。HE×400 （陈怀涛）

四、血栓的结局

血栓的类型不同、发生部位不同、组成成分不同，其结局也大不相同，一般常见的结局主要有以下几种。

1. 软化、溶解、吸收

血栓形成后，其中的纤维蛋白吸附大量纤维蛋白溶解酶，血栓中的嗜中性粒细胞崩解释放蛋白分解酶，促使血栓溶解软化。小的血栓溶解液化，可被全部吸收或被血流冲走不留痕迹；

较大的血栓部分发生软化，残留部分发生机化或脱落成为栓子，随血流运行，可引起栓塞。

2. 机化与再通

血栓形成后数天内，新生的肉芽组织从血管壁损伤处向血栓里面生长，逐渐取代血栓，称为血栓机化。血栓机化时，常由血栓内部或血栓与血管壁之间形成裂隙，裂隙的表面被增生的血管内皮细胞所被覆，最后形成与原血管相通的一个或数个小血管，使血流重新通过，称为血栓的再通（图 2-35）。

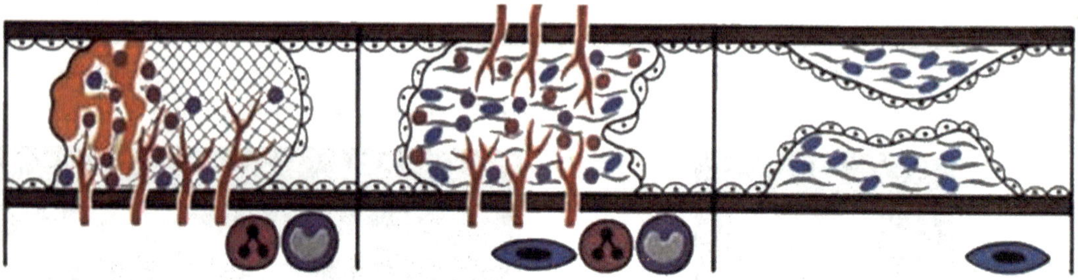

图 2-35 血栓的机化与再通模式图

3. 钙化

血栓形成后，往往有钙盐沉着而钙化，使血栓变为坚硬的质块。尤其是少数没有完全软化或机化的血栓，更易钙化。钙化后的血栓有时在血管内形成结石状，分别称之为动脉石或静脉石，以静脉石较多见。

五、血栓对机体的影响

血栓形成在一定条件下具有抗损伤的意义。如血管破裂时，血栓形成具有止血作用。然而，更常见的是血栓造成的血管管腔阻塞和其他影响，甚至造成致命的危害。血栓引起的危害主要有以下几种。

1. 堵塞管腔、阻断血流

动脉血栓未完全阻塞管腔时，可引起局部器官缺血性萎缩；如完全阻塞又缺乏有效的侧支循环时，可引起局部器官的缺血性坏死。静脉血栓形成后，若未能建立有效的侧支循环，则引起局部淤血、水肿和出血，甚至坏死。

2. 形成栓子、造成栓塞

在血栓未和血管壁牢固黏着之前，或血栓在溶解的过程中，常可整体或部分脱落，形成栓子，随血流运行而引起栓塞。

3. 引起心脏瓣膜病

心瓣膜血栓机化，可引起瓣膜粘连，造成瓣膜狭窄。如在机化过程中纤维组织增生而后收缩，可造成瓣膜关闭不全，导致全身性血液循环障碍。

此外，血栓对机体的影响常取决于血栓形成的部位、大小以及侧支循环建立的情况。一般而言，较大的血栓对机体的影响较大，但不是绝对的，如心、脑等重要器官，即使发生很小的血栓，对机体也可能会造成严重的后果。

任务5 栓 塞

在循环血液中出现不溶解于血液的异常物质，随血流运行堵塞血管的过程，称为栓塞。引起栓塞的异常物质称为栓子。栓子种类常见的有血栓、空气、脂滴、肿瘤细胞、细菌团块或寄生虫等。

一、栓子运行的途径

各种栓子在体内运行和阻塞血管的部位都具有一定的规律性。根据栓子栓塞的部位，一般可追溯到栓子的来源。栓子在体内运行一般与血流的方向是一致的(图 2-36)。

(1)由肺静脉、左心或动脉系统来的栓子，一般随动脉血流到较小动脉处引起栓塞，此称为动脉性栓塞(大循环性栓塞)。这种栓塞常发生于脑、肾、脾等器官。

(2)来自右心及静脉系统的栓子，一般经右心室而进入肺动脉，可随血流而阻塞肺动脉的各级大小分枝，此称为静脉性栓塞(小循环性栓塞)。

(3)来自门脉系统的栓子，多随血流而进入肝，一般在肝的门静脉分枝处形成栓塞，此称为门脉循环性栓塞，此种栓塞较为少见。

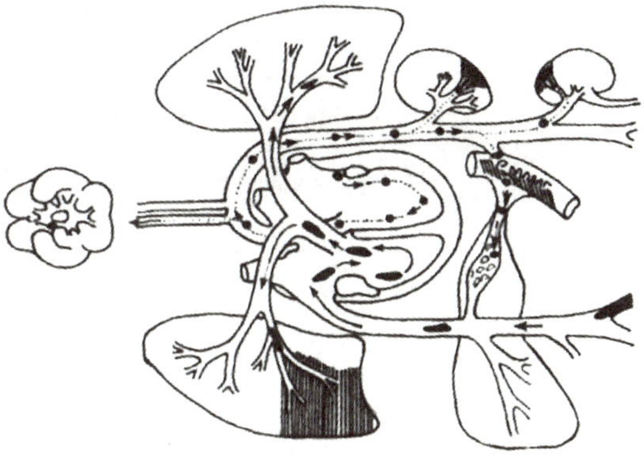

图 2-36 栓子的运行路径

二、栓塞的类型

动物常见的栓塞主要有以下几种。

(一)血栓性栓塞

由血栓引起的栓塞称为血栓栓塞，最为常见，约占栓塞的 99%。该栓塞发生的器官常与血栓的来源有关。

1. 肺动脉栓塞

动物的血栓栓子约 90%以上来自后肢深部静脉，偶尔来自盆腔静脉，一般引起肺动脉的栓塞，如栓子较小，可阻塞肺动脉的小分支，由于肺动脉和支气管动脉间有丰富吻合支，此时侧支循环发挥作用，保证该区肺组织的供血，故对机体无太大影响。但在栓塞前，如肺组织发生严重淤血，栓塞的局部肺组织尽管有支气管动脉的供血，其血液循环仍不能维持该部肺组织的正常机能活动，则可导致局部出血性梗死的发生。如栓子较大或数目较多可阻塞肺动脉的主干或大分支，造成严重的后果，常引起宠物出现呼吸困难、发绀、休克，甚至急性呼吸衰竭导致突然死亡。

2. 大循环的动脉栓塞

来自左心和动脉系统的血栓性栓子常在脑、肾、脾等器官发生栓塞，如阻塞的动脉能有效地建立侧支循环，无太大影响。如缺乏有效的侧支循环，引起局部发生贫血性梗死。如果发生在心脏冠状动脉或脑动脉分支的栓塞除导致梗死外，还会反射性地引起心血管和脑血管的痉挛，造成宠物突然死亡。

(二)脂肪性栓塞

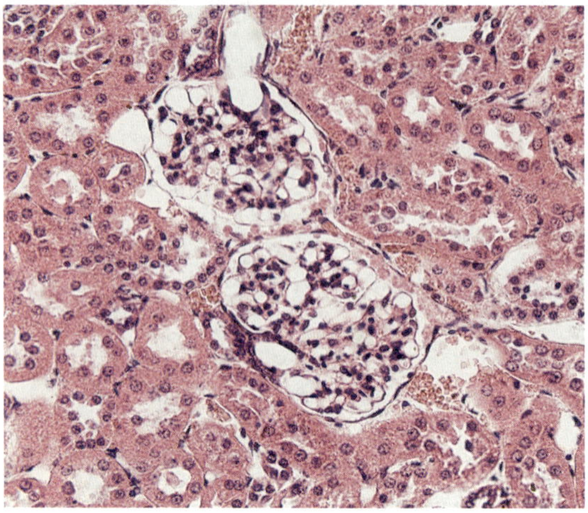

图 2-37　脂肪性栓塞

兔肾脂肪性栓塞：肾小球血管内充塞较多呈空泡状的脂肪栓子。HE×400　　（陈怀涛）

脂肪性栓塞是指脂滴进入血流而引起的栓塞，多见于长骨骨折或脂肪组织严重挫伤，脂肪细胞破裂所释出的脂滴侵入破裂的血管进入血流而引起的。创伤性脂肪栓塞时，栓子随静脉血流到达肺，直径小于 20 μm 的脂滴可通过肺泡壁毛细血管经肺动脉和左心，引起全身器官的栓塞，如脑、肾（图 2-37）等；大于 20 μm 的脂肪栓子则栓塞于肺，造成肺部毛细血管阻塞，引起肺水肿、出血，严重者宠物出现呼吸困难。

(三)气体性栓塞

气体性栓塞是指大量空气迅速进入血循环而引起的栓塞。例如，当动物分娩或流产时，由于子宫强烈收缩，空气被挤入破裂的子宫壁静脉窦；头颈手术、胸壁和肺创伤损伤静脉时，空气也可在吸气时因静脉腔内的负压而被吸入静脉。空气进入右心后，由于心搏动，将空气和心腔内血液搅拌形成大量泡沫，泡沫状的液体有可压缩性，当心收缩时不被排出而阻塞肺动脉出口，导致动物发生猝死。进入血循环的空气还可引起一些器官的栓塞。栓塞的气泡不仅激活血小板使之释出 5-羟色胺促进血管收缩，又可激活血小板第 3 因子，促成该血管的血栓形成，从而加重栓塞症状。但进入血液内的气体量少时，可被溶解于血液而不引起栓塞。

(四)细胞性栓塞和组织性栓塞

细胞性栓塞和组织性栓塞是指非血细胞的细胞和组织进入血流而引起的栓塞。在动物主要是由肿瘤细胞和肿瘤组织所引起。它是肿瘤转移最常见的一种方式。进入血液的肿瘤细胞或组织块既可造成大循环器官的栓塞，又可引起小循环器官的栓塞，结果是形成新的转移性子瘤。

(五)细菌性栓塞

机体内感染灶中的病原菌，可能以单纯菌团的形式或与坏死组织、血栓相混合，进入血液循环引起细菌性栓塞。它除了具有一般栓塞的危害外，还能造成细菌的扩散，在栓塞处引起新的感染灶，甚至可引起脓毒败血症。

(六)寄生虫及虫卵性栓塞

1. 血吸虫栓塞

多见于血吸虫(如曼氏血吸虫、埃及血吸虫和日本血吸虫的成虫)经后腔静脉进入肺动脉，造成肺动脉小分支栓塞。虫卵可栓塞肺细动脉和小动脉，引起虫卵结节形成和过敏性动脉炎，严重者可导致肺性心脏病。死亡的成虫释放出毒性物质可引起局部血栓形成、动脉壁坏死和周围肺组织坏死。

2. 寄生虫的幼虫栓塞

棘球虫和蛔虫的幼虫栓塞于肺小动脉，通过肺后可栓塞脑、脊髓、眼球、心肌和肾。丝虫、旋毛虫和肝吸虫的幼虫也都可在肺循环或大循环造成微小栓塞。

三、栓塞对机体的影响

栓塞对机体的影响，主要取决于栓塞发生的部位、栓子的大小、数量及其性质。一般来说，若栓塞发生于一般组织和器官时，则对机体损害较小；但当脑和心脏发生栓塞时，就会造成严重的后果，甚至导致动物急速死亡。另外，栓子大和数量多时，对机体的危害也大。栓子的性质不同，对机体的影响也有很大差异，一般少量小气泡，小脂滴易被吸收而对机体的影响较小，而由细菌团块或瘤细胞所造成的栓塞，常给机体带来严重的后果。

任务6 梗 死

局部组织或器官因动脉血流中断引起的组织坏死称为梗死。

一、梗死的原因

任何能引起动脉管腔闭塞的原因均可引起梗死。

1. 动脉血管阻塞

血栓形成和栓塞是引起动脉阻塞而导致梗死的最常见原因。如心脏冠状动脉出现血栓会引起心肌梗死。脑动脉硬化诱发血栓形成，可引起脑梗死。动脉内血栓性栓塞可引起肾、脾和肺等器官梗死。

2. 动脉血管受压

动脉血管受肿瘤或其他机械性压迫而致管腔闭塞可引起局部组织梗死。如肠套叠、肠扭转和嵌顿性疝时肠系膜静脉受压引起血液回流受阻和动脉受压引起输入血量减少，局部肠管发生血液循环障碍可造成肠梗死。

3. 动脉持续性痉挛

单纯动脉痉挛一般不会引起梗死，但在严重的动脉粥样硬化病变的基础上，当动脉壁受到刺激时，可引起反射性痉挛（如冠状动脉、脑动脉粥样硬化时发生的持续痉挛），可使管腔完全闭塞而引起梗死。

二、梗死的类型及病理变化

根据梗死灶内含血量的多少，可将梗死分为贫血性梗死（白色梗死）和出血性梗死（红色梗死）。

1. 贫血性梗死

贫血性梗死常发生于侧支循环不丰富、组织结构致密的心、肾、脑等器官。当这些器官的动脉被阻塞时，血流中断，其分支及邻近动脉发生反射性痉挛，将梗死灶内的血液排挤出去，使梗死灶呈灰白色，所以又称白色梗死。病理变化如下：

贫血性梗死灶的形态与梗死区的血管分布相一致。肾动脉呈树枝状分布，梗死灶呈锥体形，表面呈圆形或不正圆形，切面呈楔形(图 2-38)。心脏冠状动脉分支不规则，故心肌梗死灶呈不规则状(图 2-39)。

梗死灶形成后，多因其吸收水分，常肿胀隆起于器官表面。经数日后，梗死组织变干、变硬，表面略微低陷；梗死灶与正常组织分界处常有一明显的充血和出血带，称此为炎性反应带。镜检可见梗死区的实质细胞坏死，坏死细胞均质红染，核浓缩、碎裂或溶解消失(图 2-40)。有时坏死灶中可见钙盐沉着(图 2-41)和结缔组织增生。

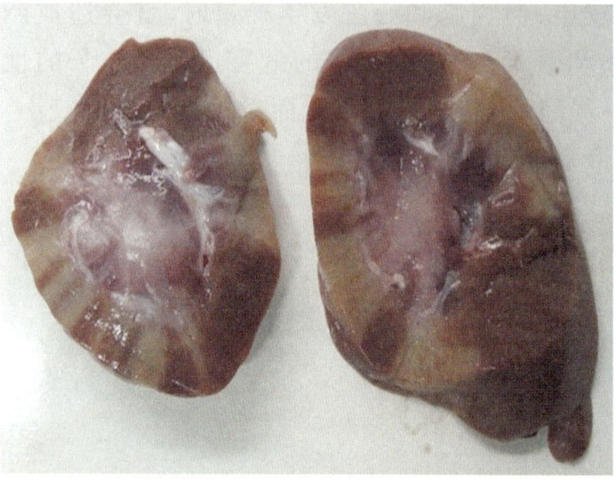

图 2-38　贫血性梗死(一)

肾切面梗死区呈楔形土黄色，与周围界限明显

(胡薛英)

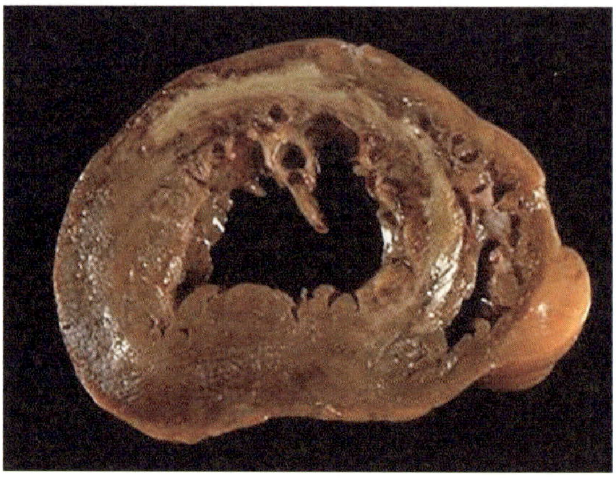

图 2-39　贫血性梗死(二)

心肌切面可见灰白色梗死区，与周围组织界限清晰

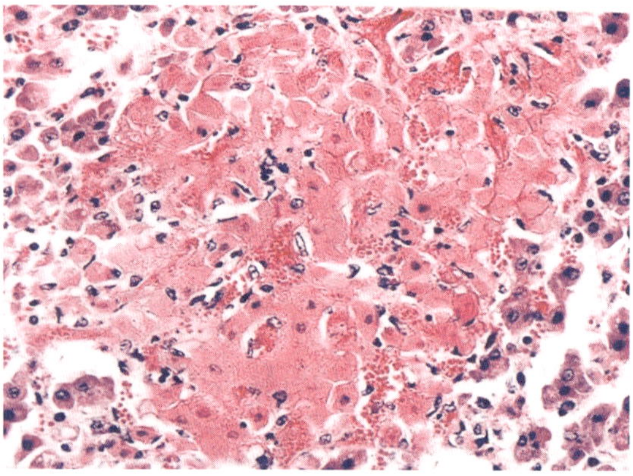

图 2-40　肝细胞坏死

肝细胞浆凝固，红染，组织结构可以辨认，坏死的肝细胞核呈多种变化(核浓缩、核碎裂、核溶解或核消失)

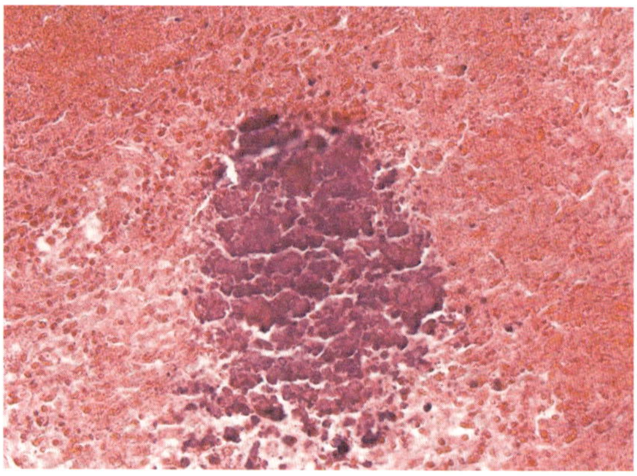

图 2-41　钙盐沉着

坏死灶中有钙盐沉着，钙盐呈蓝紫色颗粒状或团块状

2. 出血性梗死

出血性梗死常发生于组织疏松、血管吻合支丰富的肺、脾、肠(图 2-42)等器官。除动脉血管阻塞外，同时伴发严重的淤血，此时由于静脉和毛细血管内压升高，影响动脉侧支循环的建立。肺有双重血液循环供应，一支被阻塞，另一支虽有血液流注，但它不能克服梗死灶内淤血的阻力，血液停滞在梗死灶，血管壁因缺氧而通透性升高，继而引起出血，使梗死灶呈暗红色，

所以又称红色梗死。眼观梗死灶切面湿润，呈黑红色，与周围组织界限不甚清楚。光镜下，组织结构模糊，甚至消失，小血管内充满血液（图 2-43），间质水肿出血。

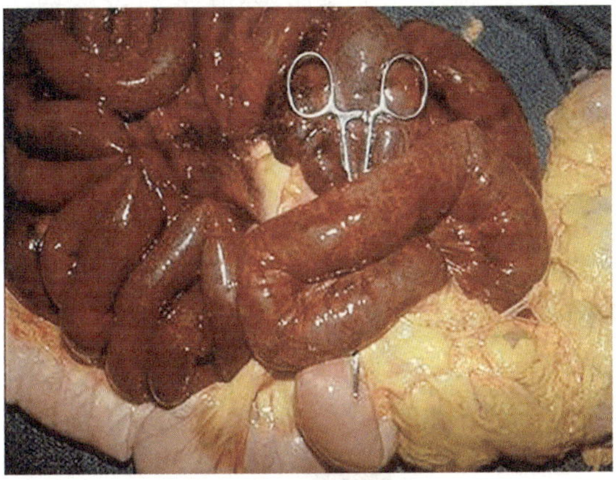

图 2-42 肠出血性梗死

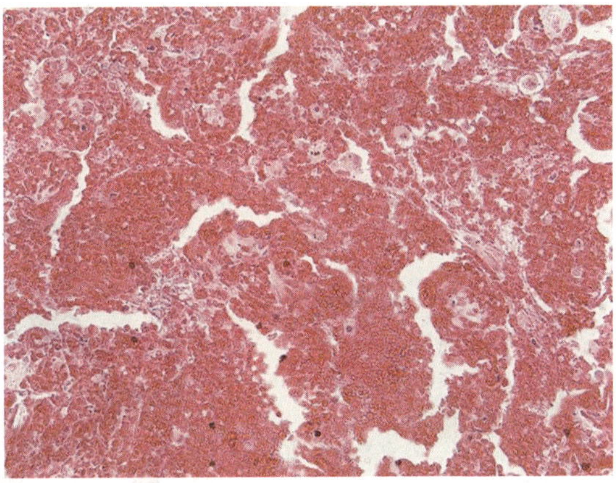

图 2-43 肺出血性梗死

肺出血性梗死区的组织变化：肺组织被红细胞充满，肺组织细胞坏死，肺结构不清。HE×400

三、结局和对机体的影响

梗死对机体的影响，取决于梗死发生的器官、部位、大小以及梗死区有无感染等。总之，一般器官发生的小梗死灶对机体的影响不大，但心脏和大脑发生梗死时，即使是很小范围的梗死灶也可引起严重的后果。若梗死灶内有病原微生物感染时，则易继发化脓或腐败，使宠物继发败血症而死亡。

梗死灶形成时，病灶周围的血管扩张充血，白细胞和巨噬细胞浸润，继而形成肉芽组织。在梗死发生 24～48 h 后，肉芽组织已开始从梗死灶周围长入病灶内，小的病灶可被肉芽组织取代后变为瘢痕；大的梗死灶不能被完全机化时，则由肉芽组织予以包裹，有时可发生钙化。

任务 7 休 克

一、概念

休克是机体在受到各种有害因子作用后，所发生的急性循环障碍，特别是微循环血液灌流量严重不足，导致各器官组织细胞的机能代谢紊乱和结构损害，严重危及生命活动的一种全身性综合征。

二、微循环

微循环是指微动脉与微静脉之间微血管的血液循环，通常由微动脉、后微动脉、毛细血管前括约肌、真毛细血管和微静脉等组成。有的包括动-静脉吻合支。微循环是循环系统中血液和组织进行物质代谢交换的基本结构和功能单位，它主要受神经体液的调节。微循环毛细血管的血流量不仅取决于心输出量、血容量和血压，而且取决于微动脉、毛细血管前括约肌和小静脉的舒缩状态，即微循环各部分的阻力。如微循环阻力不变，血压增高时，微循环内血量随之增大。微动脉、后微动脉和微静脉具有丰富的平滑肌，受交感神经支配，当交感神经兴奋时，血管收缩，阻力增大，血流减少。体液因素也影响微血管壁上的平滑肌（包括毛细血管扩约肌），局部产生的舒血管物质可进行反馈调节，使毛细血管交替性开放，保证微循环有足够的血液灌流量。正常生理情况下，全身微循环反馈调节，以保证毛细血管交替性开放（图 2-44）。

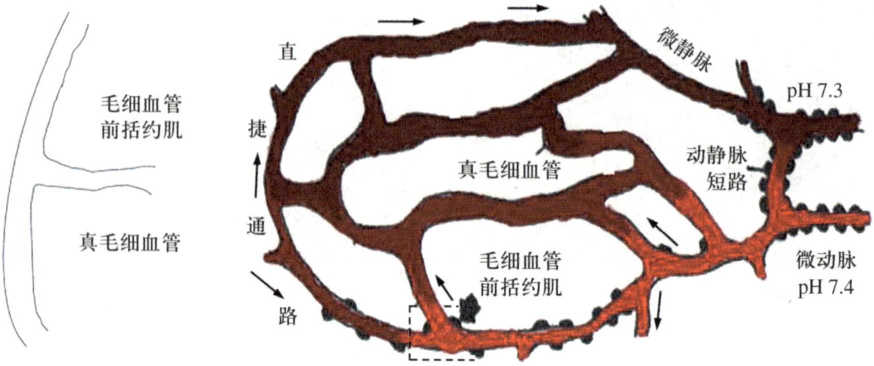

图 2-44　正常的微循环

三、休克的原因与分类

引起休克的原因很多，如严重创伤、大面积烧伤、脱水、感染、过敏、心脏疾病、肝疾病、肾疾病、肺疾病和应激反应等。按发生的原因和发病特点分以下几种类型。

（一）低血容量性休克

低血容量性休克为血管内血量不足，引起心室充盈不足和心输出量减少，如果增加心率仍不能代偿，可导致心输出量降低。

1. 失血性休克

失血性休克是指因大量失血，迅速导致有效循环血量锐减而引起周围循环衰竭的一种综合征。一般 15 min 内失血少于机体总血量的 10%时，机体可代偿。若快速失血量超过全血量的 20%左右，即可引起休克。

2. 失液性休克

剧烈呕吐和腹泻、肠梗阻等导致失液。体液丢失也可引起有效循环血量的锐减，又称虚脱，因为虚脱与失血性休克的本质和表现都相似，因此认为均与低血容量休克有关。

3. 烧伤性休克

大面积烧伤，伴有血浆大量丢失，可引起烧伤性休克。休克早期与疼痛及低血容量有关，晚期可继发感染，发展为感染性休克。

4. 创伤性休克

这种休克的发生与疼痛和失血有关。

（二）血管扩张性休克

血管扩张性休克通常是由于血管扩张所致的血管容量增大血容量相对不足，其循环血容量正常或增加，但心脏充盈和组织灌注不足。常见的有感染性休克、过敏性休克和神经性休克。临床上以革兰氏阴性菌感染引起的休克最常见。过敏性休克发生时，使容量血管扩张，毛细血管通透性增加并出现弥散性非纤维蛋白血栓，血压下降、组织灌注不良可使多脏器受累。神经源性休克是由于剧烈疼痛、高位脊髓麻醉或损伤等引起血管运动中枢抑制，血管扩张，外周阻力降低，回心血量减少，血压下降。

（三）心源性休克

心源性休克是指心脏泵血功能受损或心脏血流排出受阻引起的心输出量快速下降，而代偿性血管快速收缩不足所致的有效循环血量不足、低灌注和低血压状态。心源性休克包括心脏本身病变、心脏压迫或梗阻引起的休克。

四、休克发生、发展中的微循环障碍

不同类型的休克，虽然发生机理不同，但最基本的发病环节都是有效循环血量减少、心功能衰竭和血管舒缩失常，导致微循环有效灌注量不足，而促进休克的发生发展。以典型的失血性休克为例，按微循环的改变分为以下三期。

（一）微循环缺血性缺氧期（休克代偿期、休克Ⅰ期）

1. 病理过程

在休克早期由于血容量和血压降低，交感-肾上腺髓质系统兴奋，使微血管系统包括小动脉、微动脉、后微动脉、毛细血管前括约肌和微静脉、小静脉都持续痉挛，毛细血管前阻力显著增加，微血管运动增强，同时大量真毛细血管关闭。开放的毛细血管减少，此时微循环内血流速度显著减慢。毛细血管血流限于直捷通路，动静脉吻合支开放，组织灌流量减少，出现少灌少流，灌少于流的情况（图 2-45）。这些代偿反应可保证心、脑等重要器官的血液供应。

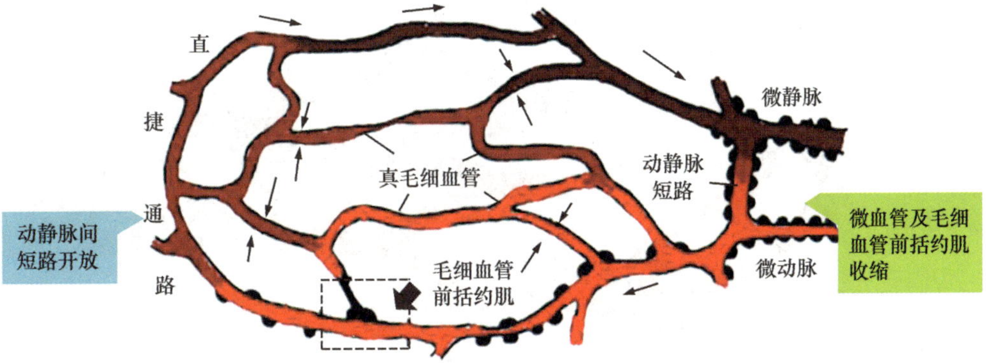

图 2-45 缺血性缺氧期的微循环

2. 临床表现

休克早期病畜可视黏膜苍白、皮肤发凉，脉搏细弱，尿量减少，血压下降，出汗，烦躁不安（图 2-46）。中毒性休克者，还有腹泻症状。

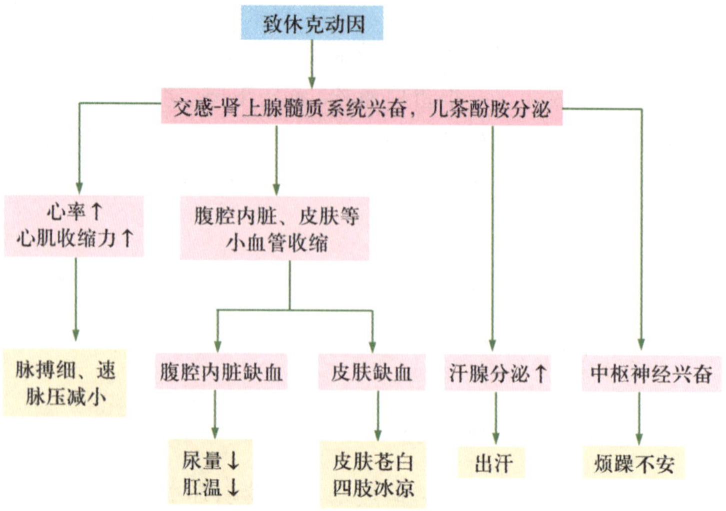

图 2-46　休克性缺血缺氧期的临床表现及机制

(二)微循环淤血性缺氧期(休克期、代偿不全期)

1.病理过程

(1)淤血期的形成　如果休克的原始病因不能及时除去，病情继续发展，交感-肾上腺髓质系统长期过度兴奋，组织持续缺血和缺氧，引起酸性代谢产物增加，酸性环境使微动脉对儿茶酚胺的反应性降低，而微静脉具有耐受性仍处于收缩状态，此时血液不再局限于通过直捷通路，而是经过开放的毛细血管前括约肌大量涌入真毛细血管网，但不能及时流出，毛细血管的后阻力大于前阻力、组织灌而少流，灌大于流(图 2-47)，而导致淤血现象。主要发生于肝、肠、肺等内脏器官。

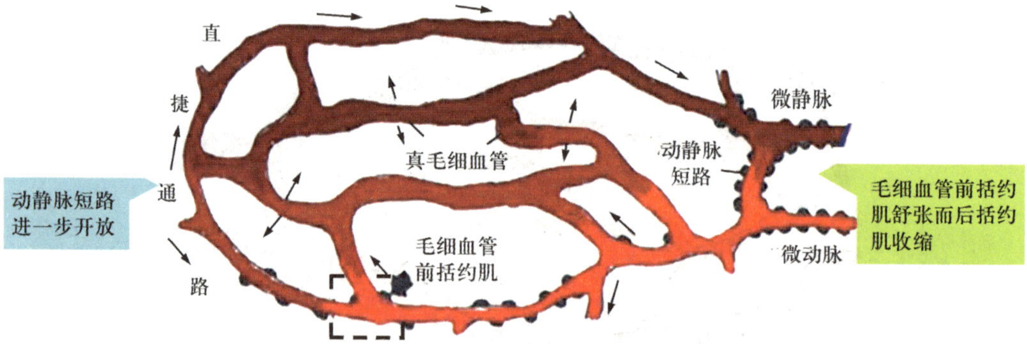

图 2-47　淤血性缺氧期的微循环

(2)淤血期血流的改变　微循环淤血导致毛细血管内流体静压增高，血管壁通透性增大，血浆漏出，血液浓缩、血浆黏度和血细胞压积增大，红细胞聚集，血小板黏附聚集和形成血小板微聚物。此外，淤血导致血流变慢，白细胞贴壁、滚动黏附于内皮细胞上。激活的白细胞通过释放氧自由基和溶酶体酶导致内皮细胞和其他组织细胞损伤，进一步引起微循环障碍及组织损伤。

该期属失代偿期，由于微循环血管网大量开放，血液淤滞在内脏器官如肠、肝和肺内，造成有效循环血量的锐减，静脉充盈不良，回心血量减少，心输出量和血压进行性下降。此期交感-肾上腺髓质更为兴奋，组织血液灌流量进行性下降、组织缺氧趋于严重，形成恶性循环。

2. 临床表现

组织缺氧和酸中毒，皮肤、可视黏膜发绀，皮温下降，心跳快而弱，少尿或无尿，血压下降，精神沉郁，甚至昏迷（图 2-48）。

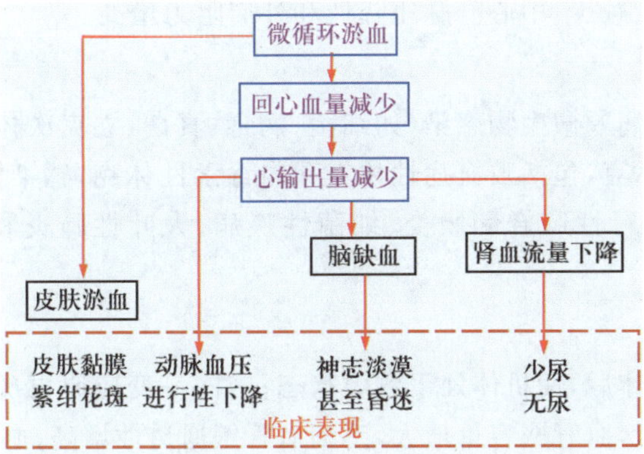

图 2-48 休克淤血性缺氧期的临床表现及发生机制

（三）微循环凝血期（DIC 期）

1. 病理过程

（1）微血管平滑肌麻痹　该期微血管平滑肌麻痹、扩张，对任何血管活性药物均失去反应，所以又称为微循环衰竭期。由于缺氧和酸中毒加重，血液黏稠、血流速度变慢、血管内皮细胞受损，因而发生弥散性血管内凝血（DIC），并导致重要器官功能衰竭，甚至发生多系统器官障碍（图 2-49）。

（2）重要器官功能衰竭　休克后期，血流动力学障碍和细胞损伤越来越严重，心、脑、肝、肺、肾各重要器官功能代谢障碍也更加严重，酸中毒、缺氧、休克时许多因素的作用，可能使多个重要生命器官发生“不可逆性”损伤。促炎介质与抗炎介质稳态失衡以及氧自由基和溶酶体酶的损伤作用导致内皮细胞和实质脏器细胞的损伤和多器官功能障碍。

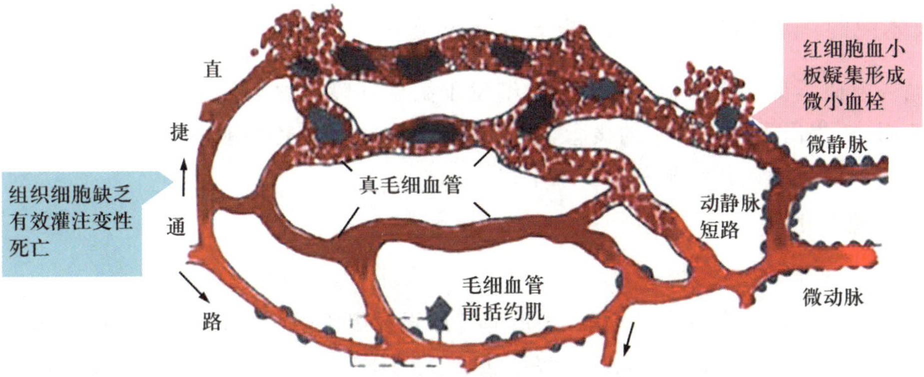

图 2-49 凝血期的微循环

2. 临床表现

组织器官的小血管内广泛形成微血栓，宠物血压继续下降，脉搏弱不感手，呼吸不规则，少尿或无尿，全身皮肤有出血点或出血斑，四肢厥冷，各器官机能严重障碍。

五、各型休克的特点

1. 低血容量性休克

此型休克主要见于大失血、严重脱水、大面积烧伤及急性过敏等过程中，其血液动力学特点是血压降低，心输出量减少，中心静脉压降低和外周阻力增高。

2. 感染性休克

感染性休克是指因病原微生物感染（如细菌、病毒、真菌、立克次体等，其中以革兰氏阴性细菌为最重要）引起的休克，包括败血症性休克和内毒素性休克，感染性休克的临诊发生率和病死率较高。常见于流行性脑脊髓膜炎、细菌性疾病、大叶性肺炎和腹膜炎等严重感染性疾病。

3. 过敏性休克

某些变应原进入机体后，使机体处于致敏状态；当同一变应原再次进入机体时，可发生抗原抗体反应，使血管扩张，血管网容量增大，毛细血管壁通透性增高，血浆外渗。由于回心血量急剧减少和血压下降，导致休克发生。

4. 心源性休克

心源性休克是由于急性心功能障碍（包括严重心律紊乱）而导致的休克。常见于大面积心肌梗死、急性心肌炎和急性心包填塞等。心源性休克病宠因心输出量迅速减少，故血压在早期即可显著下降。

5. 神经源性休克

神经源性休克是指由于血管运动张力丧失而发生大量血管扩张所引起的休克。常见于深度麻醉、脊髓高位麻醉或损伤、剧烈疼痛等。当剧烈疼痛使血管运动中枢抑制或脊髓高位麻醉或损伤使交感传出神经被阻断时，小血管扩张，血管网容量增加，大量血液淤滞在外周血管网，回心血量急剧减少，血压下降，引起神经源性休克。这种休克有时不经治疗也可自愈，必要时可注射缩血管药物，预后良好。

六、休克时细胞和主要器官功能与代谢的变化

微循环障碍学说认为细胞代谢障碍是继发于微循环障碍之后发生的，是由于缺氧和酸中毒引起的损伤，提出了休克细胞的概念，并认为细胞损伤是器官功能障碍的基础，标志着对休克本质的认识逐步深入到细胞和分子水平。

（一）细胞变化

1. 细胞代谢障碍

细胞代谢障碍主要表现为供氧不足、糖酵解加强及组织酸中毒。由于缺氧，葡萄糖有氧氧化受阻，使 ATP 生成显著减少，无氧酵解增强，乳酸生成显著增多，引起局部酸中毒。同时由于灌流障碍，CO_2 不能及时清除，也加重了局部酸中毒。

休克时由于组织缺氧，能量生成不足，细胞膜上的钠泵（Na^+-K^+ ATP 酶泵）运转失灵，因而细胞内 Na^+ 增多，而细胞外 K^+ 增多，导致细胞水肿和高钾血症。

2. 细胞的损伤与调亡

电镜观察发现，细胞的损伤主要是细胞膜、线粒体和溶酶体的变化。细胞膜是休克时最早发生损伤的部位。线粒体损伤后，造成呼吸链障碍，氧化磷酸化障碍，能量物质进一步减少。休克时缺血、缺氧和酸中毒，引起溶酶体酶释放，溶酶体肿胀，有空泡形成，主要危害是引起细胞自溶的各种休克因子，均可通过激活核酸内切酶引起炎症细胞(各种白细胞、单核巨噬细胞、血小板和内皮细胞)的活化。活化后的细胞可产生细胞因子、分泌炎症介质、释放氧自由基，攻击血管内皮细胞、嗜中性粒细胞、单核巨噬细胞、淋巴细胞和各脏器实质细胞，使其发生变性坏死和凋亡。电泳可出现细胞凋亡的DNA断裂的梯状图带。休克时细胞凋亡是细胞损伤的一种表现，也是重要器官功能衰竭的基础。

(二)多器官功能障碍综合征

多器官功能障碍综合征(MODS)是指在严重创伤、感染和休克时，原无器官功能障碍的动物相继出现两个以上系统和器官功能障碍，称多器官功能障碍综合征。休克时各系统和器官几乎均可被累及。常见的功能障碍是肺、肝、肾、心和免疫器官等。表现急性肾功能衰竭、急性呼吸功能衰竭、心功能障碍、消化功能和肝功能障碍。

休克引起心力衰竭的机制有：①冠状动脉血流量减少，儿茶酚胺使心肌收缩而加重心肌缺氧。②酸中毒、高血钾致心肌收缩力减弱。③广泛的DIC使心肌受损害。④内毒素直接抑制心脏功能。

(三)全身炎症反应综合征

近年来“炎症失控学说”认为，炎症的本质是活体组织对损伤的反应，而全身炎症反应综合征(SIRS)是指机体失控的自我持续放大的和自我破坏的炎症。同时认为休克的难治期与肠道严重缺血缺氧，屏障和免疫功能降低，内毒素入血及肠道细菌转位入血，引起全身炎症反应综合征有关。表现为播散性炎症细胞活化和炎症介质泛滥到血中并在远隔部位引起全身性炎症，尤其是T、P、R、WBC值均增高和全身高代谢的“五高”状态。

学习评价 〉〉〉

一、名词解释

1. 梗死　2. 栓塞　3. 出血　4. 充血　5. 虎斑心　6. 血栓形成　7. 淤血　8. 槟榔肝　9. 贫血　10. 休克

二、填空题

1. 血栓的转归有________、________和________。
2. 可视黏膜呈蓝紫色称为发绀，是组织严重的________表现。
3. 局部充血可分为________和________两类。
4. 梗死可分为________和________两类。
5. 血栓对机体产生不利的影响有________、________、________。
6. 根据病因和发病机理可将全身性贫血分为________、________、________、________。

7. 病理性动脉充血包括______、______、______。

8. 出血按原因分为______、______两类。

9. 引起淤血的主要原因有______、______、______。

10. 来自门静脉的栓子，可引起______栓塞。

11. 来自右心和体循环静脉内的栓子，可引起______栓塞。

12. 左心衰竭主要引起______，右心衰竭引起______。

13. 栓塞的常见类型有______、______、______和其他栓塞。

14. 淤血时，局部组织和器官体积______，颜色______，代谢和功能______，温度______。

15. 出血性梗死常发生在______、______等器官。

三、单项选择题

1. 循环血管壁通透性增高引起的出血是(　　)。
A. 破裂性出血　B. 积血　C. 体腔出血　D. 渗出性出血

2. 右心衰竭可导致(　　)。
A. 肝细胞透明变性　B. 槟榔肝　C. 肝出血性梗死　D. 肝贫血性梗死

3. 出血性炎症时，出血的主要原因是(　　)。
A. 血管壁通透性增高　B. 静脉淤血
C. 组织缺血缺氧　D. 组织内胶体渗透压增高
E. 血浆胶体渗透压增高

4. 混合血栓通常见于(　　)。
A. 静脉血栓尾部　B. 动脉血栓头部
C. 毛细血管内　D. 静脉血栓体部
E. 心瓣膜闭锁缘

5. 易发生贫血性梗死的脏器是(　　)。
A. 脾、心、肾　B. 心、脑、肠　C. 脾、心、肺　D. 肾、肠、脑
E. 肾、心、肺

6. 肾梗死区的坏死多为(　　)。
A. 液化性坏死　B. 干酪样坏死　C. 凝固性坏死　D. 脂肪坏死
E. 坏疽

7. 出血性梗死最常发生在哪一个器官？(　　)
A. 肾　B. 肺　C. 脑　D. 脾　E. 心

8. 栓塞最常见的类型是(　　)。
A. 气体栓塞　B. 血栓栓塞　C. 羊水栓塞　D. 脂肪栓塞
E. 瘤细胞栓塞

9. 脑动脉充血时可能引起的最严重后果是(　　)。
A. 颅内压升高　B. 脑水肿　C. 头痛头晕　D. 脑血管破裂出血
E. 脑脊液增多

10. 下列哪项不属于血栓形成的结局？(　　)
A. 溶解吸收　B. 排出血管外　C. 机化　D. 再通

E. 钙化

11. 血栓形成对机体的影响中，哪一项对机体有利？（　　）

A. 阻塞血管　　B. 淤血　　C. 止血　　D. 栓塞

E. 形成心瓣膜病

12. 下列哪项不是血栓形成的条件？（　　）

A. 心血管内膜损伤　　B. 血流缓慢

C. 血流形成漩涡　　D. 血液凝固性增加

E. 纤维蛋白溶酶增加

13. 下列哪项不符合静脉性充血时受累器官的病变特点？（　　）

A. 体积增大　　B. 颜色鲜红

C. 代谢功能减弱　　D. 小静脉和毛细血管扩张

E. 温度降低

14. 渗出性出血多发生于（　　）。

A. 毛细血管　　B. 小静脉　　C. 小动脉　　D. 大静脉

E. 大动脉

15. 血液中正常状态下不存在的物质，随着血流运行堵塞血管的过程称为（　　）。

A. 血栓　　B. 栓塞　　C. 梗死　　D. 淤血

16. 下列哪种梗死可发生软化并形成囊腔？（　　）

A. 肺梗死　　B. 肠梗死　　C. 脾梗死　　D. 脑梗死

E. 肾梗死

17. 血栓由肉芽组织取代的过程称为（　　）。

A. 溶解　　B. 吸收　　C. 机化　　D. 再通

E. 钙化

18. "虎斑心"是指心肌细胞发生下列哪种病变的眼观变化？（　　）

A. 水肿　　B. 脂肪变性　　C. 出血　　D. 淀粉样变性

19. 休克过程中，受影响最早的器官是（　　）。

A. 心　　B. 肝　　C. 脑　　D. 肺

E. 肾

20. 某犬，车撞 1 h 后，体温、脉搏、呼吸及运动均无异常，仅见胸侧壁有一椭圆形肿胀，触诊有波动感及轻度压痛感。该犬最有可能出现（　　）。

A. 疝　　B. 气肿　　C. 脓肿　　D. 血肿

E. 淋巴外渗

四、问答题

1. 简述栓塞的类型及其产生的后果。
2. 简述梗死的原因、类型及其不同类型梗死的形成条件。
3. 临床上如何鉴别宠物的出血与充血？如何区别动脉性充血和静脉性充血？
4. 简述血栓形成的条件及其对机体的影响。
5. 简述贫血的类型及特点。
6. 简述休克的类型及特点。

病例分析

病例一：一新生仔犬，初生时活泼健壮，采食母乳后逐渐出现精神沉郁、反应迟钝、喜卧的现象。皮肤及可视黏膜黄染，尿量少而黏稠，血液学检查红细胞数显著减少。

(1)导致此病发生的原因是(　　)。

A. 仔犬分娩过程中呛入了大量羊水

B. 仔犬体内发生了免疫溶血反应

C. 仔犬肝损伤

D. 母犬乳汁中乳蛋白含量过低

E. 母犬乳汁中乳糖含量过低

(2)该病最可能的诊断是(　　)。

A. 新生仔犬溶血病

B. 仔犬低血糖症

C. 仔犬出血性紫癜

D. 仔犬孱弱

E. 仔犬低钙血症

病例二：有一只2岁白色吉娃娃，在玩耍时，不慎碰洒一杯开水，将其腹部烫伤，皮肤并未损坏，局部呈鲜红色，轻微肿胀；在逃跑过程中，被铁钉将右前肢腕部刮破皮，流出血液。烫伤处在第三天，变成暗红色。用本章学过的病理知识解释出现的病理现象。

项目三　细胞和组织的损伤

学习目标

知识目标：熟悉萎缩、变性、坏死、坏疽、溃疡、糜烂和机化的概念；掌握细胞肿胀、脂肪变性、坏死的原因、类型和病理变化；了解萎缩、变性、坏死对机体的影响。

能力目标：能通过眼观及显微镜下的病理变化区分脂肪变性和颗粒变性；结合临床实际病例准确地判断属于那种类型的坏死。

学习任务

在各种致病因素的作用下，动物有机体的细胞和组织会发生形态、代谢与功能的应答反应，当这些作用超过细胞、组织的适应能力时，则可使其受到损伤，出现一系列的形态结构和代谢、功能的变化。形态结构、代谢、功能的变化是相互关联并相互影响的。根据其损伤的程度及形态特征，可分为萎缩、变性和坏死三种形式。萎缩、变性大多数是一种较轻微的组织细胞损伤，是可复性的损伤，而坏死则是细胞的“死亡”，是一种不可复性损伤。

任务1　萎　缩

一、萎缩的概念

发育成熟的器官、组织或细胞，由于物质代谢障碍而发生体积缩小、功能减退的过程，称为萎缩。与先天性发育障碍造成的发育不良有本质区别。

二、萎缩的原因和类型

（一）生理性萎缩

生理性萎缩是指宠物在生理状态下随着年龄的增长，某些组织或器官的生理功能自然减退和代谢过程逐渐降低而发生的一种萎缩。例如，宠物的胸腺、乳腺、卵巢及睾丸等器官，当生长到一定年龄后，即开始发生萎缩。

（二）病理性萎缩

病理性萎缩是指组织、器官受致病因素作用而发生的萎缩。根据病因和病变范围的不同可分为全身性萎缩和局部性萎缩。

1. 全身性萎缩

全身性萎缩多见于慢性消化道疾病(如慢性肠炎)及严重的消耗性疾病(如结核病、寄生虫病、恶性肿瘤等),使营养物质消化吸收障碍或营养物大量消耗而导致全身性萎缩。

2. 局部性萎缩

当致病因素较长时间或强度较大作用于局部组织器官时,则引起局部组织器官发生萎缩。局部性萎缩按发生原因可分为以下几种类型。

(1)神经性萎缩　中枢或外周神经发炎或损伤时,受其支配的肌肉因神经营养障碍而发生萎缩。

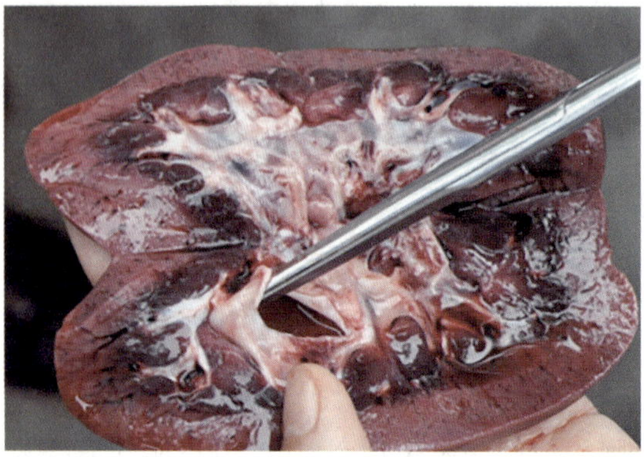

图 3-1　压迫性萎缩

肾盂积液压迫肾萎缩

(2)废用性萎缩　宠物的某个肢体因骨折或关节疾患而被固定时,关节和肌肉的活动受到限制,有关的肌肉、韧带和关节软骨发生萎缩。

(3)压迫性萎缩　组织器官长期受机械性压迫而引起的萎缩。如肿瘤、寄生虫(棘球蚴、囊尾蚴)压迫邻近组织器官引起萎缩,如肾盂积液时压迫肾组织而引起肾萎缩(图 3-1)。

(4)缺血性萎缩　动脉硬化、血栓形成或栓塞造成动脉狭窄,引起血液供应不足,以致相应部位的组织萎缩。

(5)激素性萎缩　由于内分泌功能异常而引起相应器官的萎缩。如去势宠物的前列腺因得不到雄性激素的刺激而发生的萎缩。

三、病理变化

全身性萎缩时,宠物由于发生全身性物质代谢障碍,往往表现精神沉郁、行动迟缓、全身进行性消瘦、严重贫血以及水肿等,呈全身恶病质状态(图 3-2),故又称为恶病质性萎缩。全身各组织器官发生萎缩的先后顺序呈一定的规律性。脂肪组织的萎缩发生最早、最显著,其次是肌肉,再次为肝、肾、脾及淋巴结、胃、肠等器官,而心、脑、内分泌腺等生命重要器官则萎缩发生得最晚且不明显。

图 3-2　全身恶病质状态

病犬精神委顿,行动迟缓,进行性消瘦,被毛粗乱

(1)眼观　皮下、腹膜下、网膜和肠系膜等处的脂肪完全消失,心脏冠状沟和肾周围的脂肪组织变成灰白色或淡灰色透明胶冻样,因此,又称为脂肪胶样萎缩。实质器官(如肝、脾、肾等)发生萎缩时,常见器官体积缩小,重量减轻,边缘锐薄,质地坚实,被膜皱缩,色泽变深(图 3-3)。胃、肠道发生萎缩时,管壁变薄呈半透明状,牵拉时容易破裂(图 3-4)。脑发生萎缩时,脑室壁变薄(图 3-5)。

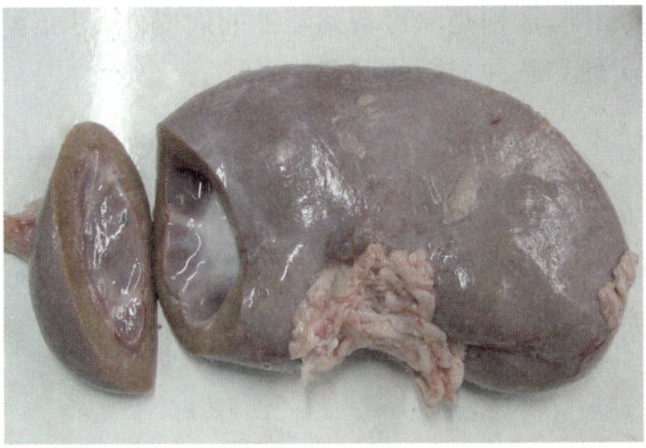

图 3-3　肾萎缩

体积略缩小，切面皮质色泽变深，厚度减小，质地坚实，被膜增厚、皱缩　（胡薛英）

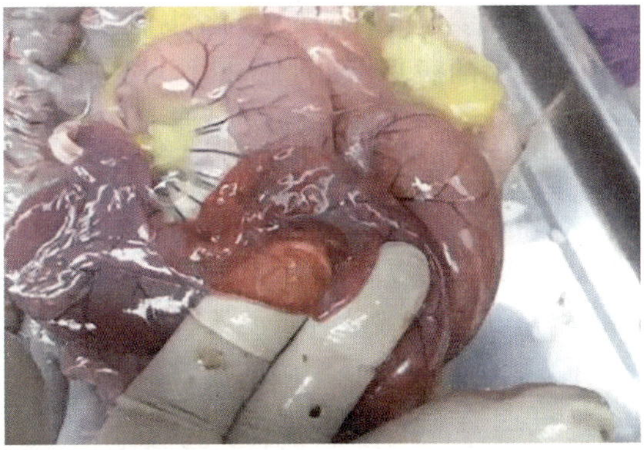

图 3-4　肠萎缩

肠壁变薄，呈半透明状，牵拉时容易破裂

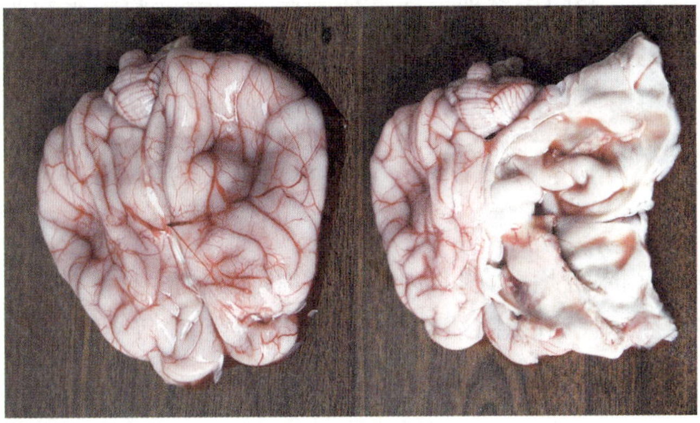

图 3-5　脑萎缩

犬脑萎缩，大脑表面凹陷；脑室壁明显变薄，脑室内有淡红色积液　（王新华）

（2）镜检　萎缩器官的实质细胞体积缩小或数量减少，胞浆致密浓染，胞核皱缩深染（图 3-6）；间质组织在实质细胞萎缩的同时往往伴有一定程度的增生（图 3-7）。在心肌纤维、肝细胞胞浆内常出现黄褐色、颗粒状的脂褐素，量多时使器官呈褐色，称褐色萎缩。

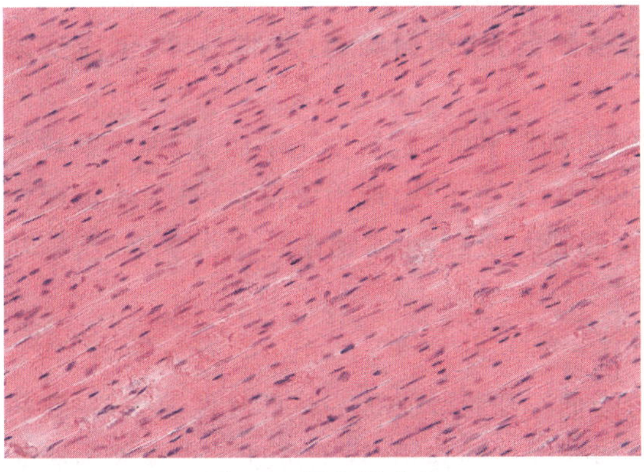

图 3-6　骨骼肌萎缩

心肌纤维变细，排列密集，细胞核细长、深染。HE×100　（陈怀涛）

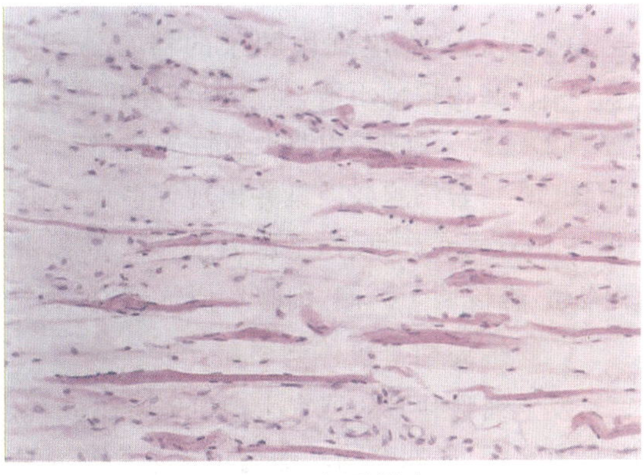

图 3-7　间质增生

骨骼肌纤维数量减少，稀疏、粗细不均，肌纤维间为增生的结缔组织。HE×100　（崔恒敏）

局部性萎缩的形态变化与全身性萎缩时基本相同，区别是除可看到萎缩的病变外，还可看到引起萎缩的病变。如肝脓肿时，可见肝的脓肿病灶和脓肿周围的肝凹陷、皱缩。

四、结局和对机体的影响

萎缩是一种可复性的病理过程，当病因消除后，萎缩的组织、器官可恢复其形态和功能。如病因持续作用萎缩的组织可发展为坏死。任何器官、组织发生萎缩后，其代谢和功能都会受到一定影响，如果发生在重要器官就可引起严重后果。

任务2 变 性

在致病因素的作用下，由于组织细胞的物质代谢障碍，在细胞或间质内出现各种异常物质或原有正常物质数量异常增多的一类形态改变，称为变性。变性按异常物质(或正常物质增多)出现的部位分细胞变性和间质变性。常见的细胞变性有细胞肿胀和脂肪变性。常见的间质变性有黏液样变性、透明变性、淀粉样变性及纤维样变性。细胞内的变性一般是可复性病理过程，细胞或组织仍能维持生活能力，但功能降低。当原因消除后，变性细胞的结构和功能仍可恢复，但严重的变性可发展为坏死。细胞间质的变性常是不可逆的。

一、细胞肿胀

细胞肿胀是指细胞内水分增多，胞浆内出现微细红染颗粒或大小不等的水泡。是一种常见的较轻的病变，多发生于代谢旺盛、线粒体丰富的肝、肾和心等器官的实质细胞，也见于皮肤和黏膜的上皮细胞。

(一)原因

缺氧、感染、发热和中毒等致病因素均可引起细胞肿胀。这些致病因素可直接损伤细胞膜的结构，也可破坏线粒体的氧化酶系统，使三羧酸循环和氧化磷酸化发生障碍，ATP生成减少，细胞的能量供应不足，细胞膜上的钠泵对 Na^+ 的主动转运发生障碍，导致细胞内 Na^+ 增多，水分进入细胞增多，细胞及细胞器肿大。

(二)病理变化

(1)眼观　发生细胞肿胀的器官体积肿大，被膜紧张，切面隆起，质脆易碎，色泽变淡(图3-8)，结构模糊不清，呈煮肉样外观。

(2)镜检　初期，胞浆中有许多嗜伊红微细颗粒，细胞肿大，胞核变化不明显，称为颗粒变性(图3-9)；若细胞浆淡染并出现许多大小不等的水泡，染色不均，或呈蜂窝状，称为水泡变性(图3-10)；病变严重者，细胞因水分大量积聚而高度肿大变圆，小水泡融合成大水泡，胞浆几乎透亮，胞核偏于一侧，细胞形似气球，称为气球样变(图3-11)。

(三)结局和对机体的影响

发生细胞肿胀的器官生理机能有不同程度的降低。细胞肿胀是一种可复性损伤，在致病因素消除后，形态结构功能均可逐渐恢复正常；但如病因持续作用，病变可进一步发展为脂肪变性甚至坏死。

图 3-8 肝颗粒变性(一)

犬细小病毒感染。肝肿大,呈红黄色 (陈怀涛)

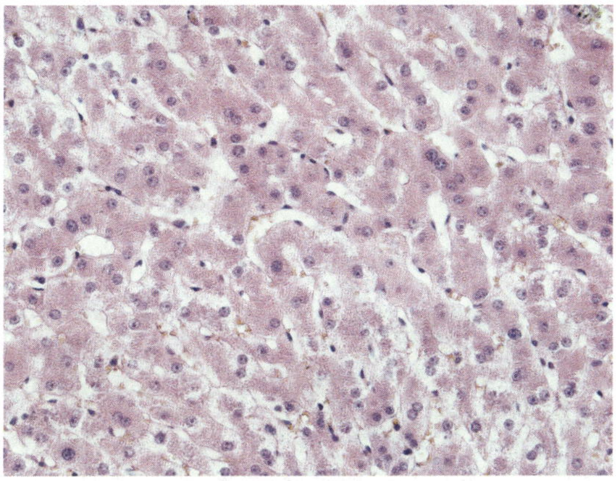

图 3-9 肝颗粒变性(二)

肝颗粒变性,肝细胞胞浆中密集大量红色蛋白性颗粒,肝细胞肿大,肝窦狭窄,仅有个别细胞散在。HE×400 (陈怀涛)

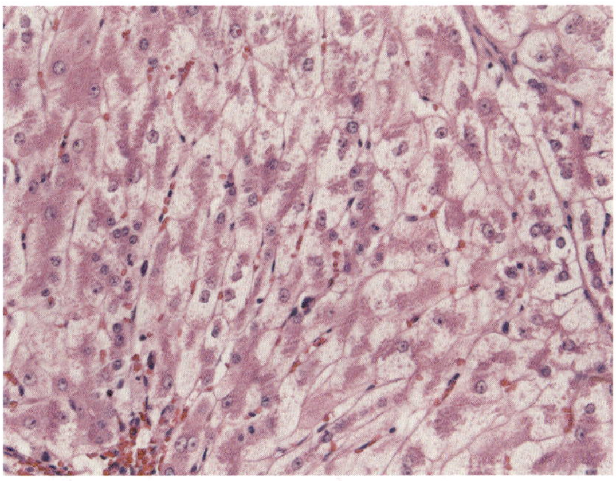

图 3-10 肝水泡变性(一)

肝细胞肿大,胞浆染色不均,多透亮淡染,但细胞核位置常无改变。HE×400 (陈怀涛)

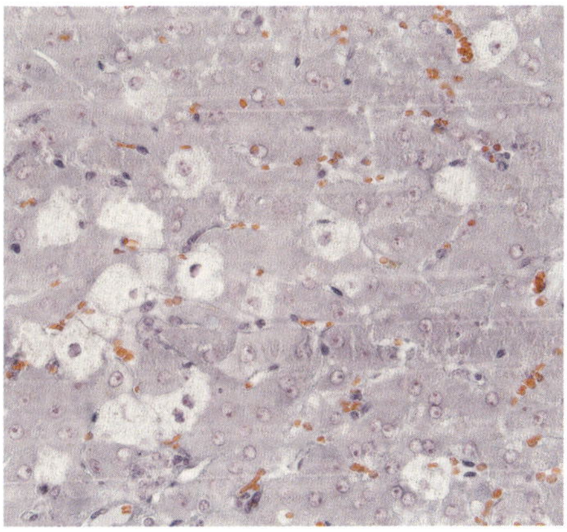

图 3-11 肝水泡变性(二)

部分肝细胞肿大、淡染,呈大泡状,似气球,称气球样变。HE×400 (陈怀涛)

二、脂肪变性

脂肪变性是指细胞浆内出现脂滴或脂滴增多。脂滴的主要成分为中性脂肪(甘油三酯),其次是磷脂及胆固醇等类脂质。脂肪变性常发生于细胞肿胀之后,或二者同时发生,多发生于肝、肾、心等实质器官的细胞,以肝脂肪变性最为常见。

(一)原因

急性感染、中毒、缺氧、饥饿或缺乏必需的营养物质等病因的作用下,细胞内结构脂肪破坏、中性脂肪合成过多、蛋白质合成障碍及脂肪酸的氧化发生障碍,使细胞内脂肪增多出现脂滴。

(二)病理变化

(1)眼观 轻度脂肪变性时,变化常不明显,仅见器官稍呈黄色;重度脂肪变性时,器官体积肿大，边缘钝圆，质地松软易碎，呈黄褐色或土黄色，切面结构模糊，触之有油腻感。若发生脂肪变性的肝同时伴发淤血，则肝切面为暗红色(淤血)和黄褐色(脂肪变性)相间的花纹状，形似槟榔切面，称作“槟榔肝”(图 3-12)。严重的贫血、中毒时，引起心脏发生脂肪变性，在心外膜下或心室乳头肌及肉柱的静脉血管周围，可见灰黄色的条纹或斑点分布在红色的心肌之间，呈黄红相间的虎皮状斑纹，称“虎斑心”(图 3-13)。肾发生脂肪变性时，体积稍肿大，表面呈不均匀的淡黄色或土黄色，切面皮质部增厚，常有灰黄色的条纹或斑纹，质地脆弱易碎。

图 3-12　槟榔肝

发生脂肪变性的肝同时伴有淤血，使肝切面呈红黄相间的花纹，似槟榔切面，故称“槟榔肝”

(陈怀涛)

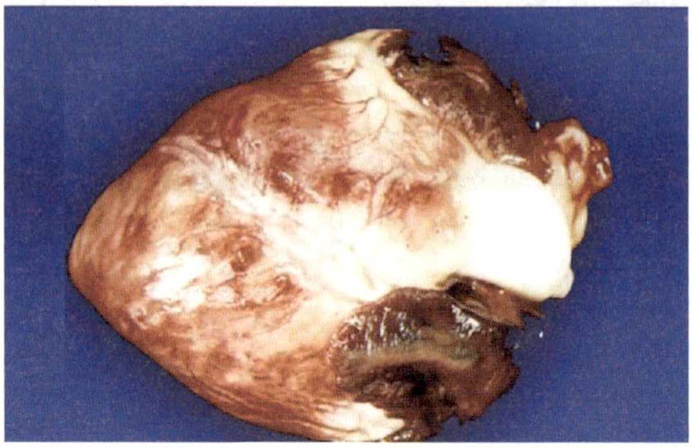

图 3-13　虎斑心

心脏表面呈黄红相间的虎皮状斑纹　(陈怀涛)

(2)镜检　发生脂肪变性的肝细胞肿胀，胞浆内出现大小不一的圆形脂肪空泡(石蜡切片)，肝细胞索紊乱，肝窦狭窄(图 3-14)。随着病变发展，脂肪空泡可互相融合成大空泡，胞核被挤于一侧，外形类似戒指状(图 3-15)。心肌脂肪变性时，脂肪空泡呈串珠状排列在肌原纤维之间(图 3-16)。肾脂肪变性时，肾小管特别是近曲小管上皮细胞的胞浆内出现大小不一的脂肪空泡(图 3-17)。

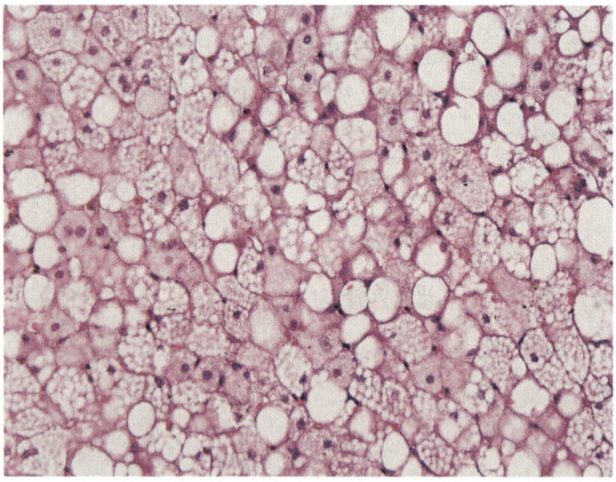

图 3-14　肝脂肪变性(一)

肝细胞内充满大量小脂滴(制作石蜡切片过程中将脂滴溶解，遗留为空泡)或被大的脂滴所占据，细胞核被挤向一侧；肝窦狭窄。HE×400

(陈怀涛)

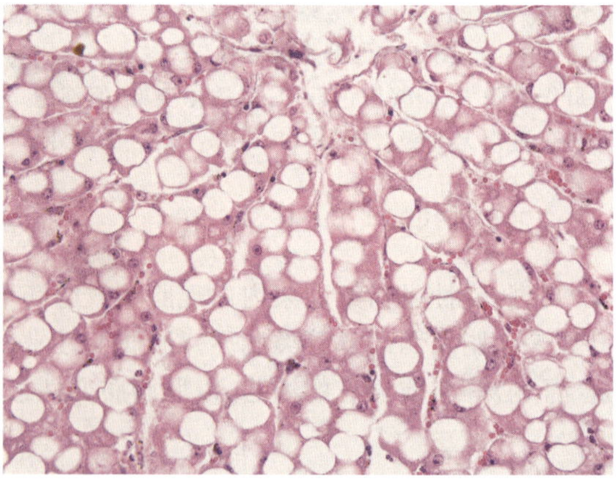

图 3-15　肝脂肪变性(二)

肝细胞浆被大脂滴占据；细胞浆很少，并被挤向细胞周围，核被挤向一侧。HE×400　(李晓明)

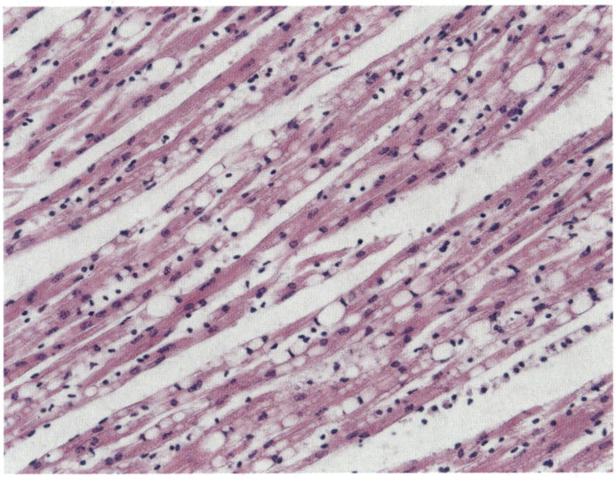

图 3-16 心脂肪变性

心肌细胞内可见串珠排列的大小不等的脂滴，心肌细胞浆减少。HE×400 （陈怀涛）

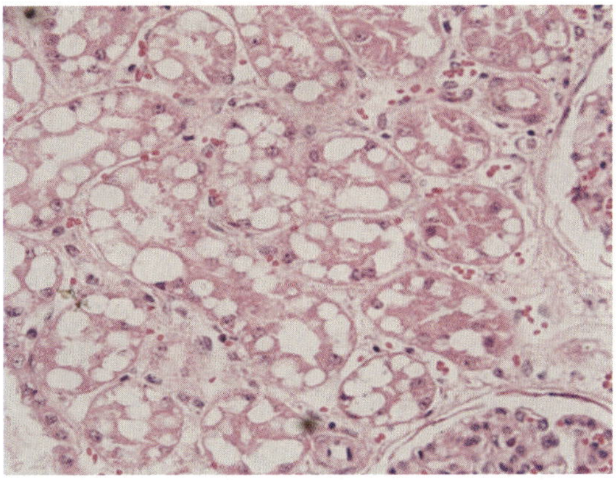

图 3-17 肾脂肪变性

肾小管上皮细胞内有大小不等的脂滴，脂肪滴空泡界限明显，胞核常被挤于一侧；肾小管管腔缩小，不规整。HE×400 （陈怀涛）

（三）结局和对机体的影响

脂肪变性是一种可复性的病理过程，其损伤较细胞肿胀严重，但在病因消除后，物质代谢恢复正常，细胞的结构和功能亦可恢复正常，但严重的脂肪变性则可发展为细胞死亡。发生脂肪变性的器官，其生理功能降低，如肝脂肪变性，可导致肝糖原合成和解毒功能降低；心肌的脂肪变性，使心肌收缩力减弱。

三、透明变性

（一）病理变化

透明变性是指在细胞间或细胞内出现一种均质、无结构的嗜伊红蛋白物质。这种蛋白称为透明蛋白。由不同原因产生的透明蛋白，其化学性质不尽相同。透明变性常分为以下三种类型。

（1）血管壁透明变性　主要见于小动脉壁。光镜下，小动脉内皮下出现均质、无结构的嗜伊红物质，严重时中膜的结构破坏，平滑肌纤维变性和原纤维结构消失，均质、红染，整个管壁增厚，管腔变窄，甚至闭塞（图 3-18）。

血管壁透明变性常发生在脾、肾、心等器官的小动脉，有急性变化与慢性变化两个过程。急性变化的特征是血管壁坏死（如炎性坏死、纤维素样坏死等）、血浆蛋白渗出并在血管壁内浸润。慢性变化为急性变化之后的损伤修复过程，最终导致动脉硬化。

血管壁透明变性多见于一些传染病、中毒病、血管病和慢性炎症，如病毒性动脉炎等。

（2）纤维组织透明变性　常见于瘢痕组织、慢性炎症、包囊与机化灶等。

（3）细胞内透明变性　是指细胞浆内出现大小不等的嗜伊红性小滴，称为透明蛋白小滴或玻璃样滴，是由细胞从周围体液中吸收的或自身产生的过量蛋白质所形成的。例如，在肾小球肾炎和肾病时，肾小球滤过膜通透性增强，大量血浆蛋白滤入原尿，当其被近曲小管上皮细胞吞饮后，便可在细胞浆的吞噬体内形成光镜下的玻璃样透明滴。这些红色蛋白滴位于细胞浆内，偶见于肾小管中（图 3-19）。肝细胞产生的血浆蛋白过多时，也可出现蛋白性玻璃样滴，这是由白蛋白、纤维蛋白原或补体成分构成的。

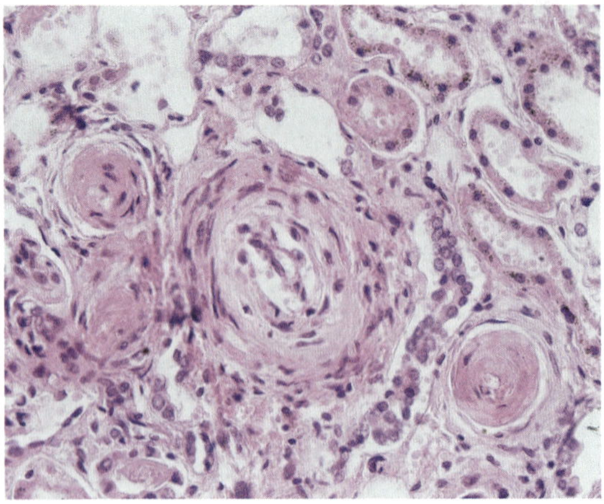

图 3-18　小动脉壁玻璃样变

肾间质小动脉壁已变为均质、无结构的玻璃样物，其中细胞成分很少，动脉管腔变小甚至闭塞。HE×400　（陈怀涛）

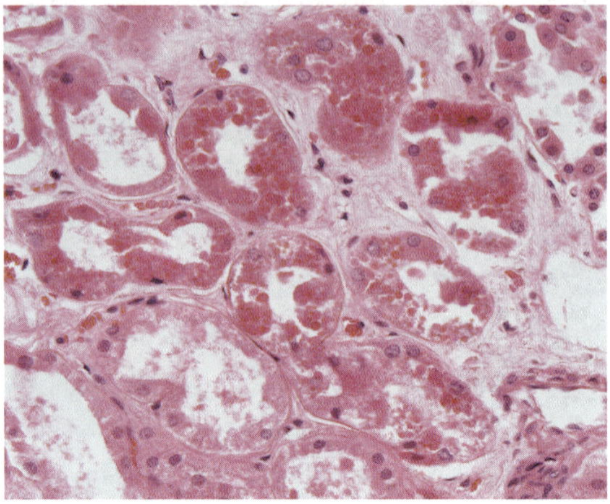

图 3-19　肾玻璃滴状变性

肾小管上皮细胞内可见大小不等的红色圆形玻璃滴状物，滴状物也见于肾小管中。HE×400　（陈怀涛）

（二）结局和对机体的影响

轻度透明变性可以恢复，如肾近曲小管上皮细胞的玻璃样滴状物可通过溶酶体酶的消化而消失。但透明变性的组织易发生钙盐沉着，造成组织硬化。小动脉发生透明变性可引起局部组织缺血和坏死。纤维组织透明变性可使组织变硬，失去弹性，引起程度不同的功能障碍。

四、淀粉样变性

组织中有淀粉样物质沉积称淀粉样变性，也称淀粉样物质沉积症，简称淀粉样变。淀粉样物质是一种细胞外的糖蛋白，而不是淀粉。只因遇碘时染成赤褐色，再加硫酸则呈紫蓝色，和淀粉遇碘时的颜色反应相似，故称之为淀粉样物质。这种物质可沉积于器官的网状纤维、小血管基底膜下和细胞之间，在 HE 染色的切片中为淡红色，均质，无结构，易被刚果红着染而呈橘红色，并在光学显微镜下呈黄绿色，对甲基紫可出现异染性，即淀粉样物质呈红色或紫红色，周围组织呈蓝色。

淀粉样变较多发生于肝、脾、肾和淋巴结等器官。病变较轻时眼观不易辨认，但在光镜下可以查明。

脾　淀粉样变呈局灶型与弥漫型。局灶型时，淀粉样物质沉着在中央动脉壁（肌膜与外膜之间）及其周围淋巴滤泡组织的网状纤维上，光镜下呈粉红色均质团块或条索，局部固有的细胞成分减少，甚至消失，严重时整个白髓可完全被淀粉样物质占据（图 3-20）。眼观脾切面可见半透明灰白色颗粒状结构，俗称“西米脾”。弥漫型时，淀粉样物质弥漫地沉着于脾髓细胞之间和网状纤维上，呈不规则的团块或条索，局部淋巴组织减少或消失。眼观脾切面呈不规则的灰白色区，没有沉着的部位仍保留脾髓固有的暗红色，互相交织成火腿样花纹，俗称“火腿脾”。

肝　淀粉样物质沉着于肝细胞索与窦状隙之间的网状纤维上，形成粗细不等的红色均质条索，肝细胞受压萎缩（图 3-21）。严重时，整个肝小叶大部或全部被淀粉样物质取代，其中残存少数变性、坏死的肝细胞。眼观肝肿大，色灰黄或棕黄，质脆软，常有出血斑点。病变特别严重时可引起肝破裂，宠物可因大出血而死亡。

肾　淀粉样物质主要沉着在肾小球毛细血管基膜上，在血管球的管壁间出现粉红色均质的条块状物质，沉着严重时血管球可完全被淀粉样物质所取代。镜检，淀粉样物质也可沉着在肾间质血管壁、肾小球囊壁的基膜和肾小管的基膜上(图 3-22)。眼观，肾体积增大，色泽灰黄，质地较脆软，表面光滑，被膜易剥离(图 3-23)。

淋巴结　淀粉样物质沉着在淋巴窦和淋巴滤泡的网状纤维上，严重时淋巴组织中出现大小不等的红色均质团块。淋巴组织减少。眼观淋巴结肿大，色泽灰黄，质地较脆软，切面呈油脂样。

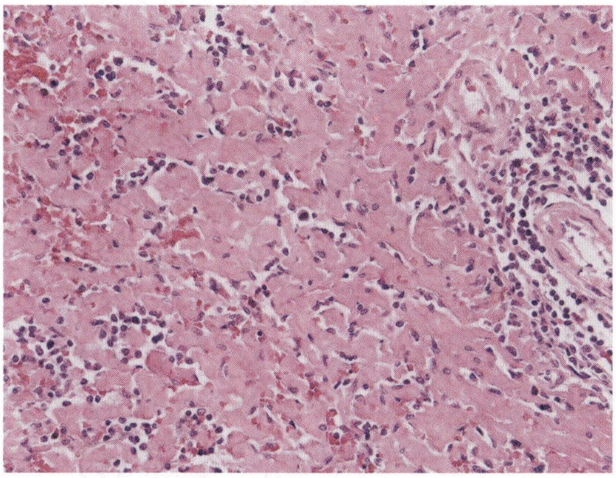

图 3-20　脾淀粉样变性(弥漫型)

淡红色淀粉样物弥漫地沉着于脾髓细胞之间的网状纤维上，呈不规则的团块状或索状，淋巴组织减少甚至消失。HE×400　　(陈怀涛)

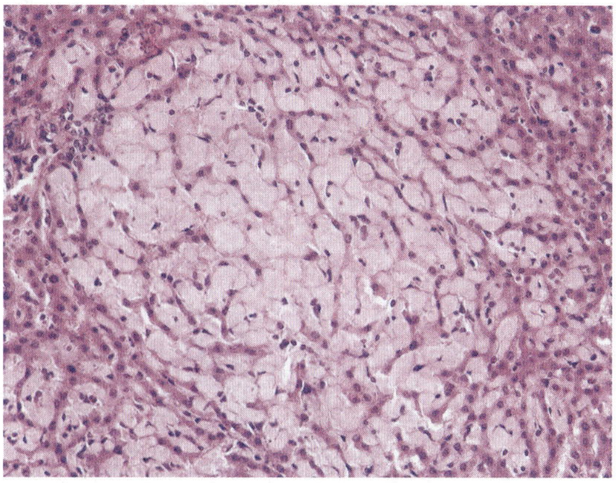

图 3-21　肝淀粉样变性

肝细胞索与肝窦间积聚大量均质淡红色物质，肝细胞索受挤压而萎缩。HE×400　　(陈怀涛)

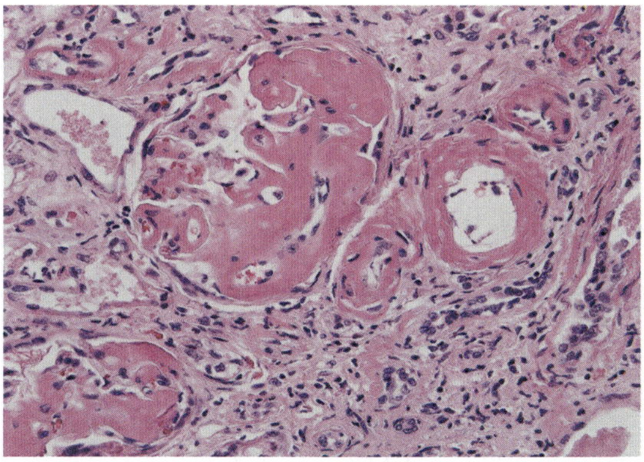

图 3-22　肾淀粉样变性

淡红色均质的淀粉样物质沉着于肾小球毛细血管基膜和小动脉血管壁上，血管球和小动脉壁几乎被淀粉样物质所取代。HE×400　　(陈怀涛)

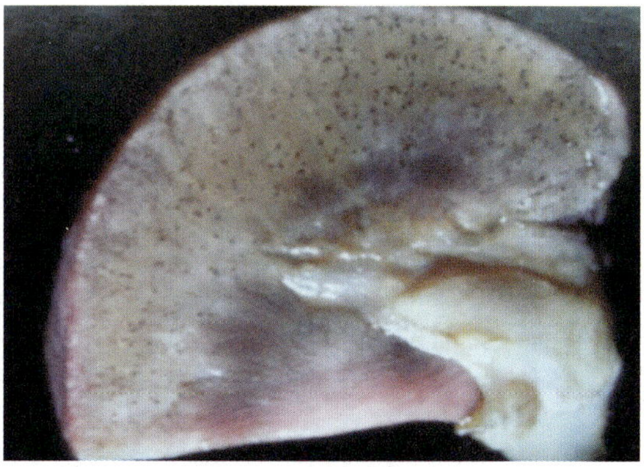

图 3-23　肾淀粉样变性

犬肾淀粉样变性伴发点状出血

五、纤维素样变性

纤维素样变性是结缔组织最重要的病理变化之一，是指结缔组织或小血管壁发生坏死，结构破坏，变为形态与染色特性和纤维素相似的物质（图 3-24）。纤维素样变性也称纤维素样坏死。

六、黏液样变性

黏液是由正常黏膜上皮细胞分泌的一种黏性物质。黏液样变性是指结缔组织出现类似黏液物质的一种病理变化（图 3-25）。这种类黏液就是基质，因此黏液样变性实为结缔组织基质积聚的一种表现，临诊上常称为胶样水肿。类黏液除正常见于关节囊、腱鞘的滑囊和胎儿的脐带外，其他部位是不存在的。类黏液和黏液在染色反应、存在部位等方面不同。

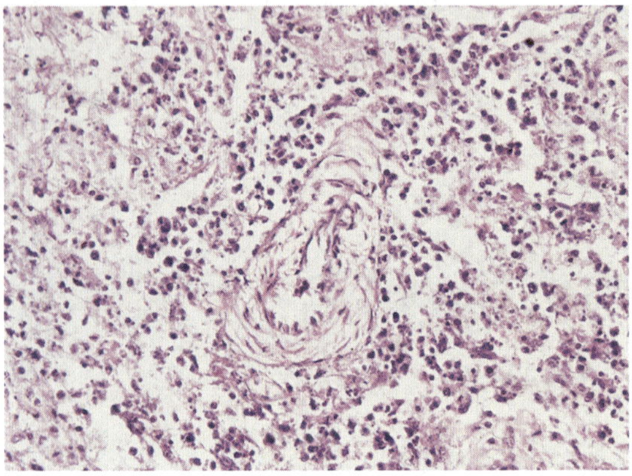

图 3-24　血管壁纤维素样变性

血管壁发生坏死，呈无结构的纤维素样物质。HE×400　　（陈怀涛）

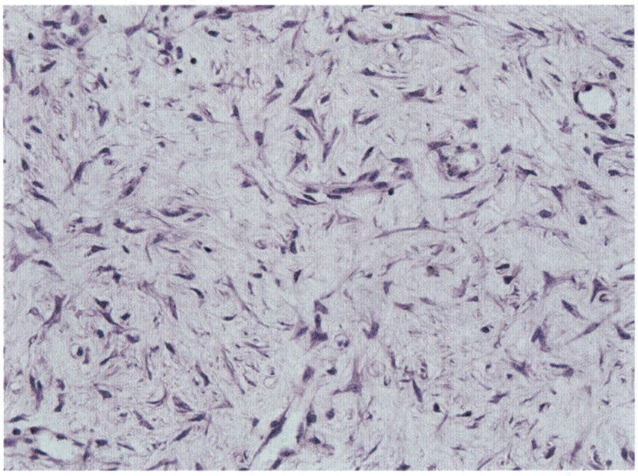

图 3-25　黏液样变性

多角形的成纤维细胞间有大量黏液样物质沉积，呈淡蓝红色。HE×400　　（陈怀涛）

任务 3　坏　死

在活体内局部组织细胞的病理性死亡，称为坏死。坏死组织、细胞内的物质代谢停止，结构破坏，功能完全丧失，是一种不可逆的病理变化。除少数是由强烈致病因子（如强酸、强碱）作用而造成组织细胞的迅速死亡外，大多数坏死是逐步发生的，即组织细胞由萎缩、变性发展为坏死，称为渐进性坏死。

一、原因

任何致病因素只要其作用达到一定强度或足够的时间，就能使组织细胞物质代谢完全停止引起坏死。常见的原因有以下几类。

（1）缺氧　局部缺氧多见于缺血，细胞的有氧呼吸、氧化磷酸化和 ATP 合成发生严重障碍，导致细胞死亡。

（2）生物性因素　各种病原微生物和寄生虫及其毒素能直接破坏细胞内酶系统和细胞膜

结构，或通过变态反应引起组织细胞的坏死。

(3)化学性因素　强酸、强碱和各种毒物可引起组织细胞坏死。

(4)物理性因素　机械暴力、高温、低温、射线等致病因素可直接损伤细胞引起坏死。

(5)某些抗原物质　指能引起变态反应而导致组织细胞坏死的各种抗原。如弥漫性肾小球肾炎是由外源性抗原引起的变态反应，可导致肾小球毛细血管基底膜破坏、细胞坏死和炎症反应。

二、病理变化

坏死的早期形态结构往往与原组织相似，不易辨认。时间稍长坏死组织变为苍白色，浑浊，失去弹性，捏起或切开后回缩不良，温度降低，切割坏死组织时不出血，无痛感。在坏死发生 2～3 d 后，坏死组织周围出现一条界限明显的炎性反应带。有的坏死组织发生液化或形成坏疽。

(一)细胞核的变化

细胞坏死的形态学变化包括细胞核、细胞浆和细胞间质三部分，其中以细胞核的变化最易识别，是细胞坏死的主要标志，表现为核浓缩、核碎裂、核溶解(图 3-26)。

(1)核浓缩　因核脱水使核液减少，染色质浓缩和凝聚，染色加深，核体积缩小，核膜皱缩。

(2)核碎裂　核染色质崩解为小碎片，如核膜破裂，染色质碎片分散在胞浆中。

(3)核溶解　在 DNA 酶的作用下，染色质 DNA 分解，核便失去对碱性染料的亲和力，染色变淡，或仅能见到核的轮廓。当染色质中的蛋白质被蛋白溶解酶完全溶解时，核便完全消失。此外，也可见到染色质边集于核膜下，这常为坏死或凋亡的早期特征之一。

上述核的变化可因损伤因子的性质和程度不同而有所差异。当其作用较弱，病变发展缓慢时，胞核可经上述三种变化的顺序进行；如作用强烈，死亡急剧，胞核可直接发生核碎裂以至迅速溶解。

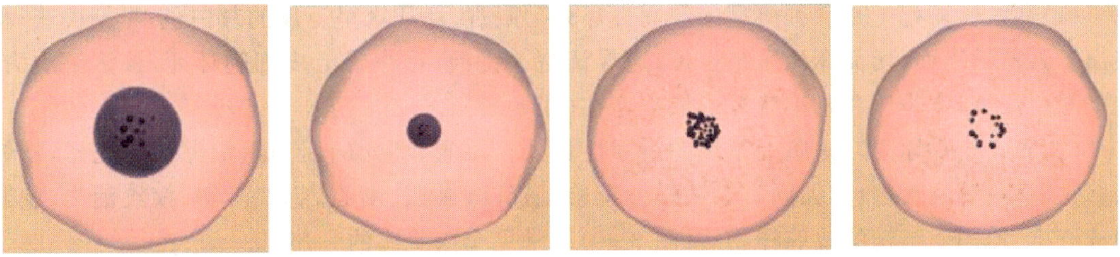

1　2　3　4

图 3-26　细胞坏死时核的变化

1. 正常细胞　2. 核浓缩　3. 核碎裂　4. 核溶解逐渐消失

(二)细胞浆的变化

(1)胞浆红染　由于胞浆嗜碱性核蛋白体因解体而减少或丧失，使胞浆与苏木精(一种带正电荷的染料)结合减少；也可能由于胞浆蛋白质多肽在变性之后正电荷增多，与伊红(一种带负电荷的染料)结合力增高。

(2)颗粒状胞浆　胞浆内微细结构破坏崩解时，胞浆呈颗粒状，并常出现不规则的空隙。细胞破裂后，其轮廓消失，变成一片红染的颗粒状物质。

(3)胞浆溶解消失　有时实质细胞坏死后，整个细胞迅速溶解、吸收而消失，局部不见细胞坏死物残余(溶解坏死)。

(4)嗜酸性小体形成　单个细胞(如肝细胞)坏死后,胞浆水分逐渐丧失,核破坏消失,胞浆深染伊红,整个细胞固缩成红色小球状,此即为嗜酸性小体,称为嗜酸性坏死或收缩坏死。目前多认为这种坏死属于凋亡,常见于某些病毒性肝炎。

(三)间质的变化

由于间质比实质细胞对缺血乏氧的耐受性强,因此在实质细胞坏死后的一定时间内,间质常无明显变化,以后,由于各种水解酶的作用,间质的细胞、纤维及基质均可发生变性、坏死性改变。间质细胞的变化与上述细胞变化相同,而纤维尤其胶原纤维会发生崩解、断裂、融合、染色性改变或液化等变化,其中“纤维素样坏死”是常见的最重要变化之一。和胶原纤维的变化相似,网状纤维与弹性纤维也会伴随程度不等的坏死性变化,不过这些纤维的病变应以特殊染色方法来显示。基质的变化十分复杂,坏死时常伴以解聚或积聚。当组织坏死达到严重程度时,实质、间质可融合为无结构的颗粒状红染物质,细胞与纤维成分均不能分辨。

三、坏死的类型和特点

由于引起组织坏死的原因、条件以及坏死组织本身的性质、结构和坏死过程中经历的具体变化不同,坏死组织的形态变化也不相同,可分为以下几种类型。

(一)凝固性坏死

以组织蛋白凝固为特征的坏死称为凝固性坏死。由于致病因子使组织失去水分,胞浆蛋白质凝固,细胞溶酶体酶含量少或水解酶受到损害,故坏死组织不能被分解。眼观,坏死组织早期常有肿胀,色泽灰暗,组织纹理模糊,而后坏死组织颜色转为灰白,较干燥,坚实,无光泽,其周围有暗红色充血、出血带(图 3-27)。镜检,坏死组织实质细胞的胞核溶解消失,或残留部分核碎片,胞浆呈红色的凝固物质,但组织结构的轮廓仍保留(图 3-28)。

(1)贫血性梗死　是一种典型的凝固性坏死。眼观,坏死区呈干燥的灰白色,早期肿胀,稍突出于脏器的表面,切面坏死区呈楔形,边界清楚。镜检,肾小管上皮细胞坏死,核溶解消失,胞浆凝固深染,肾小体和肾小管外形依然存在(图 3-29)。

(2)肌肉蜡样坏死　是肌肉组织的凝固性坏死。眼观,坏死的肌肉组织浑浊无光泽,干燥而坚实,呈灰黄或灰白色,如同石蜡一样。镜检,肌纤维肿胀、断裂,胞核溶解,横纹消失,胞浆变成红染、均匀无结构的玻璃样物质(图 3-30)。常见于白肌病的骨骼肌。

(3)干酪样坏死　是结核病时常见的一种特殊类型的凝固性坏死。其眼观特征是坏死组织呈灰黄色,较松软易碎,外观像干酪或豆腐渣。这是由于组织崩解较彻底,含有较多脂质(主要来自结核杆菌),故色黄易碎,同时结核杆菌的脂质、糖类及磷酸盐能抑制白细胞溶酶体酶的蛋白溶解作用,阻止了坏死组织的液化而保持其凝固状态。镜检,组织固有结构完全破坏,细胞彻底崩解,实质与间质已不能辨认,最后融合为均匀着染伊红的细颗粒状物质(图 3-31)。

(二)液化性坏死

液化性坏死的特征是坏死组织溶解成为液状或糊状,主要发生于含磷脂和水分多而蛋白质少的脑组织,因为蛋白质含量少不易凝固,且含磷脂和水分多则有利于液化。通常把脑组织的液化性坏死称为脑软化(图 3-32)。胰腺与胃肠道的溶蛋白酶含量多,故蛋白易受分解,也易发生液化性坏死。化脓性炎症时的组织化脓,是一种常见的液化性坏死,因为化脓灶中有多量中性粒细胞浸润，当它们坏死崩解后，可释放出大量蛋白分解酶，将坏死组织分解液化成为脓液。

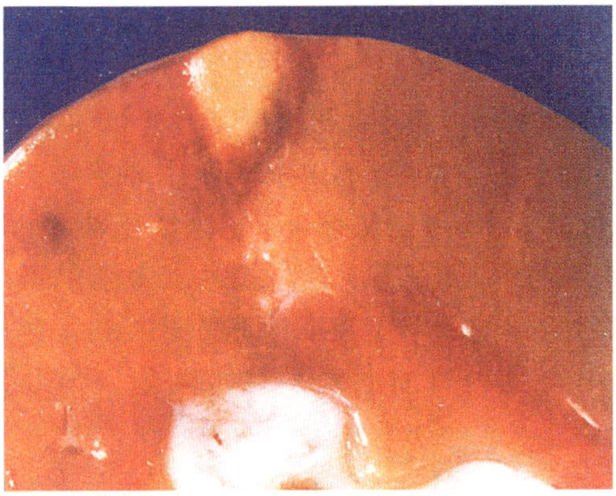

图 3-27 肾贫血性梗死

肾贫血性梗死区常呈灰黄色，其周围可见充血出血带 （张旭静）

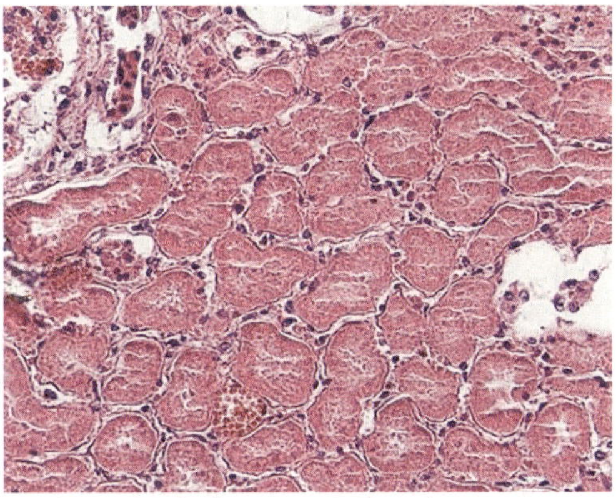

图 3-28 凝固性坏死

肾小管上皮细胞坏死，胞核溶解消失，胞浆呈红色，肾小管的轮廓尚存

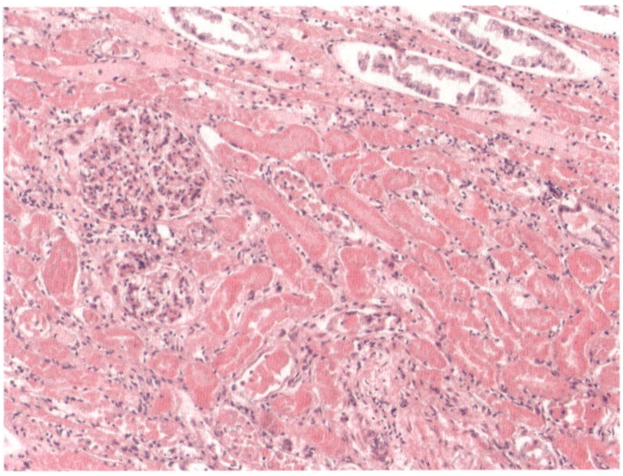

图 3-29 肾贫血性梗死

梗死区的肾小管轮廓尚在，细胞浆凝固，伊红深染，但细胞核已消失；间质细胞多数仍存活。HE×400 （王雯慧）

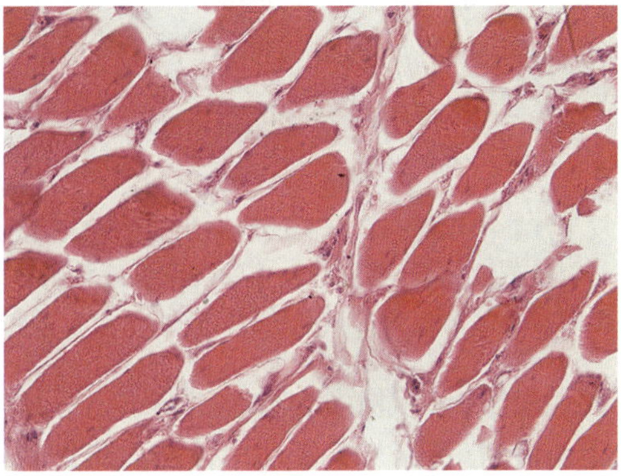

图 3-30 骨骼肌蜡样坏死

横纹肌纤维坏死凝固，横纹消失，伊红深染，呈均质玻璃样。HE×400 （陈怀涛）

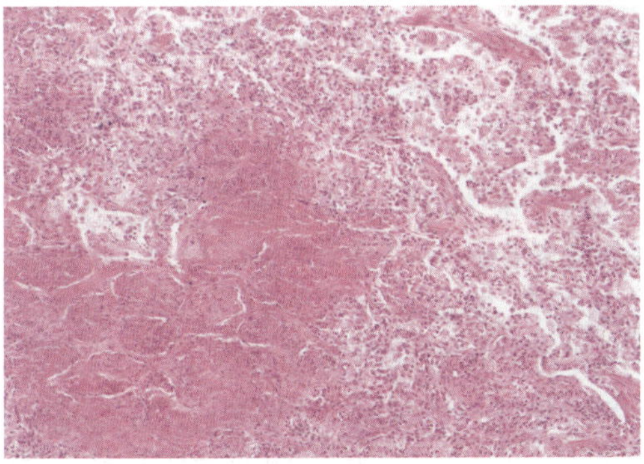

图 3-31 干酪样坏死

肺结核结节，红染区域开始发生干酪样坏死，与周围界限清晰，肺泡的轮廓尚可辨认。HE×400 （王雯慧）

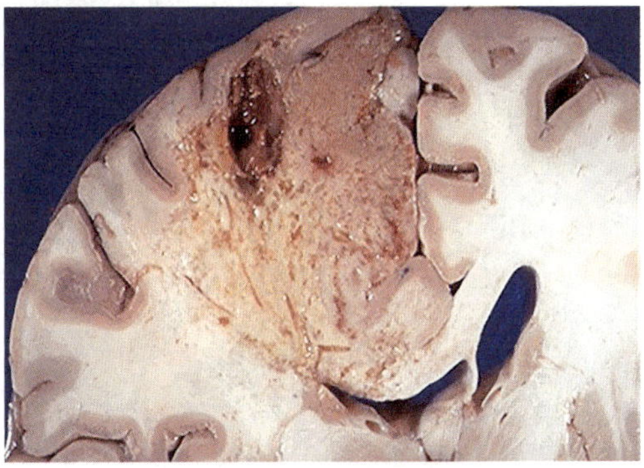

图 3-32 脑液化性坏死

（三）脂肪坏死

脂肪坏死是指脂肪组织的一种分解坏死性变化。常见的有酶解性、外伤性和营养不良性脂肪坏死三种。

（1）酶解性脂肪坏死　常见于胰腺炎或胰腺导管阻塞等疾患时，胰脂酶外逸并被激活，引起胰腺自身及其周围组织器官（如肠系膜）的脂肪组织分解，产生甘油和脂肪酸，甘油可被吸收利用，脂肪酸和钙离子结合形成钙皂。眼观，胰腺周围及肠系膜脂肪组织中出现白色斑点或斑块。镜检，坏死的脂肪细胞轮廓模糊，含有无定形嗜碱性物质（钙皂），有时其中尚见脂肪酸吸收后遗留的针状或菱形空隙（图 3-33），周围有时可见内含脂肪滴的巨噬细胞及异物巨细胞。

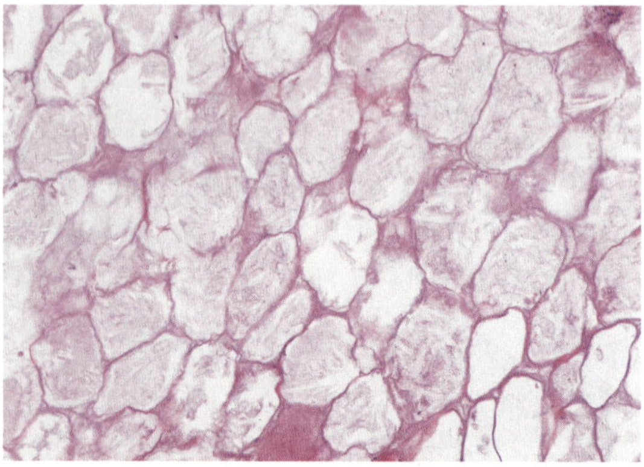

图 3-33　脂肪坏死

皮下脂肪组织坏死。坏死的脂肪细胞内含有不均匀的嗜碱性物质（钙皂），其中隐约可见针状脂肪酸结晶溶解后遗留的空隙。HE×100　（王雯慧）

（2）外伤性脂肪坏死　多见于皮肤受伤后的皮下脂肪组织，因脂肪细胞破裂，脂滴外逸，故局部形成肿块，光镜下局部为大量吞噬脂滴的巨噬细胞（泡沫细胞）和异物巨细胞。

（3）营养不良性脂肪坏死　多见于慢性消耗性疾病或其他疾患引起的营养不良的动物。营养不良性脂肪坏死为全身性，尤其是腹内（肠系膜、网膜与肾周围）脂肪。眼观，脂肪组织弥散有细小的白色小点，有时这种小白点状病灶密集，脂肪显得不够油亮有光；白色病灶还可在局部进一步形成白色坚硬的结节或斑块，并可互相融合；如经时较久，坏死灶周围可有包囊形成。这种脂肪坏死的发生机理还不够清楚，可能与大量动用体脂而脂肪利用不全，以致脂肪酸在脂肪组织中积贮有关。

（四）坏疽

组织坏死后因外界环境影响和腐败菌感染而引起的继发变化。这种坏死的组织色泽灰暗，甚至呈黑色、暗绿色，颜色的变化是由于腐败菌分解坏死组织时产生的硫化氢与血红蛋白分解所产生的铁结合，形成黑色硫化亚铁的结果。坏疽可分为以下三种。

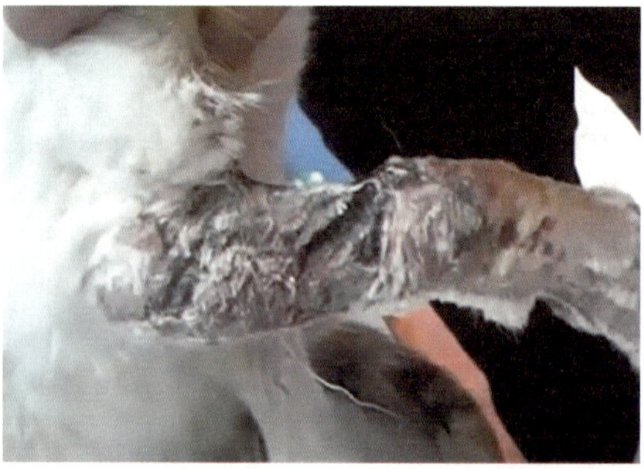

图 3-34　干性坏疽

猫前肢由于输液操作不当，药液渗出到皮下组织引起坏疽

（1）干性坏疽　多发生于体表皮肤，尤其是耳壳边缘、尾尖和四肢下部等肢体末端部位。由于局部血液循环障碍（如血栓形成、动脉阻塞、血管痉挛）及冻伤等造成组织缺血而发生凝固性坏死。坏死组织因暴露在空气中，水分被蒸发而变得干涸皱缩，呈棕黑色，腐败过程轻微，坏死区与健康组织之间常有明显的炎症分界线，最后坏死组织可与正常组织分离脱落（图 3-34）。如体表的褥疮属于干性坏疽。

（2）湿性坏疽　多发生于和外界相通的肺、肠、子宫等器官或淤血水肿的皮肤。是由于坏死组织在腐败菌作用下发生液化。坏疽部位呈污灰色、绿色或黑色，由于腐败菌分解蛋白质产生吲哚、粪臭素等，造成局部恶臭。湿性坏疽病变发展快，向周围健康组织弥漫扩散，与健康组织之间界线不明显。一些毒性分解产物和细菌毒素被吸收后，可引起自体中毒。常见的湿性坏疽有肠变位、肠扭转、肠套叠（图 3-35）及异物性肺炎、腐败性子宫内膜炎和乳腺炎等。

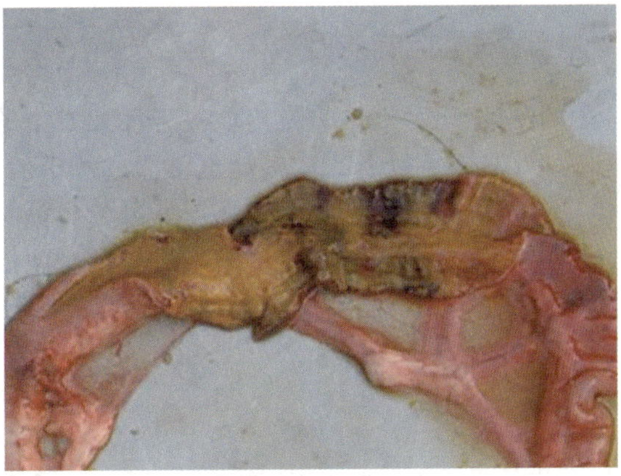

图 3-35　湿性坏疽

犬瘟热致肠套叠后引起的坏疽

（3）气性坏疽　是湿性坏疽的一种特殊形式。主要由于深部创伤（如阉割、枪伤等）感染恶性水肿杆菌或产气荚膜杆菌等厌氧性细菌所致。这些细菌在分解坏死组织过程中产生氢、二氧化碳、氮等大量气体并形成气泡，使坏死组织变成蜂窝状，呈深棕黑色，按压有捻发音。气性坏疽发展比较迅速，其毒性产物吸收后也可引起自体中毒。

上述坏死的类型不是固定不变的，随着机体抵抗力的强弱和坏死发生原因和条件等的改变，坏死的病理变化在一定条件下可以互相转化。如凝固性坏死如果继发化脓细菌感染，可以转变为液化性坏死。

四、坏死的结局

（1）溶解吸收　如坏死范围较小，坏死组织可分解、液化，由毛细淋巴管和毛细血管吸收，不能吸收的碎片则由巨噬细胞吞噬消化。遗留的缺损部由邻近健康细胞再生进行修复。

（2）腐离脱落　发生在体表或与外界相通器官的较大范围的坏死灶，由于坏死组织与健康组织之间出现炎性反应，使坏死灶与健康组织逐步分离脱落，称为腐离脱落。皮肤或黏膜的坏死灶脱落后，局部留下浅的缺损，称为糜烂；深的缺损且表面形成凹陷，称为溃疡。糜烂可通过周围健康组织再生而修复，溃疡则常以结缔组织增生来填补，最后形成瘢痕。肺组织坏死脱落排出后留下的较大空腔，称为空洞（图 3-36）。

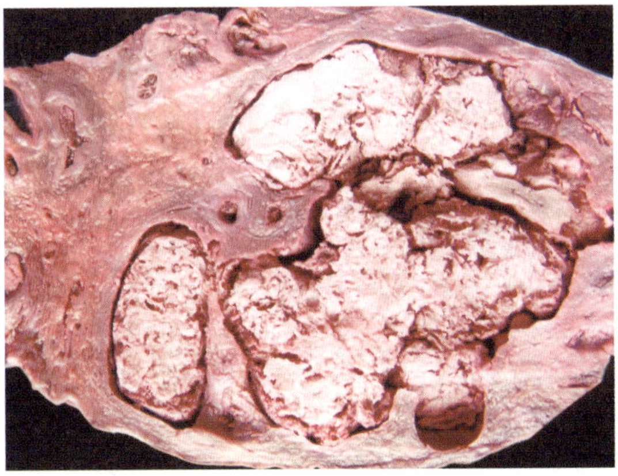

图 3-36　肺空洞形成

肺化脓后，腐败分解的肺组织经腐蚀破坏的支气管排出，即可形成空洞

（甘肃农业大学兽医病理室）

（3）机化、包囊形成和钙化　当坏死组织范围较大，不能完全吸收再生和腐离脱落时，可由肉芽组织逐渐向内生长，将坏死组织溶解和替代，最后形成瘢痕，这个过程称为机化（图 3-37）。如果坏死组织不能被结缔组织完全机化替代时，则可由肉芽组织将坏死组织包裹起来，称为包囊形成（图 3-38）。其中的坏死组织逐渐干燥可能会出现钙盐沉着，发生钙化。

五、对机体的影响

组织坏死对机体的影响取决于坏死发生的部位、范围和机体的状态。当坏死发生于心肌和脑时，即使是很小的坏死灶也可造成严重的后果。一般器官的小范围组织坏死，可通过功能代偿而对机体影响不大。若坏死灶继发感染时，可使病宠发生脓毒败血症而危及生命。因此，在临床上要及时清除坏死组织和有效控制感染。

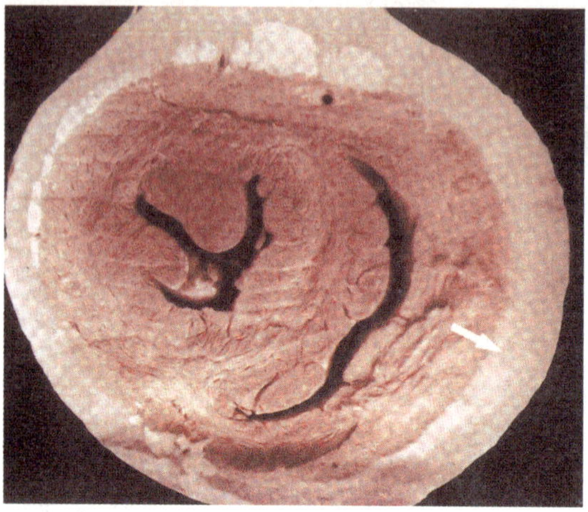

图 3-37 机化

心包炎时心外膜渗出的纤维素被肉芽组织取代，形成灰白色、质地致密的机化层(↑)

(甘肃农业大学兽医病理室)

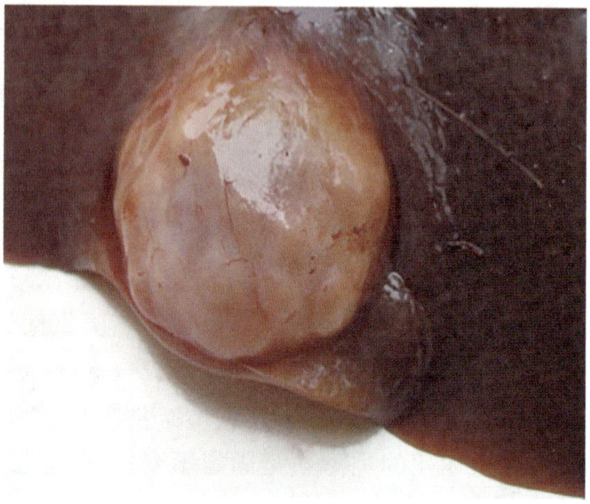

图 3-38 包囊形成

肝表面有一较大的包囊

学习评价

一、名词解释

1. 脂肪变性　2. 坏死　3. 萎缩　4. 液化性坏死　5. 变性　6. 坏疽　7. 颗粒变性　8. 蜡样坏死　9. 凝固性坏死　10. 干酪样坏死

二、填空题

1. 坏死的结局包括______、______、______、______、______等。

2. 受损伤细胞首先呈现______变化，继而出现______和______变化。

3. 发生在实质细胞的变性主要有______和______，发生在间叶组织的主要有______、______和______。

4. 萎缩分______和______两大类型。

三、单项选择题

1. 脑组织易发生(　　)。

A. 凝固性坏死　　B. 湿性坏疽

C. 液化性坏死　　D. 纤维素样坏死

E. 干酪样坏死

2. 下列哪项不是脂肪变性的表现？( )
A. 病变器官体积增大
B. 肥胖者，心外膜下脂肪增多，心肌间质也出现大量脂肪组织
C. 病变器官切面呈油腻感
D. 镜下见细胞内有多少不等的脂滴
E. 多发生在肝细胞、心肌细胞
3. 脂肪变性最常发生的器官是( )。
A. 肝 B. 心 C. 肾 D. 骨骼肌 E. 脾
4. 气球样变的细胞最常见于( )。
A. 心 B. 肝 C. 肾 D. 脾
5. 下列说法错误的是( )。
A. 肝细胞水肿，如果原因持续存在，可转化为肝细胞脂肪变性
B. 肝细胞脂肪变性通常情况下不引起肝功能障碍
C. 有肝细胞脂肪变性的肝即可称为脂肪肝
D. 重度肝脂肪变性可继发肝硬化
E. 肝脂肪变性与中毒、缺氧及营养障碍等有关
6. 干酪样坏死的本质是( )。
A. 纤维蛋白样坏死 B. 脂肪坏死 C. 液化性坏死 D. 凝固性坏死
7. 发生凝固性坏死时( )。
A. 多见于心、脑、肝、肾等脏器
B. 眼观干燥、质实，界限不清
C. 早期光镜下组织轮廓保存，细胞微细结构消失
D. 坏死发生后即可与正常组织在形态上加以鉴别
E. 脂肪坏死是它的特例
8. 易发生干性坏疽的器官是( )。
A. 肺 B. 阑尾 C. 膀胱 D. 四肢 E. 子宫
9. 引起细胞脂肪变性的主要原因不包括( )。
A. 严重挤压 B. 感染 C. 中毒 D. 缺氧 E. 营养障碍
10. 下列哪种说法是错误的？( )
A. 坏死可直接发生，但多数是由变性发展而来的
B. 坏死的出现即意味着整个机体的死亡
C. 坏死与变性不同，是不可逆性改变
D. 组织坏死后应及时清除
E. 酶活性的变化有助于细胞坏死的早期诊断
11. 病理组织学上，判断细胞坏死的重要依据是( )的变化。
A. 细胞膜 B. 细胞核 C. 细胞质 D. 间质
12. 细胞坏死时错误的说法是( )。
A. 细胞核固缩、碎裂、溶解，细胞质核蛋白体减少、丧失、嗜酸性染色增强
B. 间质基质、胶原纤维崩解液化

C. 坏死细胞自溶，引起局部急性炎症反应
D. 由肉芽组织增生和细胞再生来完成修复
E. 细胞一旦发生坏死，肉眼和光镜下即刻可见相应的形态学变化
13. 全身营养不良时，首先发生萎缩的组织或器官是（　　）。
A. 骨骼肌　　B. 脂肪组织　　C. 肝　　D. 脑　　E. 心肌

四、多项选择题

1. 可发生湿性坏疽的器官主要是（　　）。
A. 肝　　B. 肠　　C. 肾　　D. 脾　　E. 子宫
2. 与肝脂肪变性有关的病变是（　　）。
A. 肝变硬　　B. 肝变脆
C. 肝呈红黄色　　D. 肝细胞内有包涵体
E. 肝内有大量结缔组织增生
3. 液化性坏死常发生在（　　）。
A. 脊髓　　B. 心肌　　C. 脑　　D. 肾　　E. 肠
4. 下列不可逆的细胞损伤变化是（　　）。
A. 核浓缩　　B. 核碎裂　　C. 空泡变性　　D. 脂肪变性　　E. 核溶解
5. 干酪样坏死（　　）。
A. 是结核病较为特征性的结构
B. 干酪样坏死物容易液化
C. 干酪样坏死灶较大时，不易完全机化
D. 坏死物中多含有结核杆菌
E. 干酪样坏死灶内富含脂肪组织，因此肉眼呈淡黄色

五、判断题

1. 结核结节中心的坏死灶是干酪样坏死。（　　）
2. 颗粒变性也叫浑浊肿胀或实质变性。（　　）
3. 因发育障碍使器官和组织不能达到正常的体积，称为萎缩。（　　）
4. 心肌严重的脂肪变性称为心肌脂肪浸润。（　　）
5. 脂肪坏死也是一种凝固性坏死。（　　）
6. 细胞坏死时细胞浆也出现变化。（　　）
7. 萎缩的基本病变是实质细胞体积缩小和（或）数量减少。（　　）
8. 气球样变是细胞肿胀的一种形态学表现。（　　）
9. 细胞质内脂肪酸蓄积称为脂肪变性。（　　）
10. 坏疽的实质是坏死。（　　）
11. 只要消除刺激因子，损伤都可以恢复。（　　）
12. 水泡变性是颗粒变性的同一病理过程。（　　）

六、问答题

1. 试述萎缩的基本病理变化。
2. 试述肝脂肪变性的原因、发病机制、病理变化及后果。
3. 简述坏死的过程及其基本病理变化。

病例分析

一只黑色犬死亡后，剖检可见肝肿大，并有条状黄色或土黄色与条状暗红色交替出现；肾一大、一小，大肾基本正常，小肾比大肾小1/3左右；小肠黏膜有暗红色斑点，大肠有溃疡灶；肺部呈暗红色肿大。用本章所学知识解释出现的病理变化。

项目四　代偿、适应和修复

学习目标

知识目标：熟悉代偿、适应、修复的基本概念和形式；掌握肉芽组织的结构和功能、创伤愈合的过程、创伤愈合的类型；了解各种组织再生的能力和过程；了解肥大、改建和化生的定义及意义。

能力目标：能区分临床中宠物发生创伤后愈合的类型；会判断各种组织的再生能力。

学习任务

疾病发生的基本规律是损伤与抗损伤斗争过程的对立统一。当机体遭受各种致病因素侵害时，一方面，机体的组织器官呈现代谢机能以至形态结构的损伤性变化，而另一方面，机体又通过各种途径做出抗损伤反应，以维持机体的正常机能代谢活动及修复组织器官的结构损伤。机体所表现的抗损伤反应有代偿、适应与修复等。

任务 1　代　偿

在致病因子作用下，某器官组织的结构遭受破坏，代谢和功能发生障碍时，由该器官组织正常部分或其他的器官组织来代替、补偿的过程，称为代偿。代偿过程主要是通过神经-体液调节来实现的，是机体的一种重要的抗损伤反应。

代偿可分为功能性代偿、结构性代偿和代谢性代偿三种形式，三者往往是互相联系、同时存在的。

一、代谢性代偿

代谢性代偿是指以物质代谢改变为其主要表现形式的一种代偿方式。如缺氧时，糖的有氧代谢过程受阻，能量供应不足，此时糖酵解加强，以补充一部分能量。糖供能不足时，体内脂肪分解加强，补充能量缺乏，进一步加重时，脂肪或蛋白质通过糖异生作用而进行补偿（图 4-1）。

二、功能性代偿

功能性代偿是指机体通过器官功能的增强来补偿病变器官的功能障碍和损伤的一种代偿形式。常见成对器官或局部组织机能障碍时，健侧器官或损伤组织周围的健康组织机能增强来补偿。如一个肾发生损伤而致其功能丧失时，健侧的肾通过功能加强来补偿（图 4-2）。

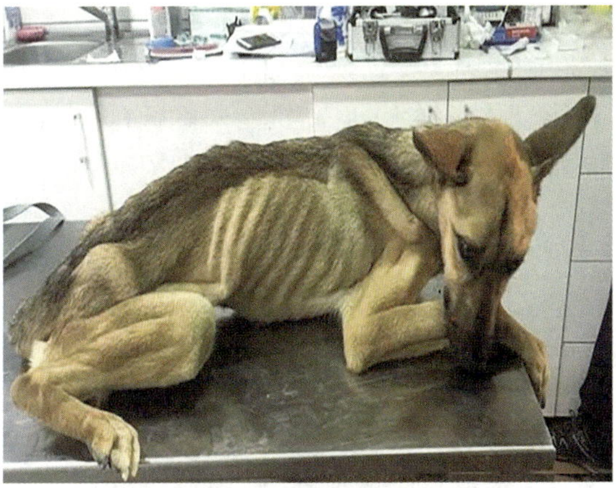

图 4-1 代谢性代偿

体内脂肪、蛋白质通过糖异生作用而进行能量补偿

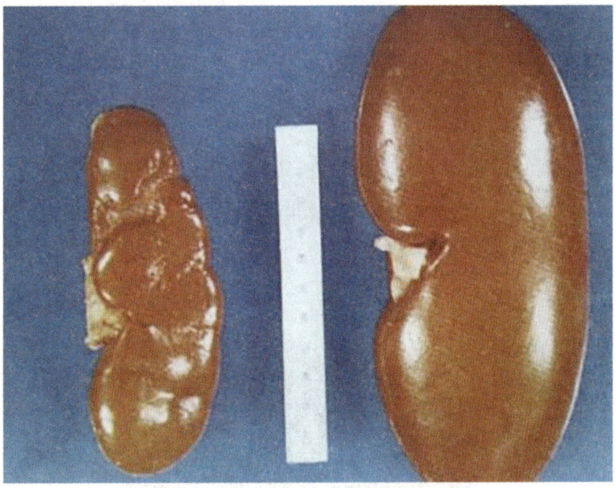

图 4-2 功能性代偿

左侧肾萎缩，右侧肾代偿性肥大

三、结构性代偿

结构性代偿是代偿器官在机能增强的基础上，同时出现其形态结构的变化。主要表现为增生和肥大。

（一）增生

增生是指实质细胞数量增多的现象，有生理性增生和病理性增生两种。因适应生理需要而发生，且程度未超过正常限度者，称为生理性增生。由病理原因引起的，超过正常范围的增生称为病理性增生，肿瘤细胞增多所致的肿瘤性增生也属于病理性增生范围。适应生理需要而发生的增生或损伤后的代偿性增生，能够增强或补偿局部代谢、功能上的改变，对机体是有益的，但病理性增生往往有害于机体。

（二）肥大

组织和器官体积的增大称为肥大。根据肥大发生的原因不同，可将其分为生理性肥大和病理性肥大两种。

1. 生理性肥大

生理性肥大是指机体为适应生理机能需要所引起的组织器官的肥大。其特点是肥大的组织和器官不仅体积增大、机能增强，而且具有更大的贮备力。例如，妊娠母犬子宫的肥大。

2. 病理性肥大

（1）真性肥大　是指组织器官的实质细胞体积增大和数量增多引起的肥大（图 4-3），这种肥大伴有机能增强的变化。真性肥大多数是由于代偿某部分组织和器官的机能障碍而引起的，因此又称代偿性肥大。在实质器官，若一部分组织功能降低，另一部分组织即会发生代偿性肥大，如当部分肾单位萎缩时，其余的肾单位将发生肥大，由于组织的肥大与萎缩交织存在，常使器官表面呈颗粒状；一侧的肾发生萎缩时，另一侧的肾发生代偿性肥大。

此外，在成对的器官肾、肺、睾丸和肾上腺，若一侧因先天性发育不全、疾病造成的损坏或手术切除等情况下，其对侧健在的器官发生肥大，来代替丧失机能器官的现象称为代替性肥大。

一般来说，真性肥大对机体在一定程度上是有益的，但它有一定的限度，由于肥大的组织或器官的血液供应不足，营养和氧的供应不能满足肥大组织的需要，常可出现代偿机能减退或衰竭现象。

(2)假性肥大　是指组织或器官因间质增生所形成的肥大。而实质细胞因受增生的间质压迫而萎缩。发生假性肥大的组织或器官,虽然外形呈体积增大,但其机能却降低(图 4-4)。如缺乏锻炼而又喂给多量精料的宠物犬,由于脂肪蓄积过多,不仅外形肥胖肌间脂肪含量高,而且心脏也因蓄积多量脂肪而发生假性肥大。

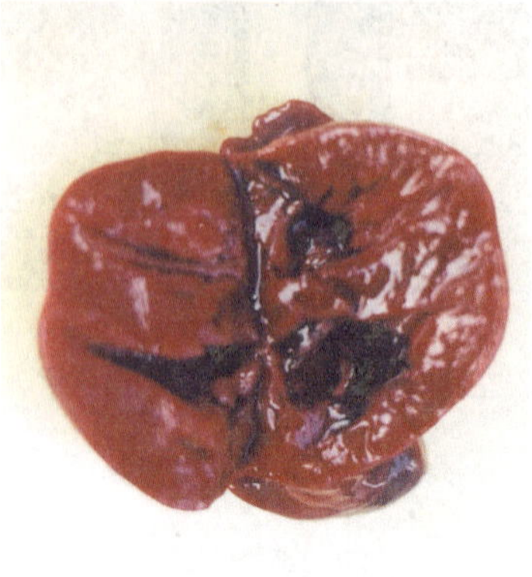

图 4-3　心肥大

在心脏横切面上,可见二心室壁均匀增厚,尤以右心室壁增厚明显;二心室较正常缩小(陈怀涛)

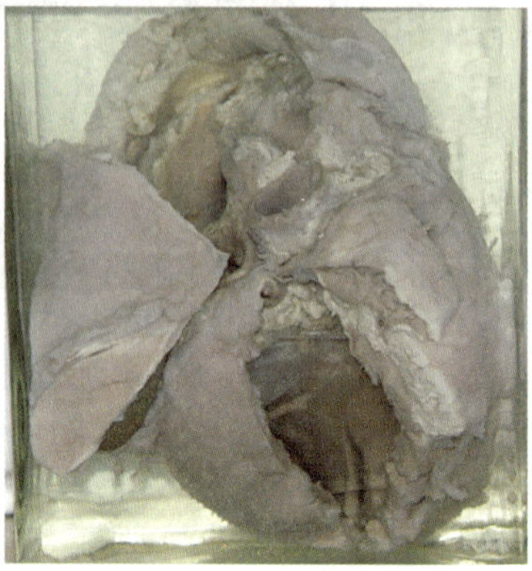

图 4-4　心脏假性肥大

心脏体积增大,但心壁变薄

任务 2　适　应

细胞、组织或器官能耐受内外环境中各种有害因子的刺激作用而得以存活的过程称为适应。适应是机体在进化过程中获得的适应能力。适应反应在机体正常的生命活动中十分多见。适应在形态结构上表现为组织改建和化生。

一、组织改建

组织改建是指在疾病过程中组织的结构受所处环境条件与机能要求的改变而发生的一种适应性反应。常见的有以下几种。

(一)血管的改建

动脉内压长期增高,小动脉壁弹性纤维和平滑肌增生,管壁增厚,毛细血管可转变成小动脉或小静脉;反之,当血管由于器官功能减退时,其原有的一部分血管将发生闭塞,如胎儿的脐动脉在它出生后转变为膀胱圆韧带。

(二)骨组织的改建

患关节性疾病或骨折愈合后,由于骨的负重受力方向发生改变,骨组织形态结构就会发生相应的改变,骨小梁将按受力所赋予的新要求而改变其结构与排列。

(三)结缔组织的改建

创伤愈合过程中,肉芽组织内胶原纤维的排列方向为适应皮肤张力而改变为与表皮受力方向平行。

二、化生

化生是指一种已分化成熟的组织在形态和功能上完全转变为另一种组织的过程。这是由于组织细胞适应生活环境的改变，或者某些理化刺激引起的。

根据化生结果的不同，化生可分为鳞状上皮化生与结缔组织化生两类。

（1）鳞状上皮化生　多见于气管和支气管处黏膜长时间受到烟雾等刺激性气体刺激或慢性炎症刺激，黏膜上皮反复再生出现化生。如慢性支气管炎或支气管扩张症时，支气管黏膜的柱状纤毛上皮化生为鳞状上皮（图 4-5）；肾盂结石时，肾盂黏膜的移行上皮化生为鳞状上皮。

（2）结缔组织化生　结缔组织可化生为骨组织、软骨组织（图 4-6）或脂肪组织等。组织化生后虽然能增强局部组织对某些刺激的抵抗力，但其却丧失了原有组织的功能。如支气管黏膜的鳞状上皮化生，由于丧失了黏液分泌和纤毛运动，反而削弱了支气管的防御功能，易于发生感染。诱发组织化生的刺激因子如长期存在，可引起局部组织发生癌变。

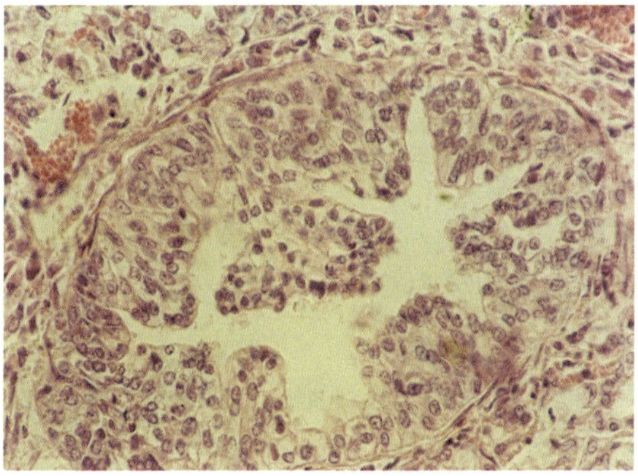

图 4-5　细支气管上皮化生

细支气管单层立方上皮化生为复层鳞状上皮。HE×400　（陈怀涛）

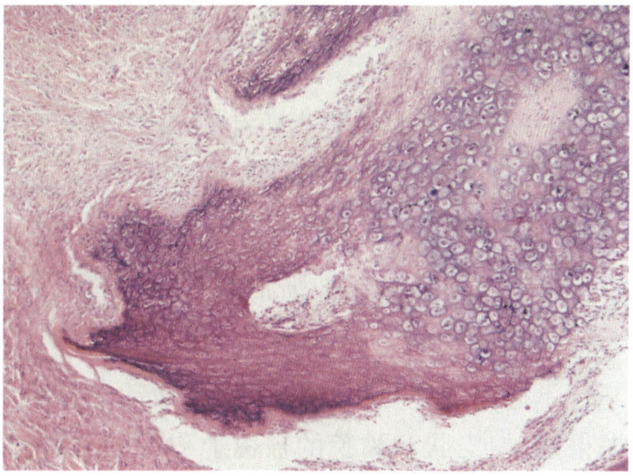

图 4-6　结缔组织化生

增生的结缔组织有部分已化生为软骨组织。HE×400　（陈怀涛）

任务 3　修　复

修复是指机体对损伤所形成组织缺损进行修补恢复的过程。修复后可完全或部分恢复原组织的结构和功能。修复过程始于炎症，炎症渗出首先处理坏死的细胞、组织碎片，然后由损伤局部周围的健康细胞分裂增生来完成修复过程，其主要内容包括再生和创伤愈合。

一、再生

机体内的一部分组织器官遭受损伤后，由周围健康组织或细胞分裂、增生来修复损伤组织的过程称为再生。它是机体修复受损组织的基础，又是机体重要的抗损伤手段。

（一）再生的分类

通常有生理性再生和病理性再生两种。

1. 生理性再生

生理性再生是指在生理过程中，有些细胞、组织不断老化、消耗，由新生的同种细胞不断补充，始终保持着原有的结构和功能，维持着机体的完整与稳定。例如，表皮的更新，消化道黏膜上皮的更新，子宫内膜周期性脱落和增生，血液中的红细胞与白细胞不断衰老和新生等。

2. 病理性再生

组织和器官因受致病因素作用所发生的缺损，经组织再生而修复的过程，称为病理性再生。病理性再生有以下三种形式。

(1)完全再生　是指新生的细胞和组织在结构和机能上均与原来组织完全相同的再生。多见于组织损伤轻微或再生能力较强的组织，如少数实质细胞的变性、坏死，黏膜糜烂或浅表的溃疡等均可完全再生。

(2)不完全再生　是指受损的组织被结缔组织再生替代修补缺损的一种再生，又称瘢痕修复。此种再生不能完全恢复原来的组织结构和功能，仅起填补缺损的作用。常见于损伤部位面积较大或受损组织的再生能力较弱等情况，如中枢神经系统或心肌损伤后，其修复多为不完全再生。

(3)过度再生　是指再生的组织多于原损伤的组织。例如，黏膜溃疡部高度再生形成息肉，皮肤过度的结缔组织增生形成瘢痕等。

(二)各种组织的再生

根据动物体内各种细胞再生能力的强弱，可将再生细胞分为三类。

1. 不稳定细胞的再生

不稳定细胞是指在机体的生命活动过程中不断再生更新的一类细胞。这类细胞的再生能力很强，如皮肤和黏膜的被覆上皮，浆膜的间皮细胞和造血细胞等。

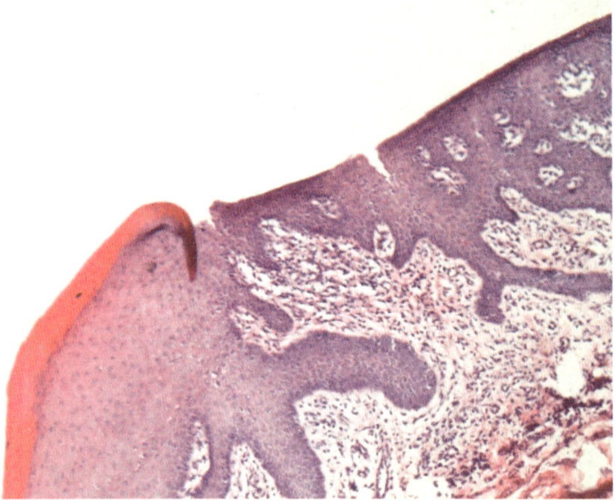

图 4-7　复层扁平上皮再生

右侧为再生的上皮（较薄，且表面未发生角化），左侧为正常上皮（较厚，且表层明显角化）。HE×100　（王雯慧）

(1)鳞状上皮的再生　单纯的鳞状上皮再生只见于生理状态及糜烂等浅表的损伤。若发生溃疡等损伤达到深部组织时，则与上皮增生的同时又有结缔组织、血管及神经纤维的新生。皮肤被覆的复层鳞状上皮缺损时，由创缘或底部的基底层细胞分裂增生，向中心迁移，先形成单层上皮，以后增生分化为复层鳞状上皮（图 4-7）。当伤及汗腺、毛囊、皮脂腺组织时，常有皮下结缔组织增生而形成瘢痕，这些结构不能再生。

(2)黏膜柱状上皮的再生　黏膜表面被覆的柱状上皮受损后，损伤周围正常细胞及陷窝部或腺颈部上皮细胞分裂再生。再生细胞初期是立方形或低矮的幼稚型细胞，以后逐渐分化成为柱状上皮细胞，并构成管状腺。但再生腺体不一定都能恢复原有功能，如子宫内膜再生的腺体完全具有正常的分泌机能；而胃黏膜等处新生的腺体，则不能恢复分泌功能。

(3)柱状纤毛上皮的再生　当气管和支气管等被覆柱状纤毛上皮受到轻度的损伤后，首先黏膜创面边缘的柱状纤毛上皮细胞的纤毛脱失，细胞分裂、增生并向受损中心移动。继之，创面边缘发生异常活跃的细胞增殖，若创面间质内仍保存完好的弹力纤维和基底膜，则再生的上皮细胞就能迅速地覆被创面。否则，上皮细胞增生和向创面中心移动的速度就很缓慢。当创面完全被覆一层新生的上皮细胞后，上皮细胞增生就停止。同时，新生的细胞不断由扁平的上皮转变为立方上皮和柱状上皮，并进一步分化为柱状纤毛上皮和杯状细胞。

(4)间皮的再生　腹膜、胸膜和心包膜等处受损伤时，由周围完整的间皮细胞分裂增殖来修补。新生的细胞最初呈立方形，最后变为扁平的间皮细胞。如果受损范围较大，间皮细胞常不能完全再生，此时多由结缔组织再生来修复，最后遗留瘢痕，甚至引起两层浆膜粘连。

(5)血细胞的再生　血细胞具有很强的再生能力，当其严重受损时，不仅可从骨髓中得到补充，而且还可使胚胎时期的造血器官恢复造血功能。如马患传染性贫血症时，由于红细胞大量丧失，机体处于严重的贫血状态。此时，机体一方面反射引起原有造血组织红骨髓中成血细胞的分裂增殖能力增强，加速红细胞的生成及释放；另一方面又能使管状骨的黄骨髓转变为红骨髓，恢复其造血机能；同时还可使胚胎时期的造血组织如肝、脾等组织恢复部分的造血机能，出现髓外造血灶。此时，外周血中常可见有核红细胞、网织红细胞、巨红细胞及含核残迹红细胞等异常红细胞。

2.稳定细胞的再生

稳定细胞是指具有潜在性再生能力的一类细胞，如肝细胞、肾小管上皮细胞、平滑肌细胞、骨及软骨细胞、内分泌腺细胞等。这类细胞在动物成年后再生能力很低，无明显的生理性再生现象，但一旦细胞遭受到病理性破坏时，就会表现出其较强的再生潜能，邻近的细胞迅速增生以补充受损的细胞。

(1)腺上皮的再生　腺上皮如胰腺、唾液腺以及内分泌腺等其再生力较黏膜柱状上皮弱。但当其发生损伤后，仍有再生力。腺上皮的再生亦可分两类：①完全再生：即受损腺体的结构尚保存完整，经周围腺上皮再生，腺体的结构及功能得到完全修复。②不完全再生：当腺体及其支持组织一起遭受严重破坏时，其结构及功能不能通过再生完全恢复，常由残留的腺细胞肥大来代偿功能，以及由结缔组织增生来填补因损伤造成的缺损，最终瘢痕化。

(2)肝细胞的再生　肝细胞的再生能力很强，肝再生可分为三种情况：①肝大部分切除后，剩余的肝细胞分裂增生十分活跃，短期内就能使肝恢复原来的大小。例如，大白鼠肝切除90%后，只需2周就可恢复原肝的重量，不过以后要经过较长时间的结构改建，形成新的肝小叶，才能恢复原结构。②肝细胞坏死时，不论范围大小，只要肝小叶网状支架完整，从肝小叶周边区再生的肝细胞可沿支架延伸，恢复正常结构。③肝细胞坏死较广泛，肝小叶网状支架塌陷，网状纤维转化为胶原纤维(网状纤维胶原化)，或者由于肝细胞反复坏死及炎症刺激，纤维组织大量增生，形成肝小叶内间隔，此时再生肝细胞难以恢复原来小叶结构，成为结构紊乱的肝细胞团，例如肝硬化时的再生结节。再生的肝细胞体积较大，深染，常含双核或多核(图4-8)。

(3)肾小管上皮的再生　肾小管上皮也有较强的再生能力，在轻度的、仅有肾小管上皮细胞坏死时，则可由残留的上皮完全再生，使损伤完全修复。如升汞中毒所引起的肾小管上皮坏死，可见残留的肾小管上皮，其染色质增多，着色较深，随之分裂增殖，形成大量扁平状细胞，并呈单层被覆于受损的肾小管内面，填补坏死的肾小管上皮所遗留的空缺，使其结构得到完全修复。若整个肾单位坏死，特别是肾小球被破坏，则由病灶周围结缔组织增生来填补缺损组织。故慢性肾炎等肾病变时，由弥漫性结缔组织增生及瘢痕化而形成固缩肾(图4-9)。

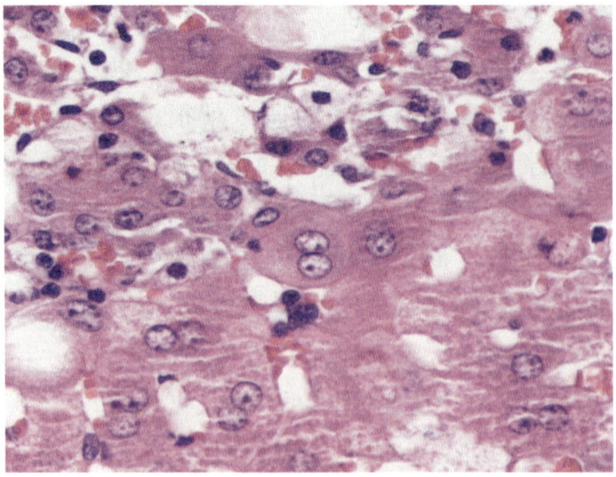

图 4-8 肝细胞再生

在肝坏死灶中，可见有的肝细胞再生。再生的肝细胞较大，染色较深，核较大，有的为双核，还可见到核分裂象。HE×400 （陈怀涛）

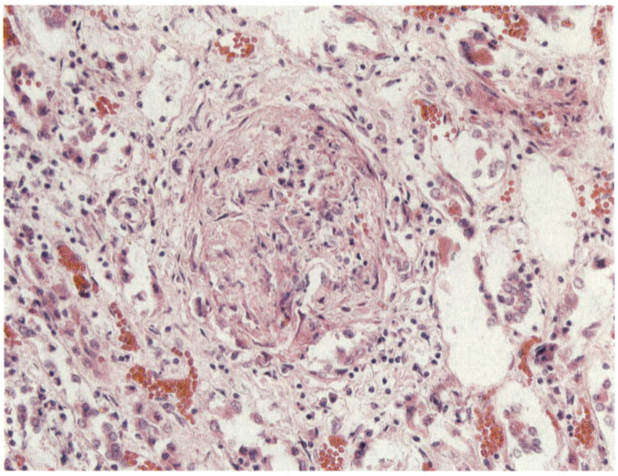

图 4-9 慢性肾小球肾炎

肾小球明显纤维化，成为一团纤维结缔组织，毛细血管已经消失，球囊腔已完全闭塞。HE×400 （陈怀涛）

（4）平滑肌的再生　平滑肌也有一定的分裂和再生能力。范围不大的损伤可以由残存的平滑肌细胞或从未分化的间叶细胞分化增殖而修复。较大范围的破坏，如肠管或较大血管经手术吻合后，断端处的平滑肌主要通过纤维瘢痕而连接。另有报道，平滑肌在某些激素的作用下增生过程加快，如妊娠时的子宫以及受损害的血管壁，其增生及修复均较迅速。

（5）软骨组织的再生　软骨组织再生能力较弱。当软骨受损较轻时，可由软骨膜分化和残存软骨细胞分裂增殖为成软骨细胞并分泌大量软骨基质。随着软骨组织的成熟，一部分成软骨细胞萎缩消失，而另一部分则被软骨基质埋在软骨陷窝内变为静止的软骨细胞，使受损组织得以修复。若受损严重时，可见少量软骨细胞增殖外，主要靠结缔组织来修复。

（6）骨组织的再生　骨组织的再生能力很强。当其受损后，可由骨内外膜及哈弗氏管腔壁的细胞分裂、增生，形成祖代骨细胞。这种细胞在形态学上与成纤维细胞相似，此后逐渐分化为成骨细胞，并产生骨基质和胶原纤维，形成类骨组织。成骨细胞埋藏在类骨组织中并分泌碱性磷酸酶，使类骨组织的外环境变为碱性。这时，钙盐开始沉着，使类骨组织逐渐转变为骨组织。

（7）脂肪组织的再生　脂肪组织的再生能力较弱，当其轻度受损时，残存的脂肪细胞或由间叶分化而来的脂肪母细胞增生，修复损伤。新生的脂肪细胞，其胞浆内不含脂肪，以后逐渐出现小脂滴，继之融合成大脂滴，最后变为典型的脂肪细胞。若损伤严重或受损面较大时，则由结缔组织来修复。

（8）结缔组织的再生　结缔组织的再生能力特别强，在炎症和坏死灶的修复、创伤愈合、组织移植、机化和包围等过程中，结缔组织的新生均很活跃。结缔组织再生的过程是：首先由病变部原有的结缔组织细胞或由未分化的间叶细胞生成成纤维细胞。在无明显的结缔组织处，则可由血管外膜细胞或毛细血管内皮细胞增生分化为成纤维细胞。这些细胞最初呈圆形，很小，类似小淋巴细胞。继而细胞体膨大呈椭圆或星芒状，胞浆丰盈，淡染，胞核大而疏松，颇似上皮细胞。随着成纤维细胞的成熟和衰老，其胞浆逐渐延长变窄，胞核的染色质也逐渐变粗大而浓染，最后，变为成熟的纤维细胞（图 4-10）。在成纤维细胞增生、分化和成熟的过程中，不断分泌出胶原物质，它在一些酶的影响下逐渐形成较细的嗜银性网状纤维，称胶原原纤维。随着细胞逐步成熟，部分胶原原纤维在酶的作用下和一些离子的参与下聚合成束，失去嗜银性而成为红染的胶原纤维。最后由大量胶原纤维及狭长的纤维细胞共同构成纤维性结缔组织。

(9)血管的再生　组织的再生大多伴有血管的新生，血管再生主要有以下两种方式。

①芽生　又称发芽性生长，是指原有血管内皮分裂增生以发芽状态进行再生，多见于小血管和毛细血管的再生过程。其生长的过程是：首先毛细血管的内皮肿大，分裂、增殖形成向外突起的幼芽，即成血管细胞。随着这些细胞芽不断地伸展，其胞体逐渐呈平行排列，新生端的细胞略斜向，互相靠拢呈尖端状。以后细胞继续分裂新生，进而幼芽细胞伸长成实性条索状，随后在血流的冲击下出现管腔，并有血液流入，成为新生的毛细血管。许多新生的毛细血管芽枝互相联络起来，构成了毛细血管网(图 4-11)。为了适应功能的需要，这些毛细血管又将不断地得到改建，有的可重新关闭，呈实心条索，其中的内皮细胞逐渐消失。有的管壁则逐渐增厚，而发展成为小动脉或小静脉。构成小血管壁的平滑肌、胶原纤维、弹性纤维及血管外膜细胞等成分，主要由毛细血管壁外的间叶细胞分化而来。

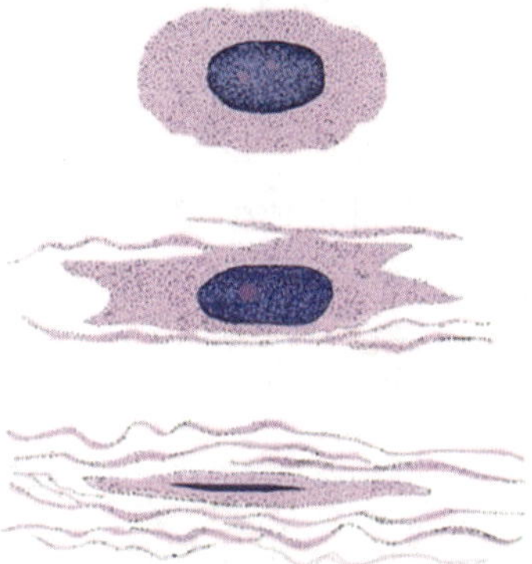

图 4-10　成纤维细胞产生胶原纤维并转化为纤维细胞模式图

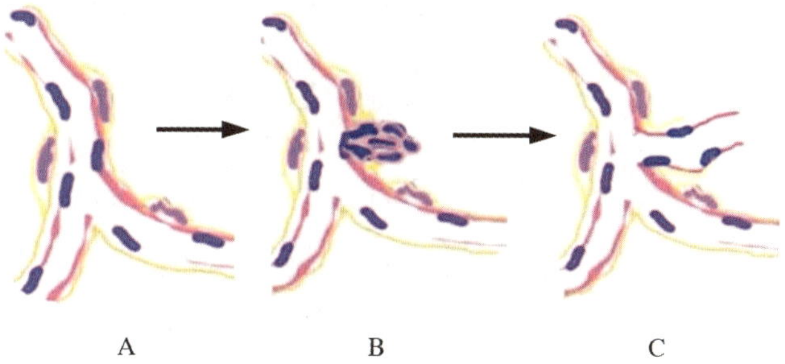

图 4-11　毛细血管再生模式图

A. 正常毛细血管　B. 内皮细胞分裂增生形成突起的幼芽　C. 幼芽中心出现管腔，形成新生的毛细血管

②自生性生长　即直接由与原血管无关的结缔组织中的间叶细胞分化而形成毛细血管或小血管。它的发生大致与胚胎时期的血管发生相似。初期由类似的幼稚成纤维细胞平行排列，逐渐在细胞间出现小裂隙，并与附近的毛细血管相联，遂有血液流入。被覆在裂隙内的细胞，随即变为内皮细胞，构成新生的毛细血管。其后，也可根据需要而发育成为小动脉或小静脉。

此外，大血管断离后施手术吻合两端。内膜可由内皮细胞分裂增殖，互相连接而恢复其原结构及光滑性，而平滑肌层则主要由结缔组织增生，即以瘢痕形式予以连接。

3. 永久性细胞的再生

永久性细胞的再生即专门化细胞的再生，是指一些分化程度较高、功能专一的细胞的再生，如骨骼肌细胞、心肌细胞和神经细胞的再生。不论是中枢神经细胞还是周围神经的神经节细胞，在出生后都不能分裂增生，一旦遭受破坏则成为永久性缺失。但这不包括神经纤维，在神经细胞存活的前提下，受损的神经纤维有着活跃的再生能力。心肌和横纹肌细胞虽然有微弱的再生能力，但对于损伤后的修复几乎没有意义，基本上通过瘢痕修复。

(1)骨骼肌的再生　骨骼肌纤维是一个多核的长细胞，可长达 4 cm，核可多达数百个。损伤轻微时(如变性、轻度中毒性伤害等)，其肌纤维仍保持走向的连续性，肌纤维膜未破坏者，这时有嗜中性粒细胞和巨噬细胞侵入，吞噬清除变性坏死的物质，以后残存的肌细胞核分裂增殖，并产生新的肌浆，形成具有细颗粒性胞浆的类圆形细胞，称为成肌细胞。后者逐渐伸长，胞核继续分裂而形成多核的原浆条索。它们沿肌纤维膜排列成行继而融合成带状。其后由于机能负荷的作用，胞浆逐渐分化而形成肌原纤维，接着再生横纹和纵纹，遂恢复正常的骨骼肌结构和功能。若肌纤维完全断裂，例如外科手术、外伤等病理性破坏时，肌纤维断端的肌浆逐渐增多，胞核分裂，肌原纤维新生，使断端呈圆形膨大，形如花蕾状，称为肌蕾。横断面观察颇似多核巨细胞，但从纵切面上看可发现其为中断的肌纤维之延续。当肌纤维的断端十分接近时，随着肌蕾的逐渐延长，两断端可相互接触融合而形成一条新的肌纤维，之后逐渐产生纵纹和横纹(图 4-12)。损伤严重，两断端相距较远时，多数由结缔组织增生而连接修复。以上两种再生方式在肌纤维的修复过程中多同时发生。

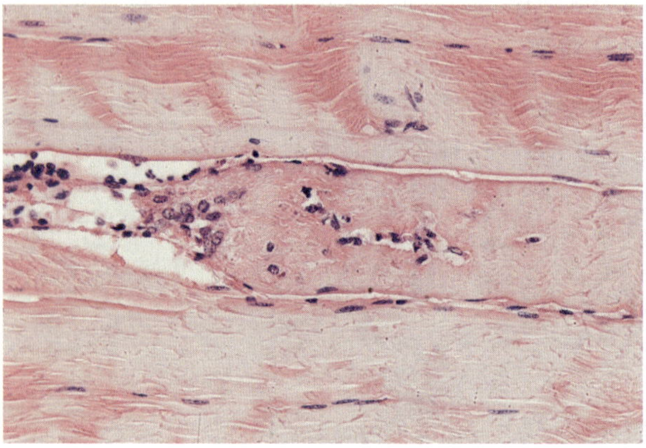

图 4-12　肌纤维再生

骨骼肌的再生：图中部有一条再生的肌纤维，纤维断端可见多核肌芽。HE×400　(陈怀涛)

(2)心肌的再生　心肌的再生能力极弱，受损后虽也可形成肌蕾，但此后又自行死亡，故心肌坏死后常由结缔组织修复，如果形成范围较大的瘢痕，则妨碍心肌的舒缩活动。

(3)神经组织的再生　在中枢神经系统中，主要是神经胶质细胞再生，而高度分化功能专一的神经细胞在一般情况下不会再生。因此，脑和脊髓发生损伤时，神经细胞一旦坏死，其所属的神经轴突及树突也随之消失，它们遗留的空缺则由胶质细胞及其纤维新生而填补，构成神经胶质瘢痕。交感神经节细胞坏死后，在幼畜中可见再生现象。

周围神经纤维损伤断裂后，必须在与它联系的神经节细胞或神经细胞尚健存时方可再生。其再生的过程是：首先远侧和近侧断端的一小段(1～2 个郎飞结)的髓鞘及神经轴突发生变性、崩解变化，待变性的物质被溶解吸收后，两侧的鞘细胞(施万细胞)分裂新生，形成带状合体细胞，将断端连接。近端轴突以每天约 1 mm 的速度逐渐向远端生长，穿过神经鞘细胞带，最后到达末梢鞘细胞，鞘细胞再生髓磷脂将轴索包绕形成髓鞘，两断端髓鞘相连，使受损的神经完全修复(图 4-13)。但这种再生过程颇缓慢，一般需数月至一年左右方能愈复。若鞘细胞破坏，即失去再生能力。如果神经纤维的断端相距超过 2.5 cm，或两断端之间有瘢痕组织，其由胞体长出的轴突就不能达到远端，而与增生的结缔组织一起卷曲成团，形成创伤性神经瘤(截肢神经瘤)，引起顽固性疼痛。在手术过程中对较为粗大的神经纤维施行神经吻合术，保证神经纤维的再生，即可防止形成神经瘤。

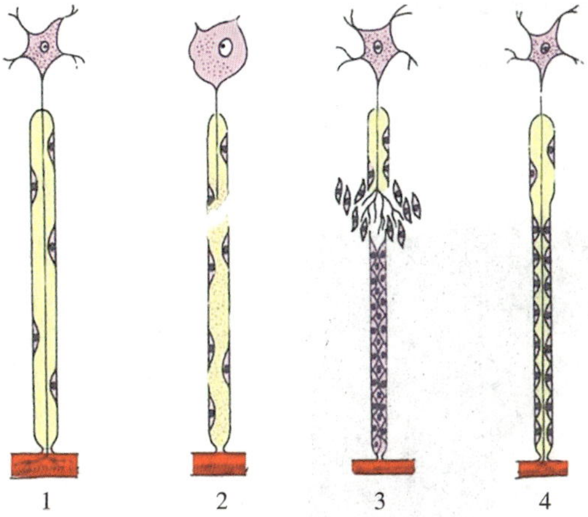

图 4-13 神经纤维再生模式图

1. 正常神经纤维　2. 神经纤维断离，远端及近端的一部分髓鞘及轴突崩解　3. 神经膜细胞增生，轴突生长　4. 神经轴突达末梢，多余部分消失

二、创伤愈合

创伤愈合是指机体遭受外力作用，皮肤等组织出现离断或缺损后的愈复过程，包括各种组织的再生和肉芽组织增生、瘢痕形成的复杂组合，表现出各种组织的协同作用。最轻度的创伤仅限于皮肤表皮层，稍重者有皮肤和皮下组织断裂，并出现伤口；严重的创伤可有肌肉、肌腱、神经的断裂及骨折。

(一)皮肤及软组织创伤愈合

1. 创伤愈合的基本过程

(1)出血和渗出　各种因素引起局部组织创伤时，均会导致局部组织的变性、坏死和血管损伤而发生出血，严重的创伤还可见到肌肉、肌腱、筋膜和神经等组织的断裂。

初期出血及血液凝固对黏合创口及保护创面有一定作用，随后由于坏死的组织和血凝块分解物的刺激，局部发生炎症过程(图 4-14)。

(2)创口收缩　是指创口边缘的整层皮肤及皮下组织向创腔中心移动的现象。伤口收缩是创伤部肉芽组织迅速增生以及创口边缘肉芽组织中新生的成肌纤维细胞牵拉所致。成肌纤维细胞在结构和功能上与平滑肌细胞相似，除能合成胶原纤维外，还具有收缩能力。

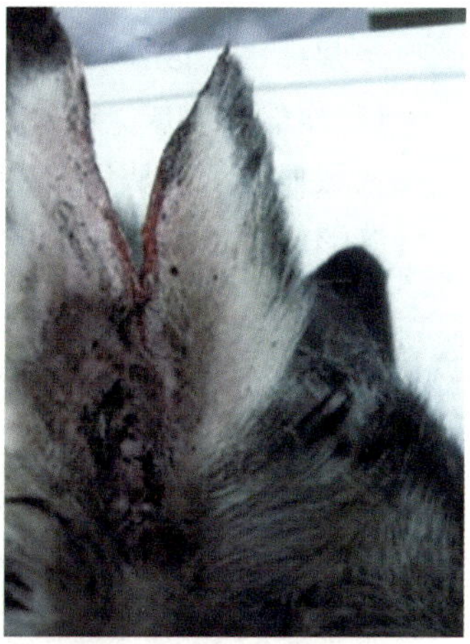

图 4-14　犬耳廓撕裂
出现炎性反应

(3)肉芽组织的形成和增生　肉芽组织是指由毛细血管内皮细胞和成纤维细胞分裂增殖所形成的富有新生毛细血管并伴有炎性细胞浸润的幼稚型结缔组织。一般于创伤发生后 2～3 d 形成，由创口周围或底部的健康组织中发起。其形成过程是：在创伤底部或周围健康组织内的毛细血管内皮细胞肿胀、分裂、发芽，逐渐形成新生的毛细血管。眼观，新生肉芽组织色泽鲜红，质地柔嫩脆弱，表面凸凹不平呈颗粒状，有少量渗出物(图 4-15)。镜

检，可见大量由内皮细胞增生形成的实性细胞索及扩张的毛细血管，向创面垂直生长，并以小动脉为轴心，在周围形成袢状弯曲的毛细血管网。在毛细血管周围有许多新生的成纤维细胞，此外常有大量渗出液及炎性细胞。炎性细胞中常以巨噬细胞为主，也有数量不等的嗜中性粒细胞及淋巴细胞(图 4-16)。

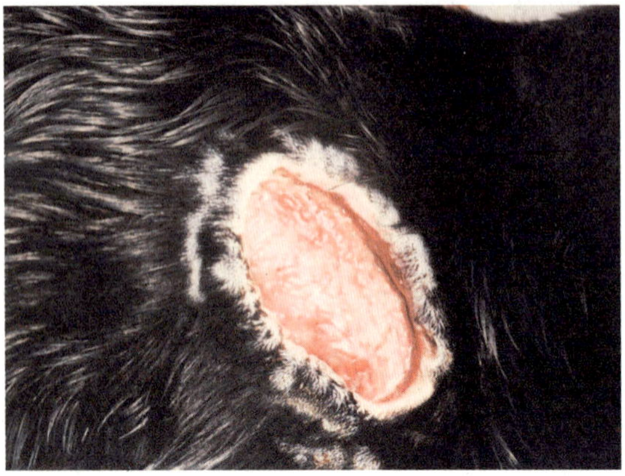

图 4-15　肉芽组织(一)

犬皮肤创伤新生的肉芽组织，色鲜红，质地柔嫩，其表面凹凸不平，有少量渗出物　　(周庆国)

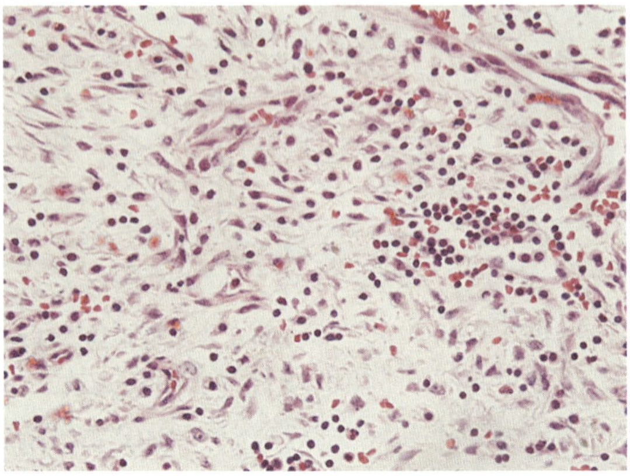

图 4-16　肉芽组织(二)

肉芽组织主要由幼年成纤维细胞和丰富的毛细血管组成，也有少量胶原纤维和炎症细胞等。HE×400

肉芽组织有以下重要作用：①抗感染及保护创面。②机化血凝块、坏死组织及其他异物。③填补伤口及其他组织缺损。

但有时肉芽组织的生长发生异常，则直接影响创伤的愈合。异常肉芽组织临诊上称为不良肉芽。常见的有两种：一种为弛缓性肉芽，多发生于局部血液供应不足、或全身营养不良、感染较重或有异物直接妨碍创伤愈合的情况下，肉芽组织生长缓慢，以致长期不能将创口填平。这种肉芽组织的眼观特点是：表面平坦不呈颗粒状，色泽苍白或暗红色，污秽不洁，分泌物多，甚至可由之形成假膜，触之不易出血。另一种为水肿性肉芽组织，多由于异物及感染物长期的不良刺激，使得肉芽组织生长过多，常突出皮肤表面。因其水肿明显，故色泽苍白或有严重的淤血呈紫红色。这种肉芽组织的渗出物较多，颗粒也不明显。

(4)瘢痕的形成　随着肉芽组织内成纤维细胞逐渐成熟，胶原纤维不断增多，最后肉芽组织变成瘢痕组织。从创伤后的第 5～6 天起，成纤维细胞便开始产生胶原纤维，其后一周内胶原纤维形成最活跃。此时，在成纤维细胞之间，可见到大量细小的嗜银纤维(用镀银染法显示)。创伤发生 3 周后胶原纤维增长的速度便逐渐缓慢直到停止。新生的胶原纤维随着机能负荷的需要逐渐排列成束，成纤维细胞减少并变为体积瘦小而细长的纤维细胞，相互平行排列于胶原纤维之间。渗出的浆液及炎性细胞逐渐消失。多数新生的毛细血管因胶原纤维收缩的挤压及瘢痕组织对营养的需要减少而渐渐地闭塞、退化、消失，一些幼稚型内皮细胞变为纤维性细胞。这时肉芽组织变成为血管少、胶原纤维成分多的纤维性结缔组织，外观苍白，质地坚实，称为瘢痕。

瘢痕形成使创伤组织断裂处牢固接合，即增加了创口局部组织的强度，但由于瘢痕组织缺乏弹性，当有大片瘢痕的组织受外力作用，常发生无收缩力的伸展。例如，腹内压升高常使腹壁瘢痕形成腹壁疝；动脉壁较大的瘢痕受血管内压的作用，则形成动脉瘤。此外，发生在某些部位的瘢痕可严重影响组织器官的功能，如关节附近的瘢痕可引起肢体挛缩，腹腔的瘢痕可引起肠管的粘连，肠壁的瘢痕则可导致肠管狭窄等。

(5)表皮及其他组织的再生　创伤发生 24 h 以内，伤口边缘的表皮基底层增生，并在凝块下面向伤口中心移动，形成单层上皮，覆盖于肉芽组织的表面并增生、分化成为鳞状上皮。健康的肉芽组织对表皮再生十分重要，因为它可提供上皮再生所需的营养及生长因子，如果肉芽组织长时间不能将伤口填平，并形成瘢痕，则上皮再生将延缓；另外由于异物及感染等刺激而过度生长的肉芽形成，高出于皮肤表面，也会阻止表皮再生，因此临诊常需将其切除。若伤口过大(一般认为直径超过 20 cm 时)，则再生表皮很难将伤口完全覆盖，常在瘢痕表面形成一层透明表皮，称为油皮，这时往往需要植皮。

2.创伤愈合的类型

(1)第一期愈合　又称直接愈合，多见于组织损伤小，创缘整齐，无感染的新鲜创、经黏合或缝合后创面对合严密的伤口。它的特点是愈合需时短，形成的瘢痕小，无机能障碍。手术切口多取第一期愈合，多数手术创在手术后的 24 h 内，周围组织开始发生轻度炎症反应，在第 2 天末，创缘周围的结缔组织和毛细血管内皮细胞就开始增殖；第 3 天出现毛细血管的幼芽，并由新生的肉芽组织将创口黏合起来。与此同时，创伤边缘的被覆上皮细胞也生长并覆盖于创口，此时愈合口呈淡红色，稍隆起。一般外科的无菌切口，在 7～10 d 纤维性结缔组织形成，就可拆除缝线，再经 1～2 周形成狭窄的线状瘢痕而痊愈(图 4-17)。

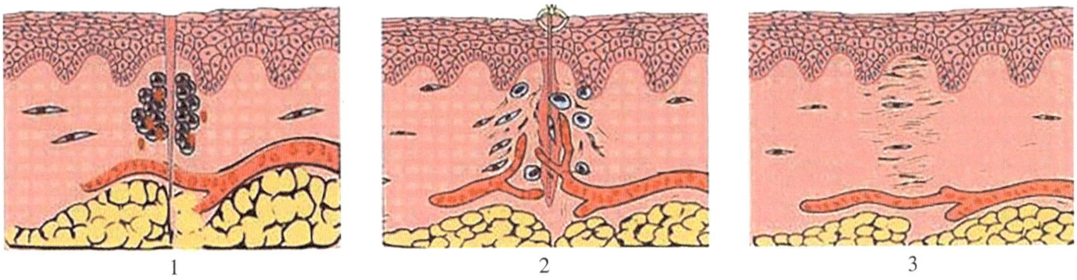

图 4-17　创伤第一期愈合模式图

1.创缘整齐，组织破坏少　2.经缝合，创缘对接紧密，炎症反应轻　3.表皮再生，新生肉芽组织将创口修复

(2)第二期愈合　又叫间接愈合，常见于组织缺损大，创腔内坏死组织较多，创缘不整齐以致无法对合而呈哆开状，或伴有细菌感染的创伤。它的特点是愈合所需时间长，形成的瘢痕大，愈合后常造成器官机能障碍。此期愈合的基本过程是：在创伤形成的 2～3 d 内，创腔周围组织发生明显的炎症反应，由于炎性渗出，腔内可见到多量淡红色、微浊和富有蛋白质与混有纤维素的黏稠分泌物，并可形成纤维素性薄膜被覆于创面。一周后，创底部可见有粉红色颗粒状肉芽组织生成，肉芽组织不断向上生长的同时，创缘的被覆上皮则开始由周围向中心生长、最后将创口覆盖。上皮覆盖完成后，变成瘢痕组织(图 4-18)。瘢痕部新生的表皮较薄，没有真皮乳头、被毛、皮脂腺和汗腺等。如果创口过大，则瘢痕稍隆突，以后由于瘢痕收缩而变形，愈合所需时间，因创伤大小，感染程度不同而异。

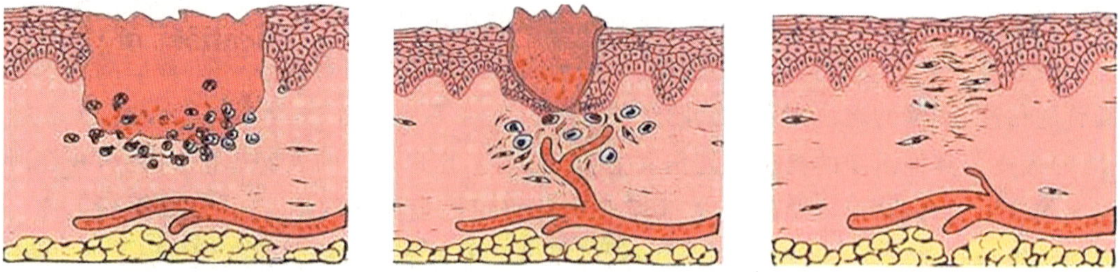

图 4-18　创伤第二期愈合模式图

1. 创口大，创缘不整，组织破坏多　2. 伤口收缩，炎症反应重　3. 肉芽组织从伤口底部及边缘长出将伤口填平，表皮再生

以上两种愈合形成只是程度的不同，而无本质上的差别，二者可以相互转化。第一期愈合的创伤，如发生感染或处置不当可转化为第二期愈合；大面积感染创如果做到及时处理，积极清创也可缩短愈合时间，并减少瘢痕形成。

(二)骨折愈合

骨折愈合是指骨折后所发生的一系列结构修复和功能恢复过程。骨折的修复主要是由骨外膜和骨内膜细胞再生而完成的。在少数情况下也可由结缔组织直接化生为骨组织。一般骨折需经过以下几个修复阶段(图 4-19)。

1. 血肿形成

骨折发生后，骨折处血管破裂出血，血液充满两断端及其周围，在此形成血肿，随后发生凝固，将两骨端形成初步连接，血凝块中的纤维蛋白网，如同支架，有利于肉芽组织向内生长。因此，如果出血不凝固，则影响愈合。

2. 坏死组织及死骨的吸收(创腔净化)

骨折局部的坏死组织、损伤骨片和血凝块逐渐由骨膜新生的大量破骨细胞、骨折部周围组织炎症反应游出的吞噬细胞，以及组织内巨噬细胞吞噬、溶解而清除。

3. 纤维性骨痂形成

在创腔得到净化的同时，逐渐由骨外膜、骨内膜以及血管等处长出由成骨细胞、成纤维细胞和新生毛细血管组成的成骨性肉芽组织伸入血凝块，经 2～3 周，在凝血被溶解吸收的同时，新生的成骨细胞性肉芽组织则取代了血凝块，构成骨痂，将两断端进一步连接，局部形成梭形肿胀，此种骨痂柔软易损，称为纤维性骨痂或临时性骨痂。在管状骨，此处可分为骨外膜性、骨内膜性及中间性(断端间)骨痂三部分。

4. 骨性骨痂形成

纤维性骨痂形成后，成骨细胞则由梭形变成多角形，它们的突起互相连接，并分泌出半液状的骨基质，聚集于细胞之间，成骨细胞本身则成熟为骨细胞，它与其所分泌的基质一起构成类骨组织。这种骨组织被称为骨性骨痂或终期骨痂。这一过程可持续几周。骨性骨痂虽然使断骨比较牢固地连接起来，但由于其结构不够致密，骨小梁排列比较紊乱，故比正常骨质脆弱。

5. 改建

改建是指新形成的骨性骨痂适应功能需要的过程。它包括多余的骨组织被溶解吸收和缺乏的骨组织进行再生，并使骨组织变得更加致密，骨小梁排列逐渐适应于力学方向。改建的过程是在骨性骨痂形成的同时，从骨髓内新生的血管长入已钙化的骨组织并由血管外膜细胞分化形成成骨细胞，其中一部分融合成多核破骨细胞，将已经钙化而多余的骨质溶解吸收；另一部分，则紧紧地围绕着血管，按照机能的需要形成新的骨组织或骨小梁，并在骨小梁之间形成骨髓腔，后者与骨折两断端的骨髓腔相通。这时骨折处的梭形肿胀逐渐消失，形成在结构与机能上完全符合生理要求的骨组织。此过程一般需几个月到几年才能完成。

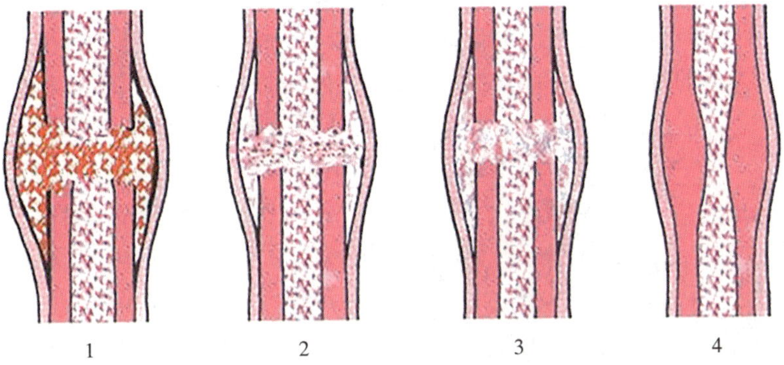

图 4-19 骨折愈合模式图

1. 血肿形成　2. 纤维性骨痂形成　3. 骨性骨痂形成　4. 改建

骨组织愈合的另一种方式是由结缔组织直接化生为骨组织。多见于头骨受伤后的修复过程。此时，由骨膜增生的纤维性结缔组织先变为均质致密的骨样组织，以后钙盐沉着而转变为骨组织。

骨折后虽能愈合，但如果骨组织损伤过重（粉碎性骨折）、骨膜毁损过多、断端复位不良，或断端之间有软组织嵌塞，或断端活动等情况下，常影响新骨形成，或不能形成骨性骨痂，甚至发生断端间裂腔，致使两断端呈活动状，形成所谓假关节；若在骨断端有新生软骨被覆，则形成新关节。若新生骨组织过多，形成赘生骨痂，愈合后则有明显的骨变形。

三、病理产物改造

在疾病过程中机体内出现的各种病理产物（坏死组织、炎性渗出物、血凝块和血栓等）或异物（寄生虫），机体会通过各种方式将其清除，以利于修复。由于病理产物的性质、数量和发生部位不同，机体会采取不同的清除方式。常见的方式有溶解与脱落、机化和包囊形成、钙化。

1. 溶解与脱落

范围较小的坏死灶，机体通过自身崩解或被嗜中性粒细胞的蛋白溶解酶将其分解为小的碎片或完全液化，液化的坏死组织由淋巴管或小血管吸收，小碎片由巨噬细胞将其吞噬消化，缺损的组织由周围健康组织再生而修复。

2. 机化和包囊形成

在疾病过程中，体内出现的各种病理性产物（如组织坏死灶、渗出的纤维素凝块、血栓等）或异物（弹片、寄生虫及其卵等）等不能被炎性细胞吞噬、吸收，而被新生的结缔组织清除、取代或包围，这一病理过程称为机化。异物被新生的结缔组织包围起来使它与健康组织隔离，称为包围或包囊形成。机化在本质上也属于抗损伤过程，是一种适应性反应。病理性物质的机化有：

(1)对坏死物质的机化　组织内坏死物质与异物等可刺激周围健康组织诱发炎症反应，少量坏死组织或异物可被渗出的白细胞吞噬和酶的作用而将之溶解、吸收和搬运而清除。但大量的坏死组织，则可由周围新生的肉芽组织形成纤维性结缔组织包膜，将它包绕起来。例如，干酪样坏死灶或陈旧性化脓灶等的包围。以后囊内坏死物水分被吸收，在囊内形成游离的干涸物。脑组织的坏死灶由胶质细胞进行机化，较小坏死灶可形成神经胶质性瘢痕，大的坏死灶，由神经胶质细胞及血管周围的结缔组织新生，形成纤维性包囊，其坏死软化的脑组织逐渐被吸收，而组织液随即渗入，从而成为充满澄清水样液体的软化性囊腔。

(2)对纤维素性渗出物的机化　少量纤维素性渗出物，可由白细胞及其酶的作用将其溶解吸收。陈旧性或大量的纤维素性渗出物或团块往往发生机化。例如，纤维素性肺炎时肺泡腔内的纤维素性渗出物被机化(图 4-20)，形成所谓的肺肉变，即肺泡及间质有大量结缔组织增生，使肺组织坚实似肉。若纤维素性渗出物位于浆膜表面(纤维素性心包炎、胸膜炎、腹膜炎等)被机化时，有的呈结缔组织性肥厚；有的浆膜表面附着有绒毛状或斑块状结缔组织，例如绒毛心。如果在相邻两层浆膜之间发生机化时，则可造成两层浆膜间的结缔组织性粘连或浆膜腔的闭塞，从而引起心脏、肺等器官不同程度的活动障碍。

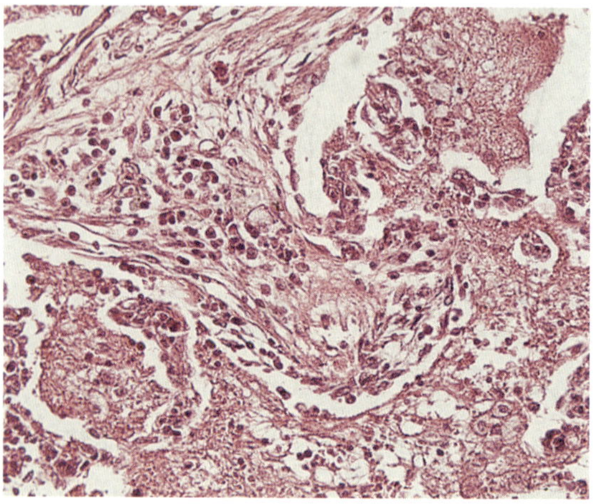

图 4-20　机化

肺炎渗出物的机化：肺泡中的纤维素等炎性渗出物已逐渐由肉芽组织取代。HE×400　(陈怀涛)

(3)对异物的机化　组织内存有异物(如铁钉、弹片、玻璃片、寄生虫等)时，则在其周围有肉芽组织增生而将之包围，以防止异物对机体的进一步损害。较小的异物，如缝线、寄生虫卵、注射剂的油脂、胆固醇结晶等各种异物，一方面可由肉芽组织中形成的异物性巨细胞包围，逐渐将它溶解吸收；另一方面则由异物周围结缔组织增生形成的肉芽组织将其包围，例如，虫卵结节及油脂性肉芽肿的形成等，最后，常成为被纤维组织重重包绕的病灶。

综上所述，可知机化过程在消除或限制各种病理性产物的致病性和保持机体体内平衡或内环境稳定中起着重要的作用，是机体的一种抗损伤性防御适应反应。但在某些情况下却会给机体带来不良后果。例如，纤维素性胸膜肺炎时，由于机化而形成肺胸膜和肋胸膜粘连，常造成持久性的呼吸障碍；心瓣膜上的血栓被机化，使其增厚变形，造成瓣膜闭锁不全而导致心力衰竭和全身性淤血。因此，机化既有对机体有利的一面，也有对机体不利的一面。

3. 钙化

在正常的机体内，钙盐只沉积在骨骼和牙齿。如果在骨骼和牙齿以外的组织内出现固体钙盐沉着，称为病理性钙化，简称钙化。沉着的钙盐主要是磷酸钙，其次为碳酸钙。

(1)病理性钙化是一个慢性病理过程，钙盐在组织中沉着量少时，肉眼不能辨认；量多时，常呈灰白色颗粒状或结节状的砂粒样物(图 4-21)，质地坚硬，不易用刀切开，切割时常可听到沙沙声。在 HE 染色的组织切片中，镜检可见组织内沉积的钙盐呈蓝色闪光的团块或颗粒。

(2)结局和对机体的影响　钙化也是一种可逆性变化，小的钙化灶可被溶解吸收，钙盐沉积较多时，则很难完全溶解吸收，在钙化灶周围就会形成结缔组织性包囊，把钙化灶局限在一定部位。

钙化对机体的影响常视具体情况而异，如血管壁发生钙化时血管失去弹性而变脆，容易造成破裂出血；在结核灶发生钙化时，可使其中的结核菌逐渐丧失活力，减少复发的危险性。另外，钙化灶对机体而言已成为异物(图 4-22)，可以经常刺激机体，导致其他病变的发生。

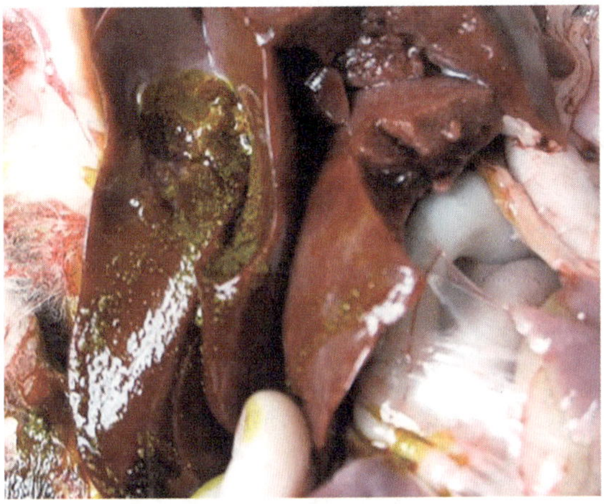

图 4-21　犬胆囊结石

病犬的胆囊内见细小的黄色结石，质地坚硬

（陈怀涛）

图 4-22　犬膀胱内结石

学习评价

一、名词解释

1. 机化　2. 化生　3. 再生　4. 病理性钙化　5. 肉芽组织　6. 修复　7. 肥大

二、填空题

1. 创伤愈合的类型主要有________和________。

2. 修复的过程主要有两种形式：________和________，前者又包括________和________两类。

3. 适应在形态上一般表现为________、________、________、________。

4. 肉芽组织的主要成分有________和________，常伴有多少不等的________。

5. 创伤愈合的基本过程有________、________、________及________。

三、单项选择题

1. 下列各种细胞，哪种再生能力最强？(　　)

A. 血细胞　B. 心肌细胞　C. 平滑肌细胞　D. 肝细胞　E. 骨细胞

2. 肉芽组织的基本成分是(　　)。

A. 新生毛细血管、成纤维细胞　B. 新生毛细血管、炎细胞

C. 炎细胞、成纤维细胞　D. 新生毛细血管、成纤维细胞、炎细胞

3. 以下说法正确的是(　　)。

A. 肉芽组织将坏死组织包围叫机化

B. 肉芽组织长入取代坏死组织称为包裹

C. 坏死是不可逆性改变，变性是可逆性改变

D. 陈旧的坏死与机化组织可发生转移性钙化

E. 肾、肺等器官坏死后果严重

4. 关于再生的说法，下列哪项是错误的？（　　）

A. 再生是修复的一种主要形式

B. 再生可分为生理性再生和病理性再生两种

C. 生理性再生是完全性再生

D. 病理性再生是不完全性再生

E. 再生是由邻近同种细胞分裂增殖来完成的

5. 下列哪项不符合一期愈合？（　　）

A. 伤口创缘整齐　　B. 无感染的伤口　　C. 出血少

D. 组织破坏范围小　　E. 伤后 8 h 以上未经处理的伤口

6. 关于肉芽组织，下列说法错误的是（　　）。

A. 肉眼观为红色、细颗粒状、状似肉芽　　B. 触之易出血　　C. 有痛感

D. 为幼稚的纤维结缔组织　　E. 最终老化为瘢痕组织

四、判断题

1. 不完全再生也称为瘢痕修复。（　　）

2. 假性肥大指间质组织增生而造成的器官外形增大。（　　）

3. 新生肉芽组织将坏死组织包裹起来，称为机化。（　　）

4. 通过肉芽组织增生创伤得到愈合，称为完全再生。（　　）

5. 组织器官的完整性破坏时，由周围细胞组织修补的过程称为修复。（　　）

五、问答题

1. 简述肉芽组织的眼观特点，功能及转归。

2. 举例说明伤口一期愈合与二期愈合有何区别？

病例分析 〉〉〉

病例一：一 3 岁牧羊犬患疝气，经兽医手术治疗。术后第 3 天体温 40.3 ℃，精神沉郁，食欲减退。换药时发现刀口处红肿明显并有渗出，随即拆开缝线，流出脓液约 10 mL。用生理盐水冲洗后，消毒并放入引流条包扎，同时输液给予大量抗生素。病犬将来手术切口愈合属于几期愈合？该切口愈合过程中将会有哪些组织参与？

病例二：黑色美国可卡犬“泰森”，公，11 岁。近一个月出现咳嗽，呼吸急速，腹部膨胀，嗜睡，精神极度沉郁，厌食，运动不耐受，无法上下楼梯。体温 37.6 ℃，心率 170 次/min，听诊可闻心收缩期返流杂音Ⅲ/Ⅵ，血压 110 mmHg，动脉脉搏微弱，口色淡白，腹部膨大伴有腹水。X 线摄片检查可见全心扩张，右侧位片显示心脏占据 4 个肋间距，胸骨与心脏接触面增大，气管上抬，肺门处肺水肿。正位同时可见全心增大和肺水肿。用所学过的病理知识分析该犬发生的病理过程。

项目五 炎 症

学习目标

知识目标:掌握炎症的概念和基本病理变化过程,炎症的局部症状和全身性病理反应,炎症的分类及其特征;了解炎症的经过与结局。能识别炎症的局部病理变化和判断炎症全身性病理反应。

能力目标:能通过炎症的病理变化区分炎症的类型。能准确地描述炎症的转化。

学习任务

任务1 炎症概述

一、炎症的概念和特征

炎症是机体对各种致炎因子的损伤作用所发生的以防御为主的应答性反应,是疾病中最常见而且又十分复杂的病理现象。其中既有致炎因子所造成的损伤反应,也有机体为清除致炎因子及其损伤所发生的抗损伤反应。

炎症的基本病理变化表现为局部组织的变质、渗出和增生;局部病理反应症状为红、肿、热、痛、机能障碍;炎症过程全身性病理反应主要表现为发热和白细胞增多。

二、炎症的原因

能造成组织损伤的因素均可引发炎症,但炎症的发生还取决于机体内部因素。引起炎症的原因种类繁多,比较复杂,归纳起来有以下几类。

(1)生物性因素　生物性因素是最常见的致炎因素,如细菌、病毒、支原体等病原微生物和寄生虫等,它们通过机械性损伤或产生内外毒素使组织损伤,也可通过诱发免疫反应导致炎症。

(2)化学性因素　包括内、外源性化学物质。如强酸、强碱,机体内的组织坏死崩解产物、代谢废物等。

(3)物理性因素　低温、高温、放射线、紫外线和电击所导致的损伤以及机械力的作用所导致的挤压伤、切割伤、撞击伤等均可引起炎症反应。

(4)免疫反应　各种变态反应均能造成组织细胞损伤而导致炎症,如过敏性皮炎。

(5)病理产物　某些病理产物也可引起炎症反应，如坏死组织、癌组织分解产物等。

(6)某些正常的分泌物、排泄物或内容物　某些正常的分泌物、排泄物或内容物进入异位组织，也可诱发炎症。如胃肠穿孔可导致腹膜炎。

上述致炎因子作用于机体，能否引起炎症以及反应的强弱，除与致炎因子的种类、性质、数量、强度和作用时间等有关外，还与机体的年龄、种属、防御机能状态等内在因素有密切关系。机体免疫机能下降，对致炎因子的反应降低，局部损伤久治不愈；有些高致敏机体，对通常不引起炎症的花粉、药物或异体蛋白等物质，也会出现强烈的炎症反应。

三、炎症的临诊表现

(一)炎症局部的表现

炎症局部的临诊表现包括红、肿、热、痛及机能障碍等，发生于体表的急性炎症表现最为典型。

(1)红　由炎灶内充血所致。炎症初期，因动脉性充血，炎症局部呈鲜红色(图 5-1、图 5-2)；随着炎症的发展，动脉性充血转变为淤血，局部组织呈现暗红色或蓝紫色。

(2)肿　急性炎症的肿胀是由充血、炎性水肿(图 5-1、图 5-2)以及组织细胞变性肿胀所致，而慢性炎症的肿胀主要是增生造成。

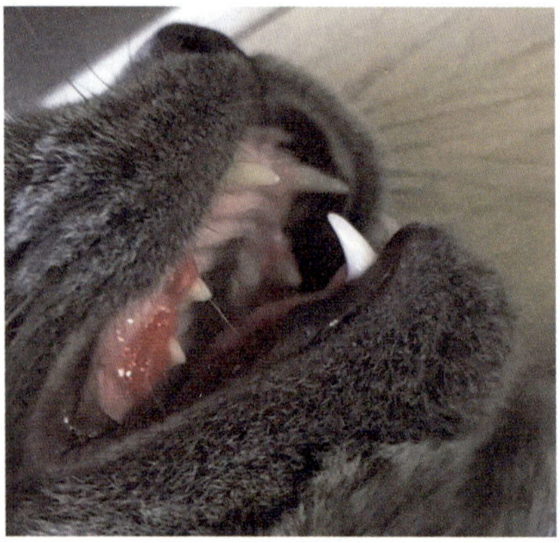

图 5-1　犬齿龈炎(一)　表现为红、肿

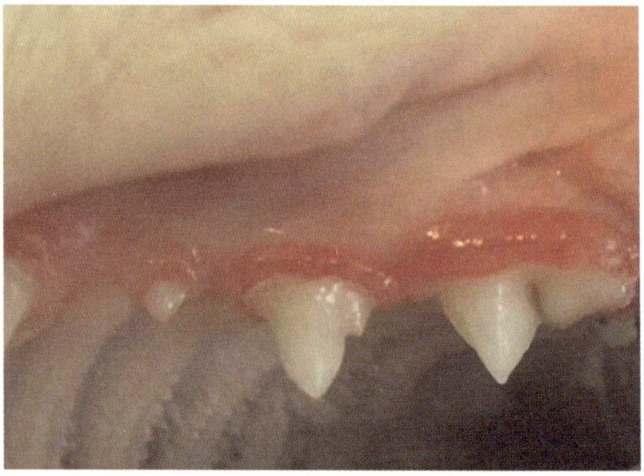

图 5-2　犬齿龈炎(二)　表现为红、肿

(3)热　动脉性充血，因局部血流量增多，分解代谢增强，产热增加，炎症部位温度升高。发生于体表的急性炎症升温比较明显，而内脏器官发炎时的局部温度并无明显变化。

(4)痛　炎区的疼痛由多种因素造成。炎性肿胀使局部张力升高，可压迫或牵拉感觉神经末梢而引起疼痛；炎症过程中产生的炎症介质刺激神经末梢可引起疼痛；局部代谢增强，产生大量的 K^+ 和 H^+，刺激神经末梢也可引起疼痛。

(5)机能障碍　发炎器官组织的机能障碍是上述临诊表现综合作用的结果。

以上症状是炎症的共同特点，但并非所有的炎症都具有，如慢性和内脏炎症时红、热不显著，缺乏感觉神经末梢的部位无痛感。

(二)炎症的全身性反应

比较严重的炎症，尤其生物性致炎因子引起的炎症常出现全身反应。炎症时常见的全身反应主要有：

(1)发热 炎症时引起发热的刺激物有两类：一类是病原微生物、寄生虫及其代谢产物，另一类是炎症时组织细胞的坏死崩解产物、抗原抗体复合物、淋巴因子等。

(2)白细胞增多 循环血液中白细胞增多现象是炎症最为常见的全身反应之一，是抗感染、抗损伤的一种十分重要的防御性反应。在临诊上，外周血液的白细胞检测是一项非常重要的指标，是诊断疾病的重要依据。一般来说，急性炎症、化脓性炎症以嗜中性粒细胞增多为主并且呈现核左移现象；过敏反应和寄生虫感染引起的炎症，多为嗜酸性粒细胞增多；慢性炎症和病毒感染，以淋巴细胞和单核细胞增多为主。并非所有炎症都伴有白细胞增多现象，有些细菌或病毒感染时，循环血液中的白细胞反而减少。另外，在机体抵抗力低下或感染严重时，白细胞也可能会减少，愈后较差。

(3)单核巨噬细胞系统的细胞增生与机能亢进 主要表现为肝、脾、淋巴结、骨髓等器官的网状细胞和血窦、淋巴窦的内皮细胞等增生，淋巴结和脾肿大，增生细胞的吞噬功能增强。

(4)实质器官的变化 在炎症过程中，特别是较严重的感染所引起的炎症，心、肝、肾等器官的实质细胞常发生细胞肿胀、脂肪变性，严重时可出现局灶性坏死。

任务2 炎症的基本病理变化

炎症的基本病理过程包括局部组织损伤、血管反应和细胞增生，概括为变质、渗出和增生三种基本病理变化。在炎症过程中这些病理变化按照一定的先后顺序发生，有时它们也可互相转化。一般炎症初期或急性炎症，常以变质、渗出变化为主，增生不明显，而慢性炎症尤其后期，则以增生变化为主，三者互相联系和影响。一般来说，变质属于损伤过程，而渗出和增生是抗损伤过程。

一、变质

变质是指炎症局部组织细胞发生各种变性或坏死的过程。它常常是炎症发生的始动环节，是由致炎因子的直接作用或炎症过程中出现的局部血液循环障碍所造成。在发生变质的局部，既有形态的变化，也有不同程度的代谢、功能障碍。而变质变化的程度主要决定于致炎因子的性质、数量、强度和机体反应性等。

(一)形态的变化

形态的变化主要表现在实质细胞发生不同程度的颗粒变性、水泡变性或脂肪变性，严重时则发生凝固性坏死或液化性坏死；间质常表现为黏液样变性和坏死(如纤维素样变性)等。组织细胞变性、坏死后释放出的一系列炎症介质，又可引起充血、渗出等血管反应；有些化学物质(即趋化因子)对白细胞还有很强的趋化作用。

(二)代谢的变化

炎区代谢的变化主要表现为分解代谢增强和组织内渗透压升高。

1.分解代谢增强

炎区内糖、脂肪和蛋白质的分解代谢均明显增强，耗氧量增加，但由于酶系统受损和局部血液循环障碍造成的缺氧，使各种氧化不全产物和中间代谢产物如乳酸、脂肪酸、酮体、蛋白胨、氨基酸等在局部增多，炎区内 H^+ 浓度升高，这些变化又可促使血管通透性增强和组织渗透压升高。

2. 组织内渗透压升高

炎区内分解代谢增强和坏死组织的崩解，使蛋白质等大分子分解为小分子，炎区胶体渗透压升高。盐类解离过程增强，K^+、PO_4^{3-} 及其他离子浓度升高，炎区内晶体渗透压也升高。

上述炎区代谢的变化导致局部发生炎性水肿。

（三）功能的变化

轻度的形态和代谢变化可使局部组织细胞的功能降低，严重的物质代谢障碍或发生坏死时，功能则完全丧失。

二、渗出

渗出是指血液成分通过小静脉和毛细血管壁进入炎区组织间隙、体腔或外渗至浆膜和黏膜表面的过程。渗出的血液成分包括液体成分和细胞成分，统称为渗出物。渗出是炎症反应中最为重要的抗损伤过程，是炎症的重要标志，是机体消除致炎因子和有害病理产物所采取的最为积极有效的重要措施。渗出主要包括血管反应、液体渗出和细胞渗出三个阶段（图 5-3）。

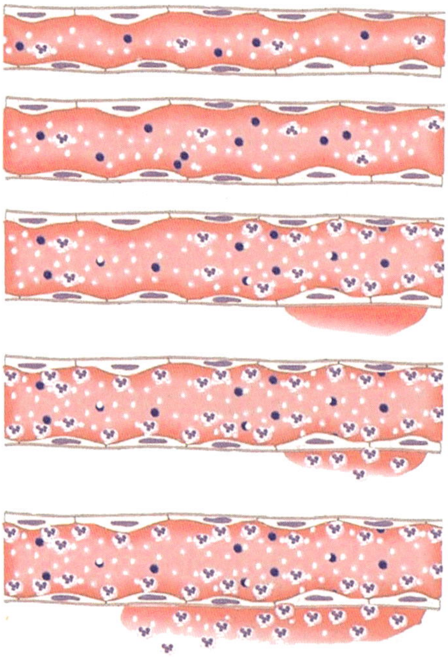

图 5-3　血液成分渗出的过程

（一）血管反应

致炎因子作用于局部组织，其组织的小血管发生短暂的痉挛，随后扩张充血，随着炎性介质的产生转化为炎性充血，再发展为淤血和渗出。炎区局部呈现红、肿、热、痛症状。

（二）血液中液体成分渗出

1. 炎性渗出液的特征

伴发炎区充血、淤血后，血液中的液体成分包括血浆和血浆蛋白通过血管壁渗出。渗出的液体称为炎性渗出液，其特征为浑浊，含有组织碎片或纤维素性絮状物，比重在 1.018 以上，蛋白质(白蛋白、球蛋白、纤维蛋白)含量高，超过 4%，细胞含量多。非炎性水肿时，由血管渗出的液体为漏出液。渗出液与漏出液的区别见表 5-1。

表 5-1 渗出液与漏出液的比较

渗出液	漏出液
①浑浊	①澄清
②浓厚，含有组织碎片	②稀薄，不含组织碎片
③比重在 1.018 以上	③比重在 1.015 以下
④蛋白质含量高，超过 4%	④蛋白质含量低于 3%
⑤在活体内外均凝固	⑤不凝固，只含少量纤维蛋白质
⑥细胞含量多	⑥细胞含量少
⑦与炎症有关	⑦与炎症无关

2. 炎性渗出液的作用和影响

(1)炎性渗出液含有多种成分，对机体有重要的防御作用 ①渗出液中含有各种特异性免疫球蛋白、补体、调理素等多种抗菌物质，对病原微生物及其毒素有中和、抑制或稀释的作用。②渗出液中的纤维蛋白凝固后，交织成网状可限制病原体的扩散，因而有利于吞噬细胞发挥吞噬作用。③渗出液可为炎区组织细胞带来营养物质，并带走炎症灶中的代谢产物。

(2)渗出液过多，对机体产生不利影响 如胸腔渗出液过多可阻碍肺呼吸和心脏舒张活动，脑膜炎症时渗出液使颅内压升高，表现头痛、神经功能紊乱。

(三)细胞渗出

在炎症过程中，伴随着炎区组织血流减慢及血浆成分的渗出，白细胞主动由微血管壁渗出到炎区组织间隙内，称为炎性细胞浸润。白细胞渗出，吞噬和降解病原微生物、免疫复合物及坏死组织碎片，是最主要的炎症防御反应，但白细胞释放的酶类、炎症介质等也可加剧正常组织细胞损伤。

1. 白细胞的渗出过程

白细胞经过边移-贴壁-游出等阶段，在趋化因子的作用下到达炎症中心，完成渗出过程。

(1)边移 白细胞从血液的轴流进入边流，滚动并靠近血管壁的现象称为边移。

(2)贴壁 继边移之后，白细胞与血管内皮细胞发生紧密黏附称为贴壁。

(3)游出 白细胞穿过血管壁进入周围发炎组织的过程称为游出。电镜观察证实，白细胞黏附于内皮细胞连接处，伸出伪足，逐渐以变形运动方式从内皮细胞间的连接处逸出，并穿过基底膜，到达血管外(图 5-4)。

2. 炎性细胞的种类和功能

炎症过程中，渗出的白细胞主要有嗜中性粒细胞、嗜酸性粒细胞、单核细胞、淋巴细胞和浆细胞。不同致炎因子所引起的炎症，以及炎症过程中的不同阶段出现的炎性细胞种类和数量也不尽相同。

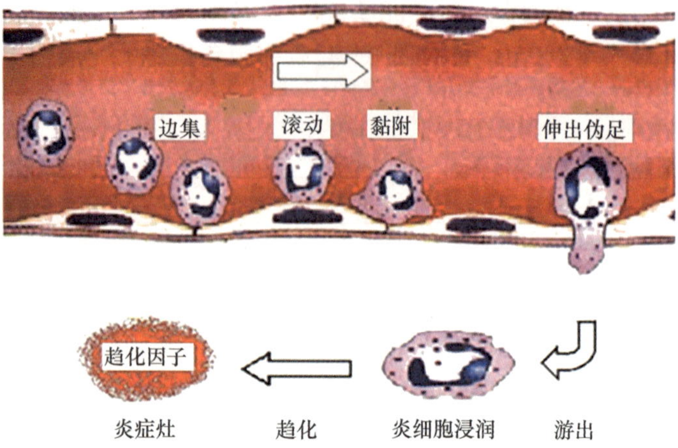

图 5-4　嗜中性粒细胞游出和聚集过程示意图

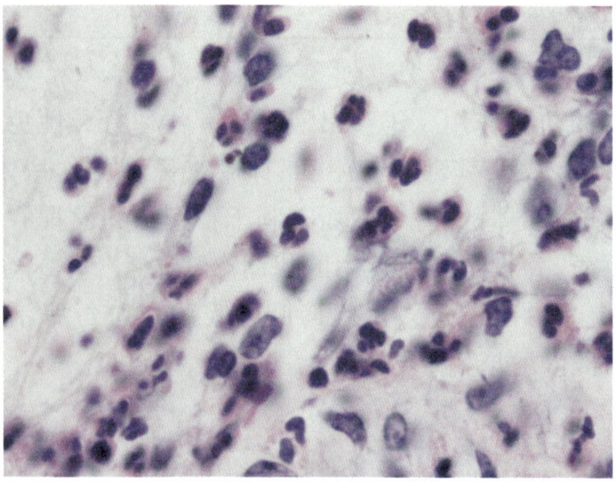

图 5-5　嗜中性粒细胞

炎性渗出液中的嗜中性粒细胞：胞浆较丰富，淡染伊红；核多分为 2～3 叶。HE×1 000　（王雯慧）

(1)嗜中性粒细胞

形态特点：嗜中性粒细胞的形态特点为细胞核分为 2～5 叶，一般为 2～3 叶。嗜中性粒细胞的胞浆在 HE 切片上见淡红色中性颗粒(图 5-5)，而兔的嗜中性粒细胞的颗粒粗大，呈嗜酸性，故又称为异嗜性粒细胞。

作用：嗜中性粒细胞具有很强的游走运动能力，主要吞噬细菌，也能吞噬组织碎片，抗原抗体复合物以及细小的异物颗粒。其胞浆中所含的颗粒相当于溶酶体，其内含有多种酶，这种颗粒在炎症时可见增多。嗜中性粒细胞还能释放血管活性物质和趋化因子，促进炎症的发生、发展，是机体防御作用的主要成分之一。

诊断意义：嗜中性粒细胞多在化脓性炎症和急性炎症初期渗出。在病原微生物引起急性炎症时，外周血液中嗜中性粒细胞也增多；在一些病毒引起疾病时，嗜中性粒细胞可能减少。嗜中性粒细胞减少或幼稚型嗜中性粒细胞增多，往往是病情严重的表现。

(2)嗜酸性粒细胞

形态特点：嗜酸性粒细胞的形态特点是细胞浆内充满粗大的鲜红色嗜酸性颗粒，核分叶较少，成熟的细胞多为 2 叶(图 5-6)。

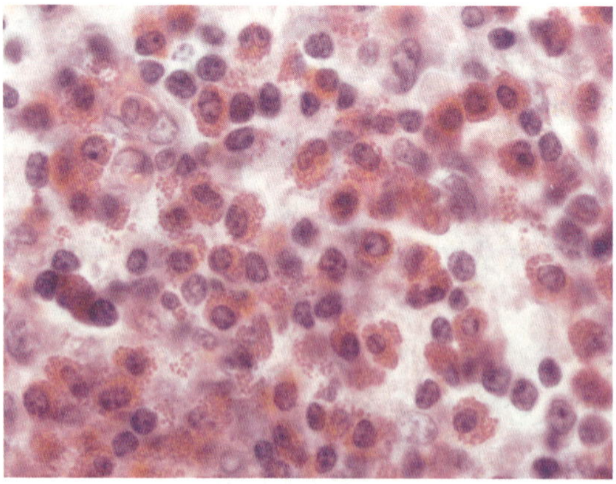

图 5-6　嗜酸性粒细胞

嗜酸性粒细胞较嗜中性粒细胞稍大，胞浆中含有大量嗜酸性(红色)颗粒。HE×1 000　（王雯慧）

作用：嗜酸性粒细胞具有游走运动能力，主要作用是吞噬抗原抗体复合物、抑制变态反应，同时对寄生虫有直接杀伤作用。嗜酸性粒细胞的颗粒主要含有碱性蛋白、阳离子蛋白、过氧化物酶、组胺酶、活性氧等，对寄生虫有直接杀灭作用，对组织胺等过敏反应中的化学介质有降解灭活作用。

诊断意义：嗜酸性粒细胞多见于过敏性炎症、寄生虫感染、食盐中毒、嗜酸性粒细胞肌炎等。如反复感染或重度感染时不仅局部组织内的嗜酸性粒细胞增多，循环血液中的也显著增加。在过敏反应时，嗜酸性粒细胞可占白细胞总数的20%～25%。

(3)巨噬细胞

形态特点：巨噬细胞是一类具有强大吞噬能力的细胞，包括来自血液中的单核细胞。组织中的巨噬细胞其形态大小差异很大，一般体大，圆形或椭圆形，胞浆多，染色淡，常含有吞噬物；胞核圆，相对较小，呈泡状，核仁多明显(图5-7)。

作用：巨噬细胞具有趋化能力，其游走速度慢于嗜中性粒细胞，但有较强的吞噬能力，能够吞噬非化脓菌、原虫、衰老细胞、肿瘤细胞、组织碎片和体积较大的异物(图5-8)，特别是对于慢性细胞内感染的细菌如结核杆菌、布鲁氏菌和李斯特菌的消除有重要意义。巨噬细胞可以识别抗原信息并传递给免疫活性细胞，从而参与特异性免疫反应，巨噬细胞还能产生许多炎症介质，促进调整炎症反应。巨噬细胞可转变为上皮样细胞和多核巨细胞。

诊断意义：巨噬细胞常见于急性炎症后期、慢性炎症、脑炎、某些非化脓性炎症(结核杆菌、布鲁氏菌感染)、病毒与寄生虫感染等。

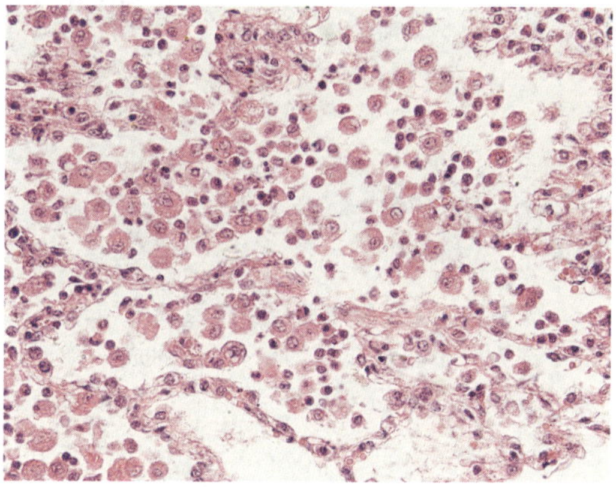

图5-7 巨噬细胞(一)

肺炎时肺泡腔中的巨噬细胞：其体积大，但大小不同，胞浆丰富，呈淡红色；核相对较小，淡染，呈泡状，核仁明显。此外，肺泡中还可看到浆细胞、淋巴细胞等炎性细胞。HE×400 (陈怀涛)

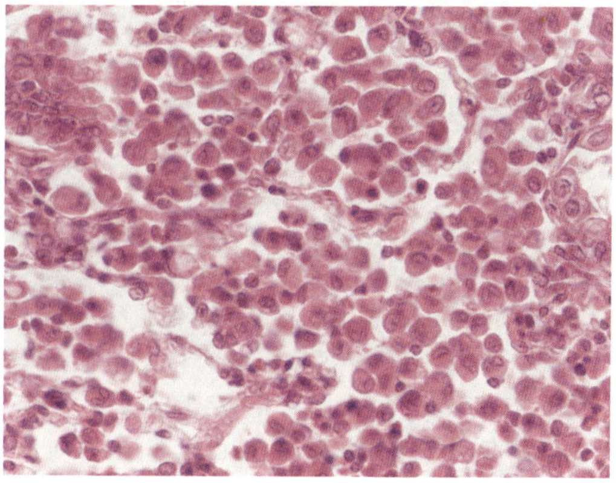

图5-8 巨噬细胞(二)

肺泡腔中的巨噬细胞：巨噬细胞密集，个体普遍较大，有些细胞的胞浆中可见被吞噬的细胞核或其碎片。HE×400 (王雯慧)

(4)上皮样细胞和多核巨细胞　炎症反应过程中，炎症灶内存在某些病原体(如结核杆菌、鼻疽杆菌等)或异物(如缝线、芒刺等)时，巨噬细胞可转变为上皮样细胞或多个巨噬细胞融合成多核巨细胞。

①上皮样细胞　外形与巨噬细胞相似，呈梭形或多角形，胞浆丰富，内含大量内质网和许多溶酶体。胞膜不清晰，胞核呈圆形、卵圆形或两端粗细不等的杆状，核内染色质较少，着色淡(图5-9)。此类细胞的形态与复层扁平细胞中的棘细胞相似，故称上皮样细胞。上皮样细胞具有强大的吞噬能力，它的胞浆内含有丰富的酯酶，对菌体外表覆有蜡质的结核菌也能消化，主要见于肉芽肿性炎症。

②多核巨细胞　这种细胞是由多个巨噬细胞融合而成。细胞体积巨大，胞浆丰富，在一个

细胞体内含有许多个大小相似的胞核。根据细胞核的排列特点，可将多核巨细胞分为朗汉斯巨细胞和异物巨细胞两种类型。朗汉斯巨细胞的核一般分布在胞浆的周边，呈马蹄形（图5-10）或环形，而异物巨细胞的核多不规则地散布于细胞浆中（图 5-11）。多核巨细胞可见于结核病、副结核病、鼻疽、放线菌病及曲霉菌病的病灶中，常出现在坏死组织的边缘。多核巨细胞具有十分强大的吞噬能力，有时可见它包围着嵌进组织的异物，如芒刺、缝线等。

（5）淋巴细胞

形态特点：从形态上淋巴细胞分大、中、小三类。小淋巴细胞属于成熟的淋巴细胞。小淋巴细胞个体小，核圆、深染，胞浆很少（图 5-12）。

作用：主要是产生特异性免疫反应，在炎症过程中，被抗原致敏的 T 淋巴细胞产生和释放 IL-6、淋巴因子等多种炎症介质，具有抗病毒、杀伤靶细胞、激活巨噬细胞等多种重要作用。而 B 淋巴细胞可产生抗体，参与体液免疫。

诊断意义：主要见于慢性炎症、炎症恢复期及病毒性炎症和迟发性变态反应过程中。

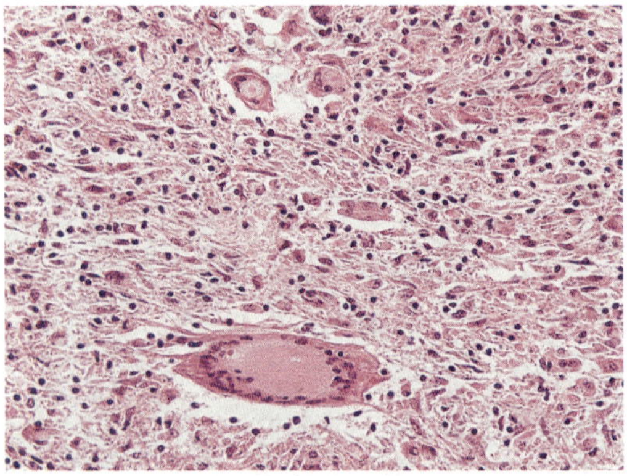

图 5-9　上皮样细胞与多核巨细胞（一）

结核结节中的一个朗汉斯巨细胞和大量上皮样细胞，前者个体很大，胞浆丰富，胞核呈环状排列；后者核呈椭圆形或梭形，染色较淡，同时尚见不少淋巴细胞。HE×400　（陈怀涛）

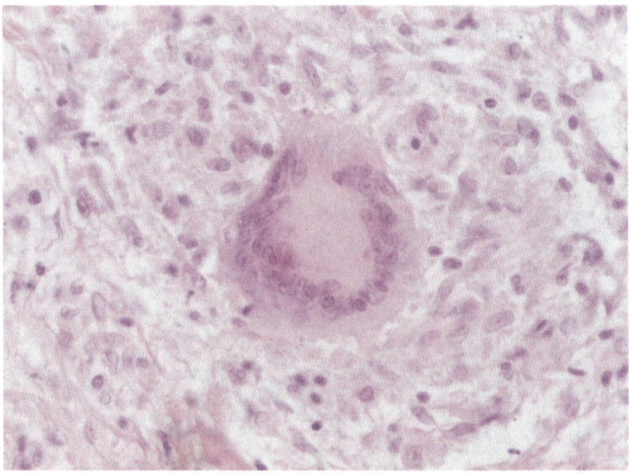

图 5-10　上皮样细胞与多核巨细胞（二）

图中部为一个朗汉斯巨细胞，核排列成马蹄形，周围是一些稀疏分布的核淡染的上皮样细胞。HE×400　（王雯慧）

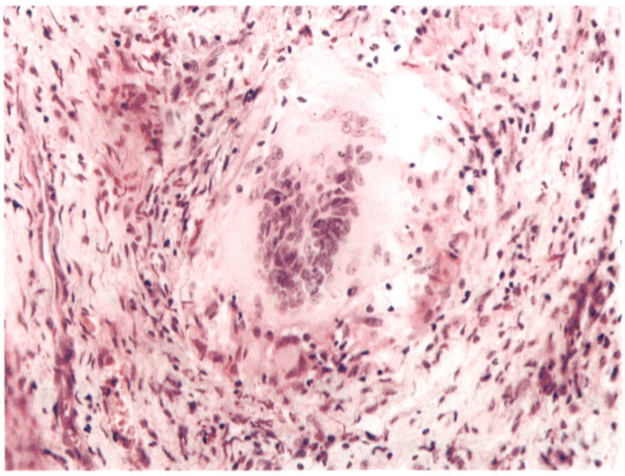

图 5-11　上皮样细胞与多核巨细胞（三）

本图中心为一个特大的异物巨细胞。细胞核多不规则地散布于细胞浆中。HE×400　（王雯慧）

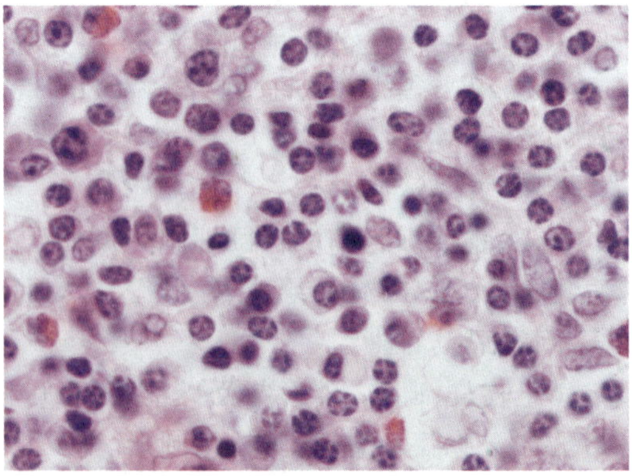

图 5-12　淋巴细胞

组织中的小淋巴细胞：其体积小，形圆，胞浆很少；核圆、深染，染色质呈粗大的颗粒沿核膜分布。HE×1 000　（王雯慧）

(6)浆细胞

形态特点:浆细胞来自B淋巴细胞,比小淋巴细胞略大,呈卵圆形,一头大一头小;或一头尖,一头圆,胞浆灰暗,但核周胞浆色淡;核常偏于一侧,染色质为粗粒状,多沿核膜分布,故核的外形似钟表的表面或车轮(图5-13)。

作用:浆细胞主要具有合成免疫球蛋白(包括IgG、IgA、IgM、IgD和IgE)的能力,参与体液免疫。

诊断意义:浆细胞为重要的免疫细胞,常与淋巴细胞出现于慢性炎症和病毒感染中。

三、增生

增生是炎症发展过程中以局部细胞活化增殖为主的变化,增生的细胞主要有巨噬细胞、成纤维细胞和血管内皮细胞,有时有上皮细胞和实质细胞。

增生在炎症的晚期和慢性炎症时表现明显,有些急性增生性炎症开始就表现以细胞增生为主,炎症早期有较多的血管外膜细胞活化增殖参与吞噬活动,炎症后期主要有成纤维细胞和毛细血管内皮细胞增生,形成肉芽组织以局限炎症和修复损伤(图5-14)。

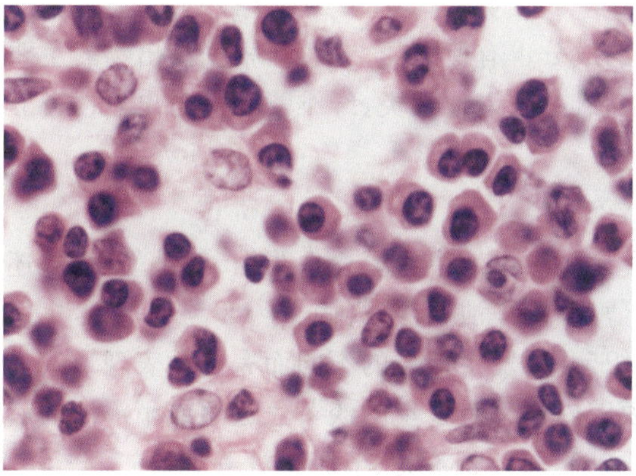

图5-13 浆细胞

组织中的浆细胞:其胞浆丰富,多呈卵圆形、椭圆形,核常位于细胞的一端,染色质粗大,沿核膜分布,故核形似车轮状。HE×1 000 (王雯慧)

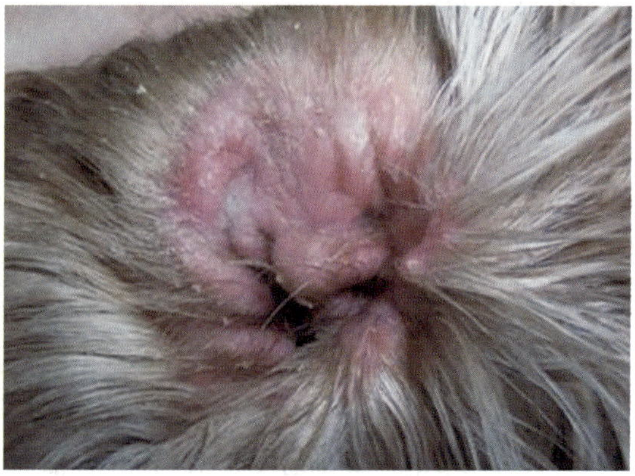

图5-14 外耳道炎症增生

犬外耳道炎症后期增生形成新鲜的肉芽组织

任务3 炎症的分类

根据炎症病理变化的表现,将其分为变质性炎、渗出性炎和增生性炎三大类。以下将按此种分类方法,详细描述各种炎症类型的病理学特征。

一、变质性炎

变质性炎是以局部组织变性、坏死为主,而渗出和增生轻微的炎症。多发生在肝、心、肾、脑等实质器官,又称实质性炎症,常见于传染病(如传染性肝炎、坏死杆菌病)和中毒病(如霉菌毒素、植物毒素中毒)。变质性炎多呈急性经过,有时也可转为亚急性或慢性。

眼观,病变器官与实质器官的变性相似,都表现为肿大、质软、色淡等,镜下,除实质细胞发生不同程度的颗粒变性、水泡变性、脂肪变性等变化外，还可见有渗出与增生变化，尤其有炎性细胞浸润。

严重的变质性炎以坏死变化为主，又称坏死性炎症，如坏死性肾炎。发生坏死性炎的器官，常见大小不等并和周围组织界限清楚的灰白或灰黄色炎性坏死灶（图 5-15），炎症初期，在坏死灶周围常见有出血反应带（红晕）。镜检，可见实质细胞变性、坏死，并伴有血管充血、出血、炎性细胞浸润。

图 5-15　坏死性肾炎

肾表面见针头至粟粒大的灰黄色坏死灶　（陈怀涛）

二、渗出性炎

渗出性炎是以渗出变化为主的一类炎症，多呈急性经过。其特征是炎灶中有大量的细胞渗出物和液体渗出物，有时可见漏出的红细胞。渗出性炎时，组织细胞有明显的变性、坏死，增生变化比较轻微。

由于致炎因子和机体反应性的不同，渗出物的成分也有所差异。因此，根据渗出物的主要成分和病变特点，可将渗出性炎分为浆液性炎、化脓性炎、卡他性炎、纤维素性炎与出血性炎五种类型。

（一）浆液性炎

浆液性炎是指以血浆液体成分渗出为主的炎症。渗出液中主要含白蛋白、纤维蛋白原，还可见白细胞、脱落的上皮细胞。浆液一般比较稀薄，稍呈浑浊，容易凝固。

浆液性炎常发生于黏膜、浆膜及疏松结缔组织，并因发生部位的不同而有多种表现形式。

（1）浆膜　浆液性炎发生在浆膜时，可见浆膜腔内积聚有多量的淡黄色透明或稍浑浊的液体，通常称为积液，如心包腔积液、胸腔积液（图 5-16）、腹腔积液、关节腔积液等。

（2）皮肤　皮肤发生浆液性炎时，浆液多聚积于表皮棘细胞之间或真皮乳头层，使皮肤局部形成丘疹样结节或水泡，常见于烧伤、冻伤及湿疹等。

（3）黏膜　浆液性炎发生于黏膜层时，在黏膜表面可见覆有多量混有黏液的浆液（图 5-17）；发生在黏膜下层，则表现为胶冻样水肿。

（4）肺　肺的浆液性炎比较常见。眼观，明显肿大，重量增加，切面可流出多量含泡沫的液体。镜检，肺泡隔毛细血管充血，肺泡腔充满浆液并含有白细胞（图 5-18），有时还见少量红细胞和纤维素。

（5）淋巴结　淋巴结的浆液性炎（浆液性淋巴结炎）是最为常见的淋巴结炎症，很多致炎因子均可引起。眼观，主要表现肿大、切面隆起、潮红多汁等。镜检，典型变化为窦卡他，可见淋巴窦扩张，含有大量浆液、巨噬细胞及数量不等的嗜中性粒细胞、淋巴细胞和浆细胞（图 5-19）。

浆液性炎是渗出性炎中比较轻微的一种，多呈急性经过。其结局及对机体的影响取决于炎症的发生部位及渗出的程度。如致炎因子消除，渗出液能被吸收或流出体外，损伤的细胞经再生修复，炎症即可消散，完全恢复至正常；但若渗出液过多，则可压迫脏器或周围组织，引起功能性障碍，若发生在浆膜腔或肺、咽喉部时，常可造成严重后果，甚至危及生命。

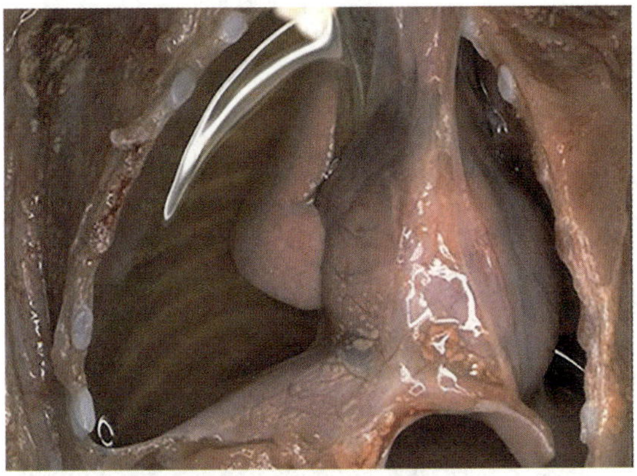

图 5-16 浆液性炎症(一)

胸膜浆液性炎:胸腔内有大量淡黄色的浆液

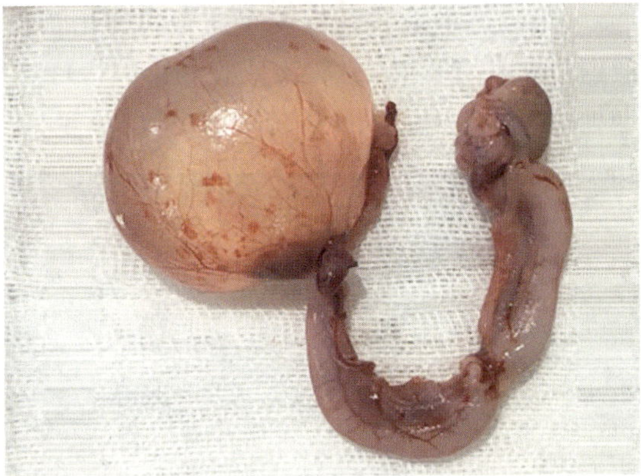

图 5-17 浆液性炎症(二)

子宫内集聚大量透明浆液

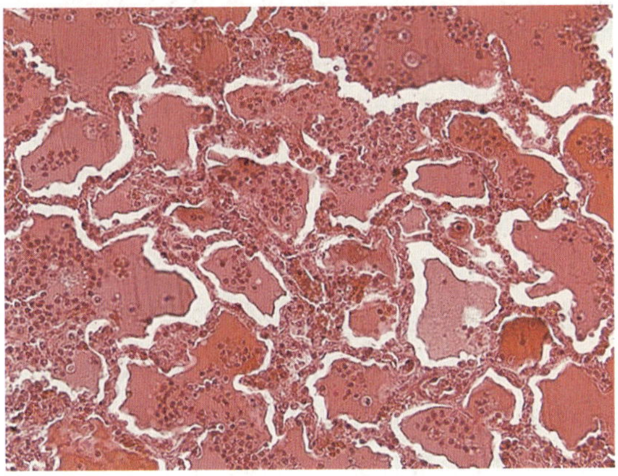

图 5-18 浆液性肺炎

肺泡隔毛细血管充血,肺泡腔有大量淡红色浆液和炎症细胞。HE×400 （陈怀涛）

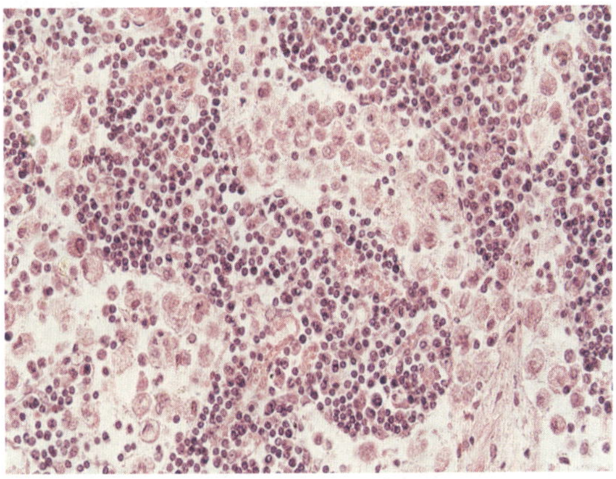

图 5-19 浆液性淋巴结炎

卡他性淋巴结炎(窦卡他):淋巴窦扩张,充满浆液和大量巨噬细胞以及嗜中性粒细胞和淋巴细胞。HE×400 （陈怀涛）

(二)化脓性炎

化脓性炎是以大量嗜中性粒细胞渗出为特征并伴有局部组织坏死和脓液形成的一种炎症。它是临诊上常见的炎症之一,可发生在机体的任何部位,属于典型的液化性坏死。

化脓性炎主要是由葡萄球菌、链球菌、大肠杆菌、绿脓杆菌、化脓棒状杆菌、脑膜炎球菌等化脓菌引起。但有些化学物质(如松节油)或坏死组织也可引起无菌性化脓。

炎区内渗出的嗜中性粒细胞破坏崩解后释放的溶酶体酶将局部坏死组织溶解液化的过程称为化脓,所形成的液状物称为脓液。脓液可因病原菌不同而呈乳白色、灰黄色或黄绿色,质地浓稠或稀薄,主要由渗出的嗜中性粒细胞、脓细胞、溶解的坏死组织、渗出的浆液和化脓菌组成。脓液是发生变性、坏死的嗜中性粒细胞(脓细胞)和发生溶解液化的坏死组织。在化脓灶也可见巨噬细胞和淋巴细胞,呈慢性经过时,这两种细胞比较多见。

由于致炎因子和发生部位的不同,化脓性炎有多种表现形式,常见的有以下几种。

(1)积脓　积脓是脓液聚积在浆膜腔的一种现象。发生浆膜的化脓性炎时常见胸腔积脓、心包腔积脓等。

（2）脓性卡他　是指发生在黏膜的化脓性炎。其特点是：黏膜潮红、肿胀，表面覆有多量的灰白色脓性渗出物，常伴有出血（图 5-20），黏膜腔蓄积大量脓汁（胆管和输卵管积脓）。脓性卡他多发生在鼻腔（图 5-21）、颌窦、副鼻窦、子宫、支气管、肾盂和尿道等部位。

图 5-20　脓性卡他性出血性炎症
猫鼻孔流出灰白色略带血液的鼻液

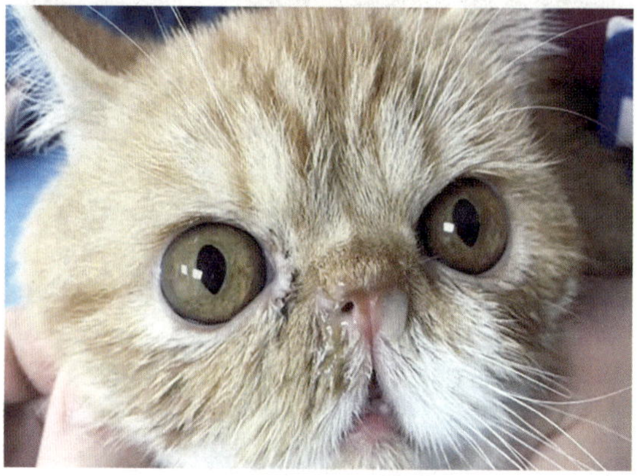

图 5-21　脓性卡他性炎症
猫鼻孔周围可见大量黄白色脓性鼻液

图 5-22　肝脓肿
肝上的多发性脓肿　（王永坤）

（3）脓肿　是指发生在器官组织内的局限性化脓性炎，常见于皮肤和内脏。其特点是形成的化脓灶有一定的界限，时间较久者，脓肿周围还有包囊形成（图 5-22）。

脓肿发生的早期，常见病原菌聚集的局部组织发生坏死和嗜中性粒细胞浸润，随后发生化脓，形成脓液。病程稍长的较大脓肿的周围形成脓肿膜。如果病原菌被消灭，则渗出停止，脓液逐渐被吸收，局部损伤由肉芽组织填补而愈合；如果脓肿经久不愈会形成较厚的脓肿膜。含大量脓液的脓肿需切开排脓后才能修复愈合。

发生于皮肤的脓肿常为疖和痈的形式。疖是单个毛囊及其所属皮脂腺和邻近组织所发生的脓肿，好发于毛囊和皮脂腺丰富的部位，多由金黄色葡萄球菌引起；痈是由多个疖融集而成，在皮下脂肪、筋膜组织中形成许多互相沟通的脓腔，在皮肤表面可有多个开口，常需及时在多处切开引流排脓，方可愈合。体表浅表的脓肿容易发生破溃，脓液被排出后形成溃疡；深部的脓肿如果向体表或自然管道穿破，可形成窦道或瘘管，窦道是只有一个开口的排脓通道，瘘管则是有两个以上开口的排脓通道，窦道或瘘管因长期排脓，一般不易愈合。

（4）蜂窝织炎　是指发生在疏松结缔组织的弥漫性化脓性炎。多见于皮肤、黏膜、肌膜和肌间，常由溶血性链球菌引起。溶血性链球菌能产生透明质酸酶和链激酶，透明质酸酶能降解结缔组织基质的透明质酸，使基质溶解。链激酶能激活溶纤维蛋白酶原，使之转变为溶纤维蛋白酶，进而溶解纤维蛋白。这些特点均利于细菌沿间质和淋巴管向周围快速蔓延，使蜂窝织炎发展迅速，炎症波及范围广，且发生高度水肿，有大量嗜中性粒细胞弥漫性浸润（图 5-23），炎区与周围组织无明显界限。炎区组织一般不发生明显的坏死和溶解，故单纯蜂窝织炎痊愈后多不留痕迹，然而严重者可发生全身中毒。

化脓性炎多呈急性经过，如脓液能被及时清除，则可痊愈。发生在皮肤的溃疡可由肉芽组织修复，小脓肿有时可通过钙化而形成固定病变，有些钙化灶也可发生溶解后再吸收。但若脓肿破溃，脓液可沿静脉管或淋巴管蔓延，从而引起化脓性静脉炎或淋巴管炎，此时如果机体抵抗力降低，病原便随脓液经血管和淋巴管蔓延至全身，造成脓毒败血症，在全身多种组织器官尤其是肺、肝、肾等形成多发性转移性脓肿。少数化脓性炎也可呈慢性经过。

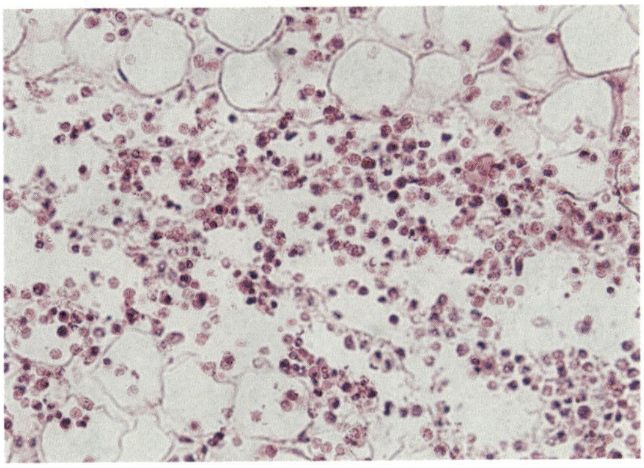

图 5-23 化脓性炎症

蜂窝织炎疏松结缔组织中，有大量嗜中性粒细胞和脓细胞弥漫性浸润，组织溶解，结构松散。HE×400 （陈怀涛）

(三)卡他性炎

卡他性炎是发生在黏膜的一种渗出性炎。其特征是在黏膜的表面覆有大量不同性质的渗出物。

根据渗出物的性质，一般将其分为浆液性卡他、黏液性卡他和脓性卡他等不同类型。

(1)浆液性卡他 以大量浆液渗出为主，是发生在黏膜的卡他性炎。

(2)黏液性卡他 在炎性渗出的同时，伴有黏液腺和黏膜上皮分泌亢进(图 5-24)，从而使渗出物中含有大量浓稠黏液(图 5-25)。

(3)脓性卡他 是发生在黏膜的化脓性炎(图 5-26)，渗出物中含有大量脓细胞。

卡他性炎的分类是相对的，它们可以是同一炎症的不同发展阶段，也可以混合发生，如浆液性黏液性卡他、脓性黏液性卡他(图 5-27)。

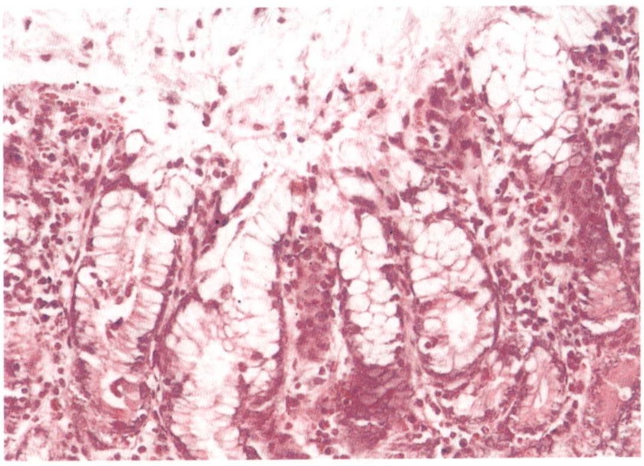

图 5-24 卡他性胃炎

胃黏膜被覆较多淡红色黏液和破碎的上皮细胞。胃腺杯状细胞增多，固有膜充血，炎性细胞浸润。HE×400 （陈怀涛）

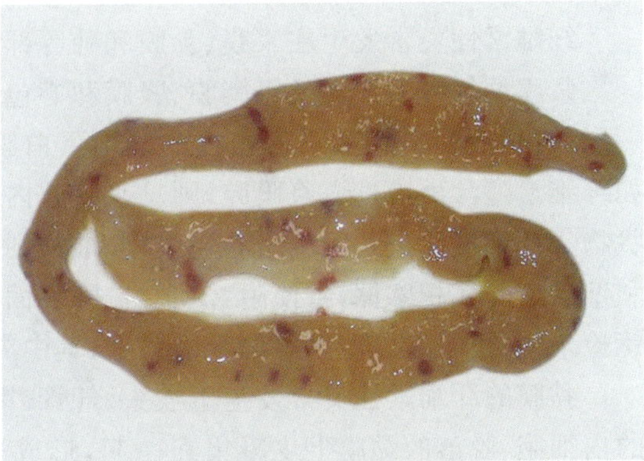

图 5-25 卡他性炎症

卡他性肠炎：十二指肠黏膜被覆有黏液，且伴有点状出血 （王雯慧）

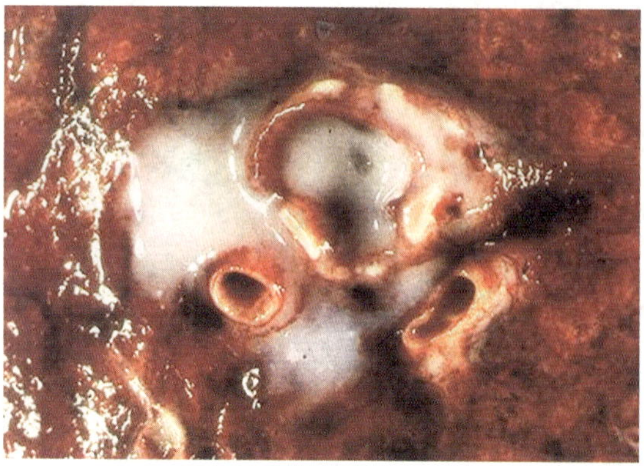

图 5-26　脓性卡他性支气管炎
支气管内有大量灰白色脓性渗出物

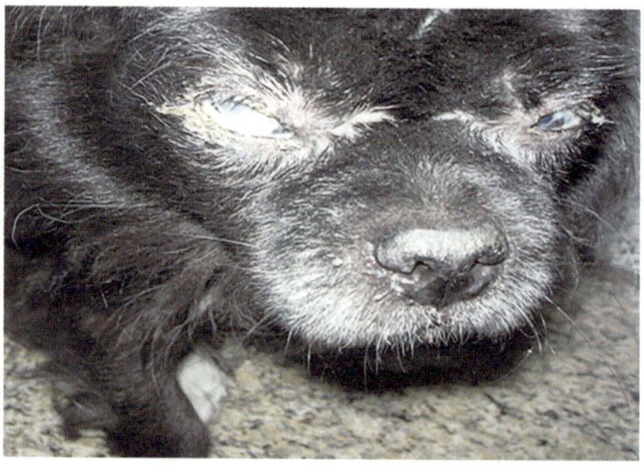

图 5-27　脓性卡他性炎症
犬瘟热引起病犬出现黏液性和脓性眼眵

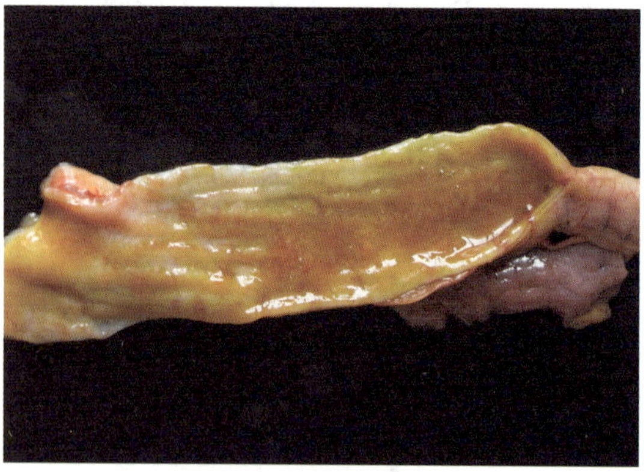

图 5-28　急性卡他性肠炎
犬瘟热引起十二指肠黏膜充血潮红，表面被覆较多黏液　（陈怀涛）

急性卡他性炎时，眼观，黏膜充血，潮红肿胀，表面附着多量渗出物，黏膜腔内有大量渗出物蓄积（图 5-28）。镜检，黏膜上皮变性、坏死、脱落，黏膜固有层和黏膜下层充血、水肿，炎性细胞浸润。而慢性卡他性炎时，则见黏膜不同组织发生萎缩或增生。

卡他性炎一般比较轻微，常呈急性经过，如病因消除，即迅速痊愈，否则可引起继发感染或转为慢性卡他性炎。

（四）纤维素性炎

纤维素性炎是指以渗出物中含有大量纤维蛋白为特征的渗出性炎。纤维蛋白原从血液中渗出后，凝固成为淡黄色或灰黄色的纤维素，一般呈丝状、絮状、网状或在浆膜、黏膜形成纤维素膜。

纤维素性炎常发生在浆膜、黏膜和肺等部位。

浆膜的纤维素性炎见于胸膜、腹膜和心包膜，渗出物中的纤维素常附着在浆膜表面，形成一层灰白色或灰黄色、表面粗糙的纤维蛋白膜，剥离此膜后，可见浆膜充血、出血，并很粗糙。如纤维素随渗出液进入浆膜腔，则见浆膜腔内的渗出液含有多量淡黄色的纤维蛋白凝块或絮状物。纤维素性炎若发生于心包膜，纤维素则附着于心包膜上，由于心脏的跳动，心包的脏层和壁层之间互相摩擦，致使附着在心包膜脏面上的纤维素呈绒毛状，称为“绒毛心”（图 5-29）。镜检，心外膜附着厚薄不等的纤维素层，其中夹杂多量嗜中性粒细胞。

黏膜的纤维素性炎常发生于喉头、气管、胃、肠、子宫和膀胱等部位。渗出的纤维素与游出的白细胞、脱落的黏膜上皮凝集在一起，形成一层灰白色的膜样物覆盖于黏膜表面，称为“假膜”。如果覆于黏膜表面的假膜易于剥离，且剥离之后其下层组织无明显损伤，则称浮膜性炎，见于急性纤维素性胃肠炎；若假膜与深层坏死组织发生牢固结合，难以剥离，则称为固膜性炎。

肺的纤维素性炎（纤维素性肺炎）较为常见，其特点是肺泡腔内聚积有大量纤维素性渗出物（图 5-30），肺呈肝变景象。

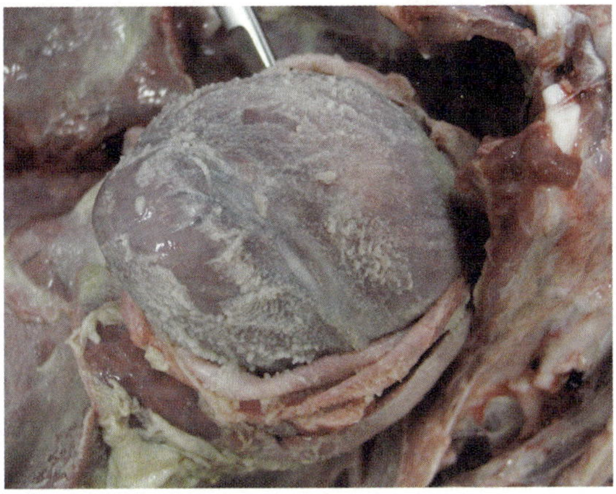

图 5-29 纤维素性心包炎

大量纤维素渗出附着在心外膜上，呈灰白色、绒毛状（“绒毛心”） （吴斌）

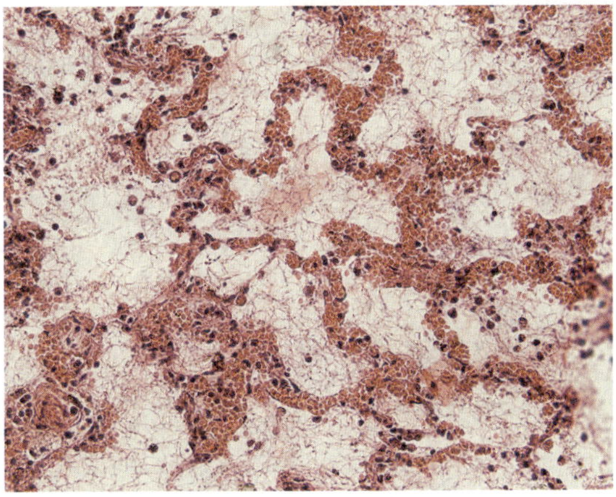

图 5-30 纤维素性肺炎

在肺泡腔内有较多纤维素和炎性细胞渗出，肺泡隔毛细血管扩张并充满红细胞。HE×400 （陈怀涛）

（五）出血性炎

出血性炎是指炎性渗出物中含有大量红细胞的炎症。眼观，发炎组织充血、出血、红肿和糜烂等（图 5-31）。这是致炎因子损伤微血管壁，造成血管通透性显著升高的结果。出血性炎并不是一种独立的炎症，它常与其他类型的炎症伴随发生，如浆液性出血性炎、纤维素性出血性炎、化脓性出血性炎、出血性坏死性炎等。出血性炎时的渗出液呈红色，炎区的变化和单纯的出血变化相似（图 5-32）。镜检，炎区除可看到大量红细胞外，还伴有充血、水肿、炎性细胞浸润等变化（图 5-33）。出血性炎多呈急性经过，其愈后往往不良。由于病因作用强烈，常引起广泛性损害，加之炎区内出血严重，动物可因贫血而致死。

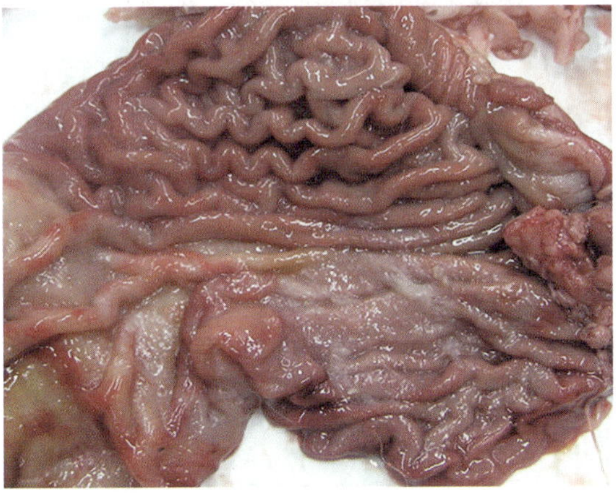

图 5-31 胃黏膜弥散性出血性溃疡

（胡延春）

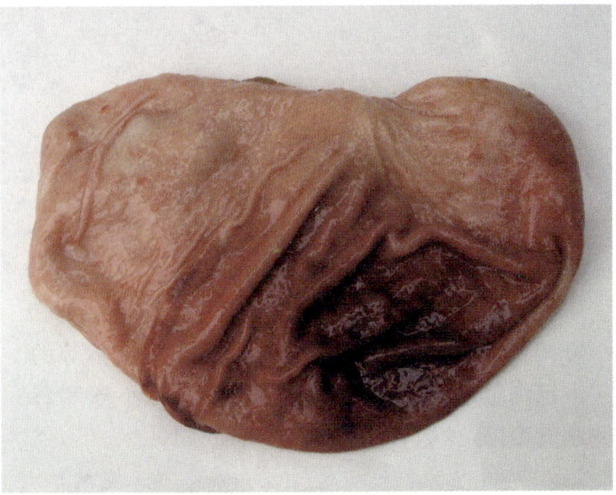

图 5-32 出血性胃炎（一）

胃底部黏膜大面积充血、出血，黏膜表面被覆少量黏液 （胡薛英）

上述各型急性炎症可单独发生，也可合并存在，如浆液性纤维素性炎、纤维素性化脓性炎等。在炎症的发展过程中一种炎症可转变成另一种炎症，如浆液性炎可变成纤维素性炎或化脓性炎。

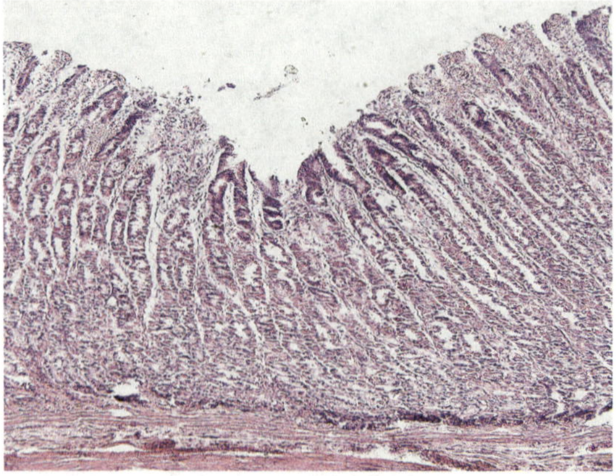

图 5-33　出血性胃炎(二)

黏膜上皮脱落，黏膜表面和固有膜浅层有大量红细胞，且有炎性细胞浸润。HE×100　（陈怀涛）

三、增生性炎

增生性炎是以结缔组织或某些细胞增生为主，变性与渗出变化轻微的一类炎症，多呈慢性经过。

根据增生组织的成分和结构特征，可将增生性炎症分为普通增生性炎和特异性增生性炎。

（一）普通增生性炎

根据炎症经过，普通增生性炎分为以下两种类型。

（1）慢性增生性炎　多为慢性增生性炎症过程，以间质纤维结缔组织大量增生并有程度不等的淋巴细胞、浆细胞和巨噬细胞浸润为特征，实质细胞发生萎缩、变性或坏死（图5-34），同时局部的被覆上皮、腺上皮和实质细胞也可增生。眼观，发炎器官出现散在的大小不等的灰白色病灶，其体积逐渐缩小，质地变硬，器官表面由于大量增生的结缔组织收缩而凸凹不平，即发生硬化和皱缩。由于炎症起始于间质，故又称慢性间质性炎，如慢性间质性肾炎（又称白斑肾，图 5-35）、慢性间质性肝炎、慢性间质性肺炎等。

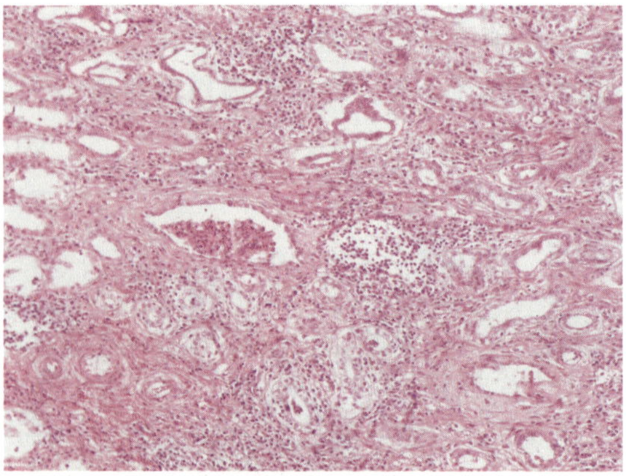

图 5-34　慢性间质性肾炎(一)

肾间质纤维结缔组织大量增生，并有程度不等的淋巴细胞、浆细胞和巨噬细胞浸润；肾小球和肾小管萎缩，少数肾小管扩张。HE×100

（王雯慧）

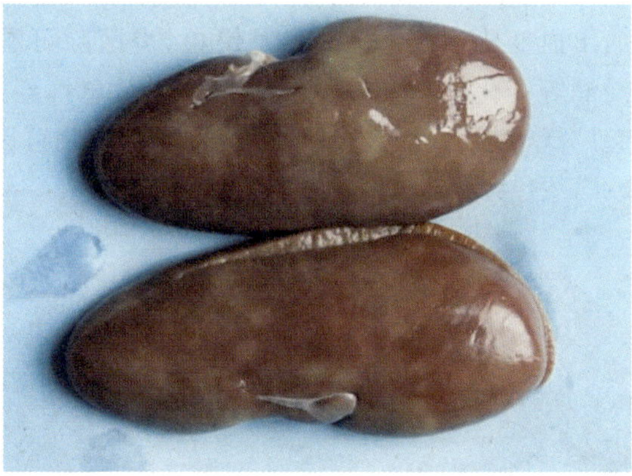

图 5-35　慢性间质性肾炎(二)

肾表面可见大量白色增生区域，称为“白斑肾”

（2）急性增生性炎　少数为急性增生性炎症，以组织细胞增生为特征的一类急性炎症，常见于脑、淋巴结和肾等。某些病毒、寄生虫等可引起脑发生非化脓性脑炎，增生的成分是神经胶质细胞，常形成胶质细胞结节。如狂犬病的急性病毒性非化脓性脑炎中，神经胶质细胞增生形成胶质结节；急性肾小球肾炎时，增生的细胞是肾小球毛细血管内皮细胞、血管系膜细胞（即间质细胞）以及肾小囊脏层上皮细胞（图 5-36）；急性传染病时淋巴结发生急性增生性炎症，淋巴结髓样肿胀，切面多汁。镜检，可见淋巴细胞、网状细胞和淋巴窦内皮细胞明显增生。

(二)特异性增生性炎

特异性增生性炎又称肉芽肿性炎，是一种慢性过程的特异性增生性炎症。其特征是以巨噬细胞增生为主，并形成肉芽肿特殊结构。炎区的巨噬细胞来源于血液的单核细胞和局部增生的组织细胞，它可以转化为特殊形态的上皮样细胞和多核巨细胞。

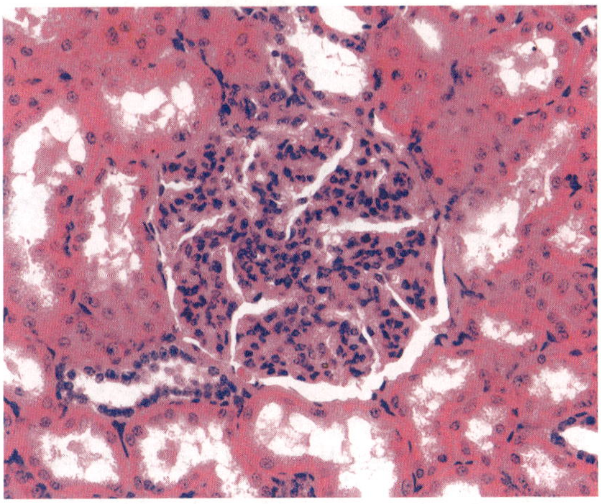

图 5-36 急性增生性肾小球肾炎

肾小球毛细血管内皮细胞和系膜细胞增生，使肾小球中的细胞数量增多。HE×400 （王雯慧）

根据致炎因子的不同，肉芽肿性炎症可分为感染性肉芽肿和异物性肉芽肿两类。

(1)感染性肉芽肿　指由细菌和霉菌等生物性致炎因子如结核分枝杆菌(图 5-37)、鼻疽杆菌、放线菌等引起的肉芽肿。因其结构具有一定的特异性，故又称为特异性肉芽肿。典型的肉芽肿中心为病原菌或病理产物，病理产物周围主要由上皮样细胞和多核巨细胞(朗汉斯巨细胞)组成，再外围积集多量淋巴细胞和浆细胞，最外围则是纤维结缔组织形成的包裹层(图 5-38)。

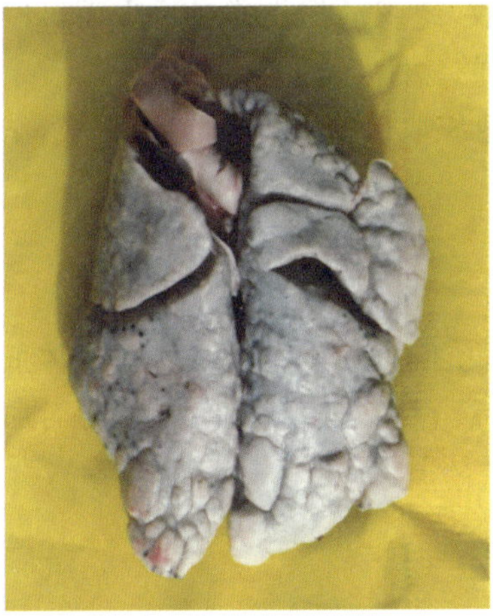

图 5-37 肺结核结节

肺表面散在大量大小不等的结核结节，大结节中心部发生干酪样坏死

（陈怀涛）

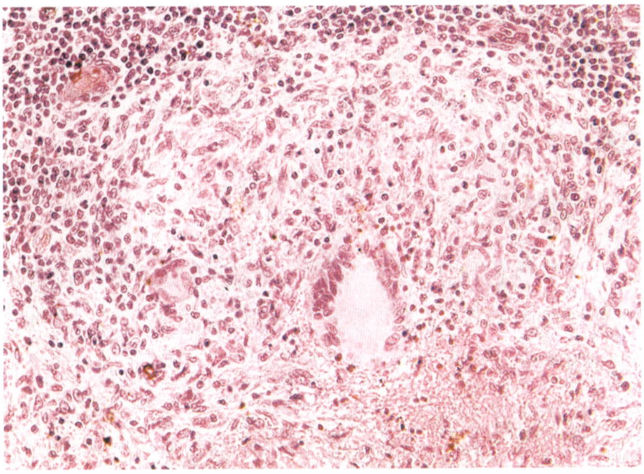

图 5-38 结核性肉芽肿(结核结节)

肉芽肿由大量上皮样细胞和个别巨细胞组成，本图仅显示肉芽肿的上半部，肉芽肿中心(图下部)为轻度干酪样坏死。HE×400 （王雯慧）

(2)异物性肉芽肿　由寄生虫、寄生虫虫卵、外科缝线及坏死组织崩解后较大且不能溶解的代谢物质(如尿酸盐结晶、类脂质)引起。其基本结构和感染性肉芽肿相似，即都由上皮样细胞和巨细胞等细胞组成，但其中心为异物(图 5-39)。因这些异物体积较大，常不能被单个巨噬细胞吞噬，因而不引发典型的炎症或免疫反应，但却能刺激巨噬细胞增生，并演化成上皮样细胞和多核巨细胞附着于异物表面将其包围。

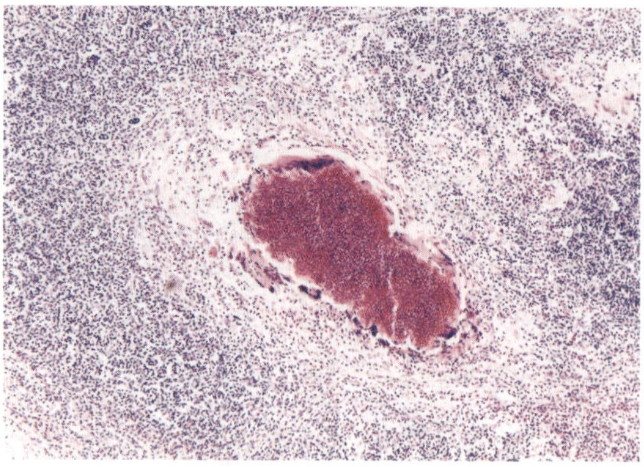

图 5-39　寄生虫性肉芽肿(异物性肉芽肿)
中心为线虫幼虫残骸,周围是异物巨细胞和淡染的上皮样细胞,最外是大量淋巴细胞和嗜酸性粒细胞。HE×100　　(陈怀涛)

任务 4　炎症的结局

在炎症过程中,损伤和抗损伤双方力量的对比决定着炎症的发展方向和结局。如白细胞渗出、吞噬能力加强等抗损伤过程占优势,则炎症向痊愈的方向发展;如局部代谢性障碍、细胞变性、坏死等损伤性变化占优势,则炎症逐渐加剧并可向全身扩散;如损伤和抗损伤处于相持状态,则炎症可转为慢性。

一、痊愈

多数炎症特别是急性炎症能够痊愈。

(1)完全痊愈　炎症病因消除,病理产物和渗出物被吸收,组织的损伤通过再生而得以修复,结构和机能完全恢复正常。常见于短时期内能吸收消散的急性炎症。

(2)不完全痊愈　组织损伤严重时,损伤的组织被肉芽组织取代,炎症局部瘢痕形成,结构和机能不能完全恢复。

二、迁延不愈

在某些情况下,急性炎症可逐渐转变成慢性过程并表现为不愈状态,主要原因是机体抵抗力降低,或治疗不彻底,致炎因素未被彻底清除,致使炎症持续存在,表现时而缓解,时而加重而长期不愈。

三、蔓延扩散

由病原微生物引起的炎症,当机体抵抗力下降或病原微生物数量增多、毒力增强时,常发生蔓延扩散,主要方式有以下几种。

(1)局部蔓延　炎症局部的病原微生物可经组织间隙或自然通道向周围组织蔓延,使炎区扩大。如心包炎可蔓延引起心肌炎,支气管炎可扩散引起肺炎,尿道炎可上行扩散引起膀胱炎、输尿管炎和肾盂肾炎。

(2)淋巴道蔓延　病原微生物侵入炎区毛细淋巴管,随淋巴液流动扩散至淋巴结引起淋巴结炎,并可再经淋巴液继续蔓延扩散。如急性肺炎可继发引起肺门淋巴结炎,淋巴结呈现肿大、充血、出血、渗出等炎症变化。

(3)血道蔓延　炎区的病原微生物或某些毒性产物,有时可突破局部屏障而侵入血液,引起菌血症、毒血症、败血症和脓毒败血症。

学习评价

一、名词解释

1. 出血性炎 2. 浮膜性炎 3. 炎症介质 4. 固膜性炎 5. 增生性炎 6. 变质性炎 7. 虎斑心 8. 渗出性炎 9. 渗出 10. 纤维素性炎 11. 炎症 12. 菌血症 13. 肉芽肿性炎 14. 化脓性炎 15. 浆液性炎 16. 增生

二、填空题

1. 炎症时，白细胞穿过血管壁向炎区聚积并发挥吞噬作用，这种现象称为________。

2. 纤维素性炎是以________渗出为其特征，好发于________、________和________等部位。

3. 炎性水肿指渗出液位于________，炎性积液指渗出液位于________。

4. 增生性炎包括________和________两大类。

5. 白细胞渗出过程包括________、________和________。

6. 浆液性炎是以________渗出为其特征，好发于________、________和________等处。

7. 肉芽肿的主要细胞成分是________细胞和________细胞。

8. 黏膜的纤维素性炎可分为________、________。

9. 炎症的基本病理变化包括________、________和________。

10. 体表急性炎症的典型局部表现包括________、________、________、________和________。

三、单项选择题

1. 炎症内白细胞游出的主要部位是(　　)。

A. 小静脉　B. 毛细血管　C. 小动脉　D. 淋巴管　E. 淋巴结

2. 结核性肉芽肿中，上皮样细胞和朗汉斯巨细胞来源于(　　)。

A. 嗜中性粒细胞　B. 淋巴细胞　C. 浆细胞　D. 巨噬细胞　E. 嗜酸性粒细胞

3. 渗出液对机体的有利因素除下列哪项？(　　)

A. 纤维素的渗出有利于修复　B. 纤维素的渗出有利于限制细菌蔓延

C. 纤维素的渗出有利于机化　D. 渗出液可稀释毒素或有害刺激物

E. 渗出液带来各种抗体、补体及杀菌物质

4. 任何类型炎症，其局部组织共同的基本病理变化是(　　)。

A. 变质　B. 渗出　C. 增生　D. 以上都是　E. 以上都不是

5. 炎症的基本病变是(　　)。

A. 组织细胞的变性坏死　B. 组织的炎性充血和水肿

C. 变质、渗出、增生　D. 红、肿、热、痛，功能障碍

E. 细胞边移、贴壁、游出

6. 炎症引起较大范围的组织缺损时，主要通过什么方式进行修复？（ ）
A. 周围组织增生肥大 B. 肉芽组织增生填补 C. 巨噬细胞增生
D. 缺损周围组织收缩 E. 淋巴细胞增生

7. 脓细胞是指变性、坏死的（ ）。
A. 淋巴细胞 B. 浆细胞 C. 嗜中性粒细胞
D. 嗜酸性粒细胞 E. 单核细胞

8. 炎症时最早出现的血流动力学改变是（ ）。
A. 血管壁通透性增加 B. 小静脉扩张，血流变慢 C. 细动脉短暂收缩
D. 毛细血管扩张，血流淤滞 E. 小动脉扩张，血流加快

9. 脓肿和蜂窝织炎均属于（ ）。
A. 变质性炎 B. 化脓性炎 C. 坏死性炎
D. 增生性炎 E. 浆液性炎

10. 渗出性炎症中最轻的类型是（ ）。
A. 浆液性炎 B. 卡他性炎 C. 纤维素性炎
D. 蜂窝织炎 E. 出血性炎

11. 炎症反应最重要的指征是（ ）。
A. 血管扩张 B. 红细胞漏出 C. 血浆渗出
D. 白细胞游出 E. 纤维素渗出

12. 卡他性炎一般是指发生在（ ）。
A. 皮肤的渗出性炎症 B. 皮肤的变质性炎症 C. 黏膜的变质性炎症
D. 黏膜的渗出性炎症 E. 黏膜的增生性炎症

13. 以嗜中性粒细胞浸润为主的炎症为（ ）。
A. 化脓性炎 B. 浆液性炎 C. 假膜性炎
D. 卡他性炎 E. 变态反应性炎

14. 固膜性炎属于（ ）。
A. 浆液性炎 B. 化脓性炎 C. 卡他性炎
D. 纤维素性炎 E. 出血性炎

15. 关于炎症的论述，下列哪项是正确的？（ ）
A. 炎症反应均对机体有利 B. 炎症是一种防御反应
C. 任何有机体均可发生炎症 D. 损伤必然导致炎症
E. 炎症是活体组织的损伤反应

四、多项选择题

1. 下列哪些属于化脓性炎症？（ ）
A. 蜂窝织炎 B. 小叶性肺炎 C. 结核
D. 肝炎 E. 脑脓肿

2. 炎灶中纤维素性渗出的有利作用是（ ）。
A. 引起血液凝固 B. 阻止细菌扩散
C. 促进吞噬细胞的吞噬作用 D. 有利于组织增生
E. 引起肉芽组织增生使组织发生粘连

3. 纤维素性炎常发生于( )。

A. 肝 B. 肺 C. 浆膜

D. 脾 E. 黏膜

4. 特殊肉芽组织,镜检可见( )。

A. 上皮样细胞 B. 神经细胞 C. 肌细胞

D. 多核巨细胞 E. 成纤维细胞

5. 关于急性炎症转为慢性的叙述,下列哪些是正确的?( )

A. 致炎因子未能在短时间内清除 B. 对自身组织产生免疫反应

C. 炎症局部渗出太少 D. 致炎因子毒力太强,组织损伤严重

E. 致炎因子不断损伤组织

五、简答题

1. 简单比较脓肿与蜂窝织炎的异同。
2. 简述炎性渗出对机体的利与弊。
3. 简述渗出性炎症的种类及特点。
4. 简述炎症局部的临床表现及其病理学基础。
5. 试述炎症的结局。
6. 试述炎症的基本病理变化。

病例分析

一只犬腹泻,排淡红色稀便,消瘦,眼球下陷。死亡后,剖检可见:肠黏膜红色斑块状肿胀,表面有多量黏液;心包膜、心外膜均有出血点,心包中有多量淡黄色浑浊液体,并有少量纤维。用本章所学的病理学知识,解释出现的病理现象。

项目六 肿 瘤

学习目标

知识目标：了解肿瘤的概念、生物学特性以及几种常见肿瘤。在认识肿瘤及其生物学特性的基础上，掌握肿瘤的命名原则和常见的致瘤因素，重点把握肿瘤的病理诊断，尤其是良性肿瘤与恶性肿瘤的鉴别。

能力目标：能通过仪器诊断、细胞学检查、组织化学检查等方法正确地诊断肿瘤。

学习任务

一、肿瘤概述

肿瘤是在致瘤因素的作用下，局部组织的细胞在基因水平上对其生长失去控制，导致异常增生而形成的新生物(组织团块或细胞群)。

正常细胞转变为肿瘤细胞后具有异型性(异常的形态、代谢和功能)，并在不同程度上失去了分化成熟的能力。它生长旺盛，肿瘤细胞的异常可以遗传给子代细胞，即使致瘤因素不存在时，仍能持续生长，它不仅与机体不协调，而且有害无益。机体在正常的生理状态下以及在炎症、损伤修复等病理状态下也常有细胞的增生，称为非肿瘤性增生。这类增生有的属于正常新陈代谢所需的细胞更新，有的是针对一定刺激或损伤的防御性、修复性反应，为机体生存所需；其次，这类所增生的细胞、组织能分化成熟，并在一定程度上能恢复原来正常组织的结构和功能；再者，这类增生是有一定限度的，一旦增生的原因消除后就不再继续。而肿瘤性增生却与此不同，二者有着本质上的区别。肿瘤一旦形成，其生长和发展可不受机体一般生长规律的约束，相对独立自主地发展，即使在致瘤因素去除后，肿瘤组织仍能继续增生，部分肿瘤还会发生从良性到恶性的演变过程。恶性肿瘤的细胞分化程度较低，具有更高的生长优势。在恶性肿瘤的生长过程中，肿瘤细胞所获得的某些新的生物学特性有助于肿瘤细胞的浸润、蔓延和扩散。

二、肿瘤的发病原因

肿瘤的病因包括内因及外因两个方面。外因是指来自周围环境中各种可能致瘤的因素，如化学因素、物理因素、生物性因素及各种慢性刺激；内因则泛指机体抗肿瘤能力降低或各种有利于外界致瘤因素发挥作用的机体内在因素。引起肿瘤发生的因素十分复杂，同一类肿瘤在不同的机体、不同器官，由不同因素引起，而同一致瘤因素可以有不同途径引起机体发生不同部位的肿瘤。此外，在同一环境中，只有少数动物发生肿瘤，这说明外因与内因有密切关系。

三、肿瘤的生物学特性

(一)肿瘤的形态

(1)外形 肿瘤外形多种多样，一般有结节状、分叶状、息肉状、乳头状、菜花状、蕈状、囊状及弥漫状等(图 6-1)。肿瘤的形态与肿瘤的发生部位、组织来源、生长方式有关。生长在皮肤和黏膜表面的肿瘤，常向表面突起呈息肉状、乳头状或菜花状等；如为恶性肿瘤，因生长迅速而致供血不足，易发生坏死脱落而呈现溃疡状。生长在深部组织的肿瘤常呈结节状、分叶状或囊状。一般在实质器官内部生长的恶性肿瘤多呈树根状或蟹足状向周围伸展。

(2)颜色 肿瘤的切面一般呈灰白色，脂肪瘤呈黄色，富于血液的肿瘤呈暗红色，黑色素瘤呈黑色。

(3)大小 一般情况下良性肿瘤生长缓慢，有的可以长得很大；恶性肿瘤生长迅速，可在短期内形成明显肿块，但巨大的恶性肿瘤不多见。

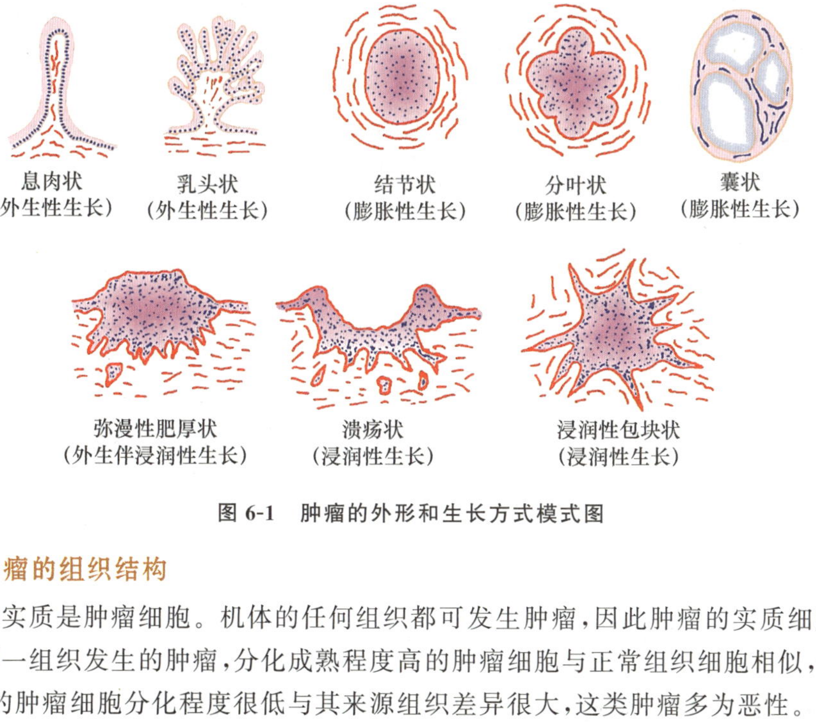

图 6-1 肿瘤的外形和生长方式模式图

(二)肿瘤的组织结构

肿瘤的实质是肿瘤细胞。机体的任何组织都可发生肿瘤，因此肿瘤的实质细胞也是多种多样的。同一组织发生的肿瘤，分化成熟程度高的肿瘤细胞与正常组织细胞相似，这类肿瘤多为良性；有的肿瘤细胞分化程度很低与其来源组织差异很大，这类肿瘤多为恶性。

肿瘤的间质构成肿瘤支架，起着支持和营养肿瘤实质细胞的作用。间质一般由结缔组织与血管组成，间质中见有大量淋巴细胞浸润，一般认为是机体免疫反应的一种表现。

(三)肿瘤的物质代谢特点

肿瘤组织比正常组织代谢旺盛，尤以恶性肿瘤更明显。

(1)核酸代谢 核酸的增多是肿瘤迅速生长的物质基础。肿瘤组织合成 DNA 和 RNA 的能力较正常组织强，在恶性肿瘤细胞中 DNA 和 RNA 的含量均有明显增高。

(2)蛋白质代谢　肿瘤组织的蛋白质合成及分解代谢都增强,但合成代谢大于分解代谢,甚至可夺取正常组织的蛋白质来合成肿瘤本身所需要的蛋白质,使机体处于严重消耗的状态。肿瘤组织还可以合成肿瘤蛋白,作为肿瘤相关抗原,引起机体的免疫反应。如肝癌细胞,合成的甲种胎儿球蛋白,检查这种抗原可以帮助诊断相应的肿瘤。

(3)酶的动态　肿瘤组织酶活性的改变较为复杂。一般在恶性肿瘤组织内氧化酶(如细胞色素氧化酶及琥珀酸脱氢酶)减少和蛋白分解酶增加,其他酶的改变在各种肿瘤间很少是共同的,而且与正常组织比较也只是含量或活性的改变,并非质的改变。

(4)糖代谢　大多数正常组织在有氧时,通过糖的有氧分解获得能量,只是在缺氧时,才进行无氧糖酵解。肿瘤即使在充分供氧的条件下,也主要以糖酵解而获得能量。可能是由于肿瘤细胞线粒体的功能障碍所致,或者与肿瘤细胞的酶谱变化有关,如糖代谢合成酶活性降低,分解酶活性增强,有利于糖酵解加强。

(四)肿瘤的生长与扩散

肿瘤的生长速度有极大的差异,主要决定于肿瘤细胞的分化成熟程度。分化程度高的良性肿瘤生长缓慢,分化程度低的恶性肿瘤生长较快。恶性肿瘤由于血液及营养供应相对不足而容易发生坏死、溃疡及出血等变化。肿瘤的生长方式有三种。

(1)膨胀性生长　是良性肿瘤的生长方式。随着肿瘤体积逐渐增大不断向四周推挤,但不侵入邻近正常组织内,与周围组织分界清楚,并多具有包膜。

(2)浸润性生长　是大多数恶性肿瘤的生长方式。肿瘤向邻近组织浸润、延伸,像树根一样侵入周围组织的间隙、淋巴管或血管内,与邻近正常组织紧密交错连接在一起而无明显界限,无包膜。

(3)外生性生长　发生在体表、体腔表面或自然管道表面的肿瘤,常向表面生长,形成突起如乳头状、息肉状、蕈状或菜花状肿物,这种生长方式称为外生性生长。

肿瘤的扩散有直接蔓延和转移两种形式。直接蔓延是肿瘤细胞连续不断地沿着组织间隙、淋巴管、血管或神经侵入和破坏邻近正常组织并继续生长。转移是瘤细胞从原发部位侵入淋巴管、血管或体腔,通过体液被带到其他组织内继续生长,形成与原发瘤同样类型的肿瘤。良性肿瘤一般不发生转移,大多数恶性肿瘤发生转移。通过淋巴管转移称为淋巴道转移,并伴有淋巴结肿大变硬;通过血管转移叫血道转移。

(五)肿瘤对机体的影响

肿瘤的局部影响主要是对正常器官的压迫与阻塞,破坏正常器官的结构与机能。恶性肿瘤破坏血管引起出血、坏死和感染。恶性肿瘤晚期由于压迫或侵犯神经可引起疼痛。

由于肿瘤的代谢产物、坏死分解产物被吸收后常引起机体发热,大多数恶性肿瘤的后期都可出现机体严重消瘦、贫血和衰竭状态,这种表现称为恶病质。恶病质的产生是综合性的,肿瘤迅速生长消耗和夺取大量营养物质;肿瘤代谢产物对机体的毒害作用,引起出血和感染等。

四、良性肿瘤与恶性肿瘤的区别

良性肿瘤和恶性肿瘤的区别,除根据细胞分化程度和组织结构外,还应注意它们的生长方式、生长速度、是否转移以及对机体的影响等(表 6-1)。

表 6-1 良性肿瘤与恶性肿瘤的主要区别

区别指标	良性肿瘤	恶性肿瘤
1. 生长特性		
(1)生长方式	膨胀性生长	浸润性生长
(2)生长速度	缓慢或停止生长	较快,常无止境
(3)边界与包膜	边界清楚,常有包膜	边界不清,常无包膜
(4)质地与色泽	接近正常组织	与正常组织差别较大
(5)侵袭性	一般不侵袭	都有侵袭和蔓延现象
(6)转移性	不转移	多转移
(7)复发	完整切除,一般不复发	常复发
2. 组织学特点		
(1)分化与异型性	分化良好,无明显的异型性	分化不良,异型性明显
(2)肿瘤细胞排列与极性	排列规则,极性保持良好	排列不规则,极性紊乱
(3)细胞数量	稀散,较少	丰富而致密
(4)核膜	通常较薄	通常增厚
(5)染色质	细腻,较少	通常深染,较多
(6)核仁	不增多,不变大	粗大,数量增多
(7)核分裂	稀少,不见核分裂象	多见,可见核分裂象
3. 机能代谢	除分泌激素的肿瘤外,一般代谢正常	核酸代谢旺盛,酶谱改变,代谢异常
4. 对机体影响	除生长在要害部位外,一般影响不大	无论生长在何处,对机体影响较大,甚至导致死亡

五、肿瘤的分类和命名

(一)肿瘤的分类

肿瘤的分类通常是根据组织来源和生物学特性来分(表 6-2)。

表 6-2 肿瘤的分类

	组织来源	良性肿瘤	恶性肿瘤
上皮组织	1. 鳞状上皮	乳头状瘤	鳞状细胞癌、基底细胞癌
	2. 腺上皮	腺瘤	腺癌
	3. 移行上皮	乳头状瘤	移行上皮癌
间皮组织	1. 支持组织		
	纤维结缔组织	纤维瘤	纤维肉瘤
	脂肪组织	脂肪瘤	脂肪肉瘤
	黏液组织	黏液瘤	黏液肉瘤
	软骨组织	软骨瘤	软骨肉瘤
	骨组织	骨瘤	骨肉瘤
	2. 淋巴造血组织		
	淋巴组织	淋巴瘤	淋巴肉瘤(恶性淋巴瘤)
	造血组织		白血病

续表 6-2

组织来源		良性肿瘤	恶性肿瘤
间皮组织	3. 脉管组织		
	血管	血管瘤	血管肉瘤
	淋巴管	淋巴管瘤	淋巴管肉瘤
	4. 间皮组织	间皮瘤	恶性间皮细胞瘤
	5. 肌肉组织		
	平滑肌	平滑肌瘤	平滑肌肉瘤
	横纹肌	横纹肌瘤	横纹肌肉瘤
神经组织	1. 室管膜上皮	室管膜瘤	室管膜母细胞瘤
	2. 交感神经节	神经节细胞瘤	神经母细胞瘤
	3. 成胶质细胞	神经胶质瘤	胶质母细胞瘤
	4. 神经鞘细胞	神经鞘瘤	恶性神经鞘瘤
	5. 神经纤维	神经纤维瘤	神经纤维肉瘤
其他	1. 三种胚叶组织	畸胎瘤	恶性畸胎瘤
	2. 黑色素细胞	黑色素瘤	恶性黑色素瘤
	3. 几种组织	混合瘤	恶性混合瘤、癌肉瘤

(二)肿瘤的命名

宠物机体任何部位、组织都可以发生肿瘤,因种类繁多,命名也比较复杂。肿瘤的命名原则一般是根据其组织来源和生物学特性进行命名的。

1. 良性肿瘤的命名

组织来源加"瘤",如脂肪瘤、纤维瘤、平滑肌瘤、腺(上皮)瘤等,也可以结合形态命名,如皮肤乳头状瘤等。

2. 恶性肿瘤的命名

组织来源加"癌"或"肉瘤"。

(1)癌　来源于上皮组织的恶性肿瘤统称为癌。如鳞状细胞癌、腺癌等。

(2)肉瘤　来源于间叶组织的恶性肿瘤称为肉瘤。如纤维肉瘤、平滑肌肉瘤、骨肉瘤等。

3. 特殊命名

(1)来源于幼稚组织及神经组织的肿瘤称为母细胞瘤,多为恶性,如神经母细胞瘤、肾母细胞瘤。

(2)在肿瘤名称前冠以"恶性"两字的恶性肿瘤,如恶性淋巴瘤、恶性黑色素瘤等。

(3)以"病名"命名的恶性肿瘤,如白血病、霍奇金病等。

(4)以"瘤"命名的恶性肿瘤,如精原细胞瘤、骨髓瘤等。

六、宠物常见的肿瘤

(一)良性肿瘤

(1)乳头状瘤　是由被覆上皮发生的呈外生性生长的良性肿瘤,呈乳头状或疣状。镜检,乳头中央为肿瘤间质,乳头表面为增生的分化成熟的被覆上皮。常发生于头、颈、外阴、乳房等部位的皮肤及口腔、食管、膀胱等部位的黏膜(图 6-2)。

(2)脂肪瘤 发生于脂肪组织的肿瘤。眼观,瘤体呈扁圆形,质地柔软,淡黄色,瘤体大小不等,常为单发性或多发性,有完整的包膜。如发生于肠系膜、肠壁等处,则具有较长的蒂。手术切除不复发。镜检,瘤组织由分化成熟的脂肪细胞和少量纤维组织构成,与正常组织的区别是肿瘤有完整的纤维包膜。常见于犬,成年母犬常单发。脂肪瘤占皮肤肿瘤的5%～7%,猫占其皮肤肿瘤的6%。犬发生在第三眼睑、胸、肩、肘关节内侧、腹、背、阴门和腹侧壁等处。

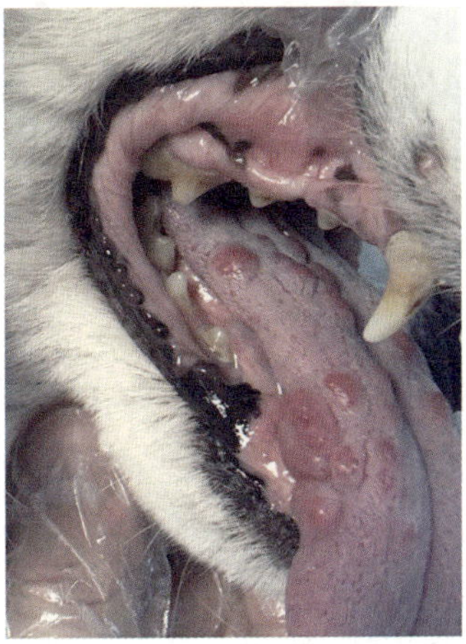

图6-2 乳头状瘤

病犬舌黏膜上大量乳头状瘤,肿瘤呈结节状,大小不等多发,鲜红色

(3)腺瘤 是由腺上皮发生的良性肿瘤。多见于肝、卵巢、肾上腺、甲状腺和乳腺等。

眼观,腺瘤常呈圆球状或结节状,外有包膜(图6-3)。可分为囊腺瘤和纤维腺瘤,囊腺瘤切面有充斥多量液体的囊腔,常见于卵巢。纤维腺瘤多见于乳腺(图6-4),以犬、猫乳腺最多发。犬的乳腺肿瘤以母犬多见,据报道,在母犬的所有肿瘤中,本病约占25%。犬的直肠腺瘤也较为多见,某些肠腺瘤特别是结肠的息肉样腺瘤可发生恶变而形成腺癌。猫的乳腺肿瘤约占猫常见肿瘤的第三位,而且多见于未阉割的老龄母猫。

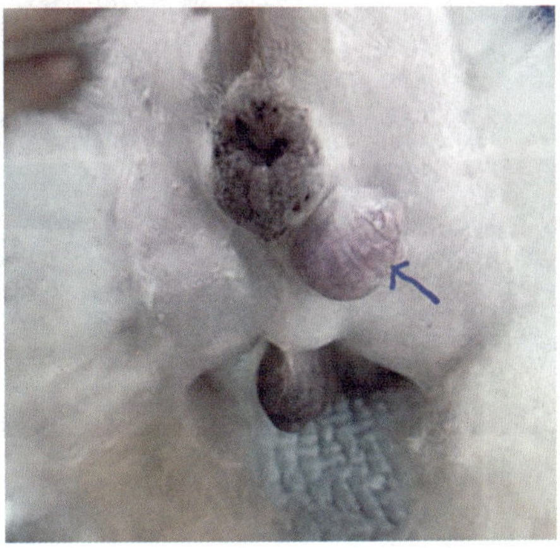

图6-3 腺瘤

贵宾犬肛周腺肿瘤

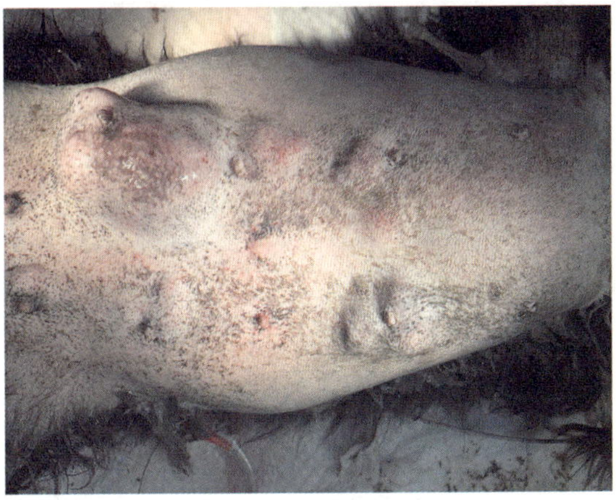

图6-4 乳腺纤维瘤

犬乳腺周围出现多处大小不等的肿瘤团块

(4)纤维瘤 是由结缔组织发生的一种成熟型良性肿瘤,由胶原纤维和结缔组织细胞构成。多见于犬、猫的头部、胸、皮侧和四肢的皮肤及黏膜(图6-5、图6-6)。生长缓慢,大小不一,呈球形,质硬,有包膜。包膜不完整,但边界基本清楚,有一定的弹性,切面呈白色或淡红色,有时可见纤维样纹理错综排列。镜检,可见纤维瘤由呈螺旋和大波浪状的成熟的胶原纤维束组成(图6-7)。

(5)骨瘤 为常见的良性结缔组织瘤,由骨性组织形成,它的来源通常认为是外生性骨疣,或者来自骨膜或骨内膜的成骨细胞。此外,还可从软骨瘤而来。外伤、炎症和营养障碍的慢性过程是骨瘤形成的常见原因,此类骨瘤多呈圆形或扁形,坚硬如骨,突出于骨表面,切面由密质骨或松质骨构成。带鱼的骨瘤很常见,呈类圆形,单发或多发(图6-8)。骨瘤常发于头部与四肢，当发生在上颌骨和下颌骨时，通常有一个狭窄的基部附着，易用骨锯切除，有再发趋势可重复进行多次手术而治愈。如发生在四肢关节附近，可引起顽固性跛行。骨瘤压迫重要器官、组织、神经、血管时，可引起一定的机能障碍。

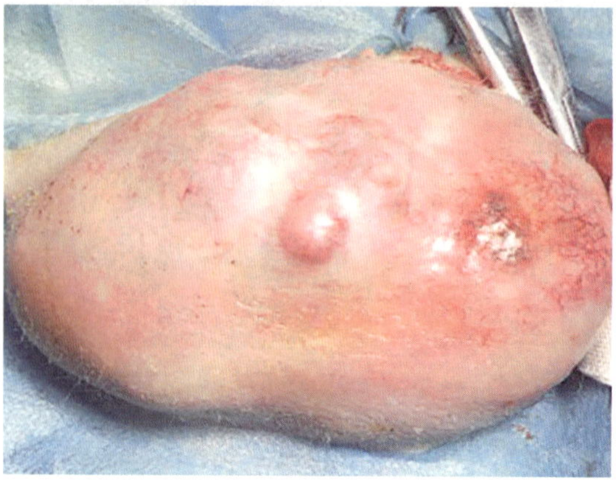

图 6-5　犬腹部皮下纤维瘤(一)

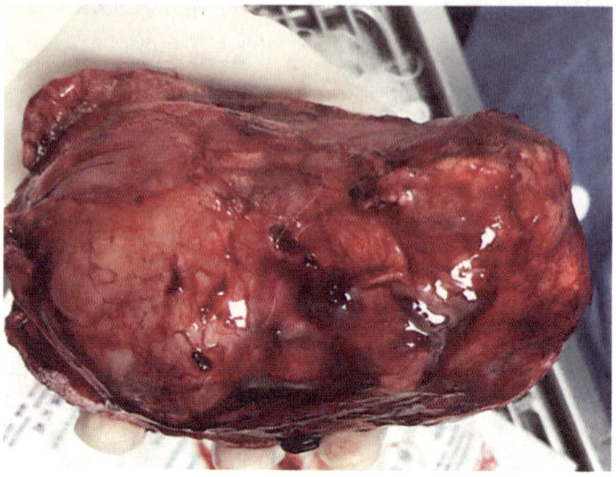

图 6-6　犬腹部皮下纤维瘤(二)
(切除后可见一完整包膜)

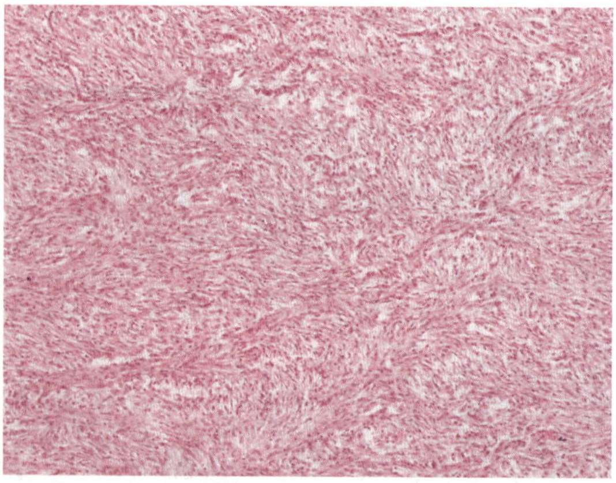

图 6-7　纤维瘤组织结构
纤维瘤组织结构和纤维结缔组织相似，但瘤细胞和胶原纤维排列散乱，或呈束状向一方向延伸，或呈旋涡状排列，间质有少量小血管分布。HE×100　(王雯慧)

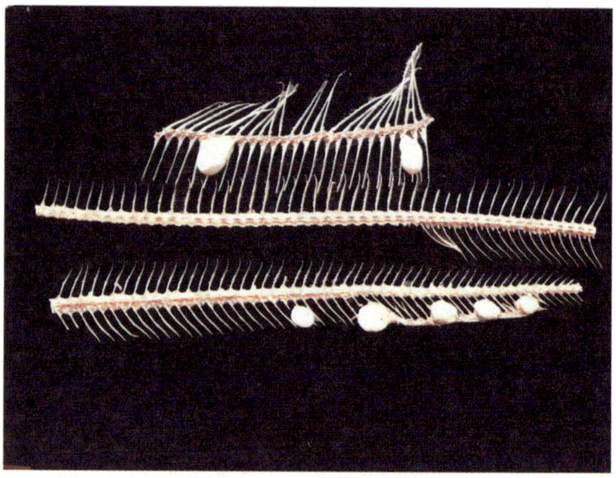

图 6-8　带鱼骨瘤
此图显示骨瘤的常发部位(肌肉已除去)，骨瘤呈圆形或椭圆形结节状，常位于脊柱的背侧或腹侧。上为带鱼骨骼的前半段，下为骨骼的后半段　(陈怀涛)

(6)血管瘤　是一种常见的良性肿瘤，生长缓慢，很少发生恶变，没有转移。可发生于宠物的全身各处，如皮肤、皮下深层软组织，也可见于舌、鼻腔、肝和骨骼等部位。血管瘤可单发，也可多发。血管瘤虽然是良性肿瘤，但其表面并无完整包膜，可呈浸润性生长。瘤体的大小差异颇大，切面灰红色，质地比较松软。血管处于扩张状态的血管瘤，其中常充满血液，呈海绵状结构。脾的血管瘤是局限性的，切面暗红黑色，流出红黑色的血液。

(7)平滑肌瘤　是一种良性肿瘤，可发生于犬、猫等宠物，但以犬为最多发。其主要来源为平滑肌组织，故凡有此种组织的部位如子宫(图 6-9)、胃、肠壁和脉管壁，都能发生平滑肌瘤；在无平滑肌组织的地方，如脉管的周围，还可由幼稚细胞发生这种肿瘤。

平滑肌瘤表面光滑，其质地硬度取决于结缔组织的数量。子宫以外的平滑肌瘤一般体积不大，多呈结节样，如胃肠壁的平滑肌瘤，质地坚硬，切面呈灰白色或淡红色。较大的肿瘤有完整包膜，与周围组织分界明显。镜检，可见瘤细胞呈长条形，细胞浆丰富，和正常平滑肌纤维形态相似，但细胞排列比较散乱（图 6-10）。

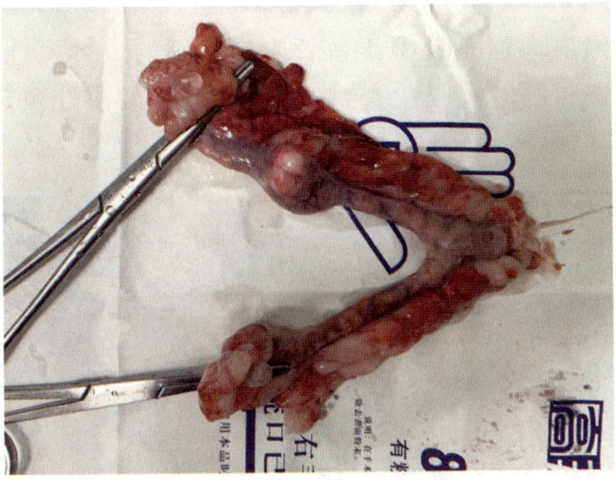

图 6-9 子宫平滑肌瘤

猫子宫上有一灰白色肿瘤结节，且一侧卵巢囊肿

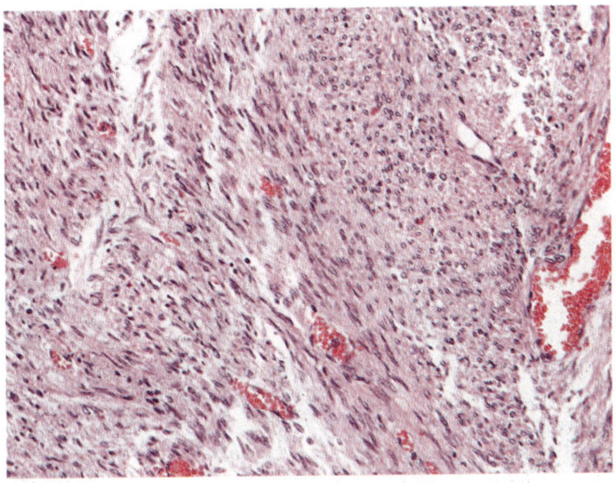

图 6-10 平滑肌瘤

瘤细胞呈长条形，细胞浆丰富，与正常平滑肌纤维形态相似，但细胞排列比较散乱。HE×400

（陈怀涛）

（二）恶性肿瘤

（1）鳞状细胞癌　简称鳞癌，多发于犬、猫的耳、唇、乳腺、鼻孔及中隔等处。眼观，多呈不规则的团块状，呈树根样向周围生长，分界不清，粗颗粒样，干燥、无光泽、无包膜（图 6-11），可见出血和坏死。常发生于 6 岁以上的犬，发病率为 3%～20%，无品种和性别差异。它是猫的第二种常见的皮肤肿瘤。占猫肿瘤的 9%～25%，发生于 6～9 岁的老年猫。

（2）脂肪肉瘤　脂肪肉瘤在宠物中也有发生，但不如脂肪瘤多见，没有年龄、品种及性别因素的影响。与脂肪瘤一样，其来源为脂肪组织。脂肪肉瘤无完整的包膜，质地柔软，外形多呈结节状或分叶状，黄或灰白色，瘤组织中常有出血与坏死。

（3）腺癌　通常是由腺上皮发生或有化生的移行上皮发生的恶性肿瘤。多发于宠物的胃肠道、支气管、胸腺、甲状腺、卵巢、乳腺和肝等器官。腺癌呈不规则的肿块，一般无包膜，与周围健康组织分界不清。癌组织硬而脆、颗粒状、灰白色泽。生长于黏膜上的腺癌，表面常有坏死和溃疡。

（4）纤维肉瘤　是纤维组织发生的恶性肿瘤，由恶性成纤维细胞和产生胶原的混合间质细胞构成，占犬皮肤肿瘤的 9%～14%，是犬口腔第二种常见的肿瘤。多发生在皮下（图 6-12）、黏膜下、筋膜等结缔组织及实质器官。有时瘤体生长迅速。当转移到内脏器官可引起病畜死亡。纤维肉瘤质地坚实，大小不一，形状不规整，边界不清，可长期生长而不扩展。临床上常常误诊为感染性损伤。尤其发生于爪部更易引起误诊。纤维肉瘤内血管丰富。溃疡、感染和水肿往往是纤维肉瘤进一步发展的后遗症。镜检与纤维瘤十分相似，但出现周围组织侵袭的肿瘤到含有随意排列在一起的、紧密堆积的、均匀一致的、大的梭形细胞的肿瘤（图 6-13）。随着肿瘤的分化程度变低，细胞变得更大，核淡染，有丝分裂象增多。

（5）骨肉瘤　是来自骨细胞的恶性肿瘤，多见于猫和犬，在犬的骨肿瘤中骨肉瘤占 80%。

其好发部位是长骨的骨垢，大型犬和巨型犬的发病率高于小型犬。骨肉瘤常由软骨肉瘤或黏液肉瘤形成混合肿瘤。病宠出现跛行，不愿走动，患病部位的骨骼肿胀、疼痛。由于骨变形、变细，容易发生骨折。骨肉瘤一般有骨膜，常伴发有出血和坏死现象。恶性骨肉瘤，病程短，预后不良，死亡率高。

(6)血管肉瘤　是一种恶性肿瘤，发病与品种有关，如大丹犬、拳狮犬和德国牧羊犬较易发生。发病年龄3～16岁，平均6岁或7岁。血管内皮肉瘤是起源于血管内皮细胞的一种恶性血管肉瘤，常发生于皮肤内，也可见于脾(图6-14)和肝。肉眼检查，肿瘤呈暗红色或灰红色，无完整包膜，切面呈灰白色，并常有出血灶。

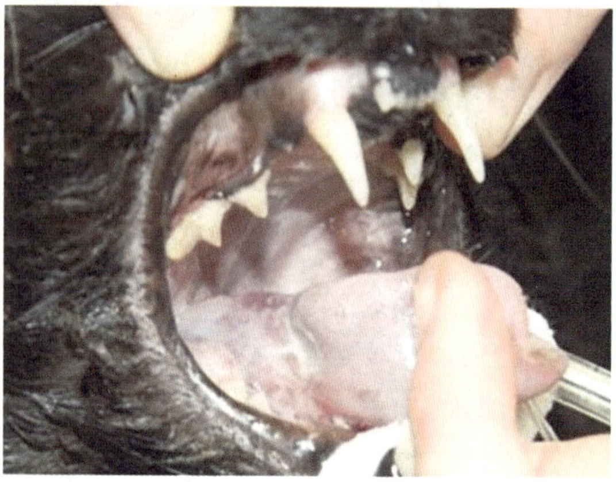

图6-11　鳞状细胞癌

犬舌基部有不规则的团块，呈树根样向周围生长，分界不清，粗颗粒样，干燥、无光泽、无包膜

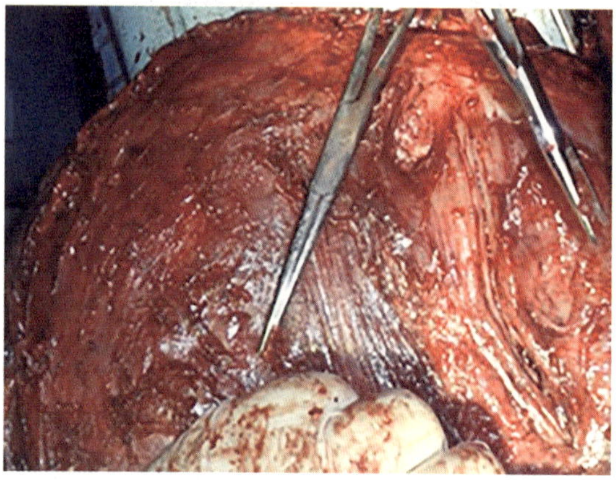

图6-12　犬皮下纤维肉瘤

犬皮下可见质地坚实，大小不一，形状不规整，边界不清的团块

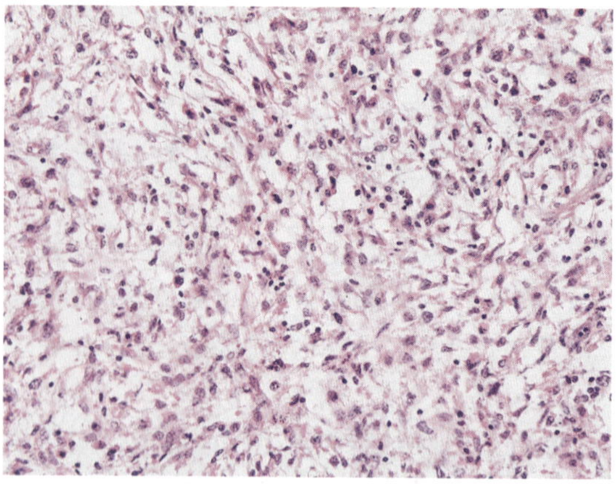

图6-13　纤维肉瘤细胞

大小不一，多为梭形，可见较多核分裂象，有炎性细胞浸润。HE×400　(陈可毅)

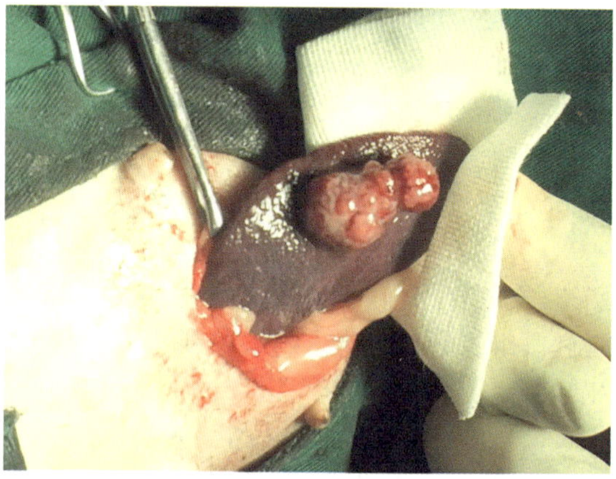

图6-14　犬脾血管肉瘤

脾表面可见大小不等的肿瘤结节，呈黑红色

(7)平滑肌肉瘤　是一种恶性肿瘤，它比平滑肌瘤要少见得多。组织结构和平滑肌瘤相似，但排列较乱，瘤细胞异型性较大，可见核分裂象(图6-15)。这种肿瘤通常直接从平滑肌组织发生，少数可由平滑肌瘤发生，特别是子宫的平滑肌瘤。

(8)恶性淋巴瘤(淋巴肉瘤)　是发生于淋巴结和淋巴结以外组织的恶性肿瘤。眼观，淋巴结和器官肿大，呈结节状或肿块状。淋巴结呈灰白色，质地柔软或坚实，切面像鱼肉状，有时伴有出血或坏死。肿瘤早期有包膜，互相粘连或融合在一起。内脏器官（如胃、肝、肾等）的淋巴肉瘤有两种形式：结节型和浸润型。结节型为器官内形成大小不一的肿瘤结节，灰白色，与周围正常组织之间分界清楚，切面上可见无结构的、均质的肿瘤组织，外观如淋巴组织。浸润型肿瘤组织呈弥漫性浸润在正常组织之间，外观仅见器官（如肝）显著肿大或增厚，而不见肿瘤结节。淋巴肉瘤是猫常见的肿瘤，犬也可发生。犬的恶性淋巴瘤临床主要症状以典型的淋巴结病变为特征。除此之外，可以发现有以下的临床症状，如嗜睡、衰弱、食欲差、体重减轻、腹泻、呼吸和吞咽困难、烦渴以及多尿等。

（9）恶性黑色素瘤　是由产黑色素的细胞形成的一种恶性肿瘤。常发生于犬的唇部、口腔的皮肤与黏膜交界处或者爪垫部，有时出现在腹背部（图 6-16）或阴囊部。公犬比母犬的发病率高。肿瘤隆起于皮肤，呈溃疡状结节，有色素沉着。唇部皮肤与黏膜交界处的肿瘤呈乳头状且有蒂。爪垫部发生肿瘤时局部肿胀，爪甲脱落，爪部的骨组织受到破坏。

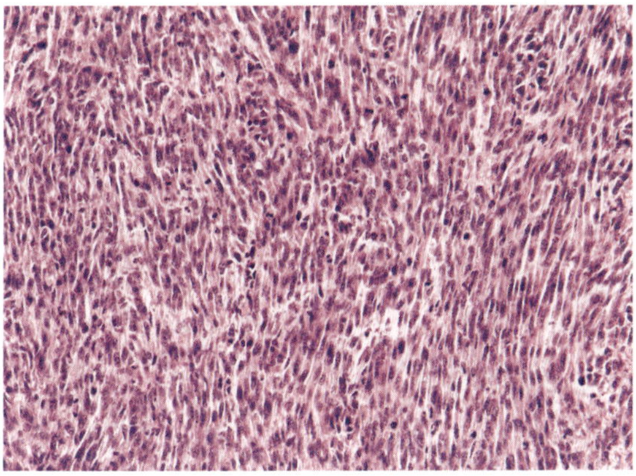

图 6-15　平滑肌肉瘤组织结构

平滑肌肉瘤组织结构和平滑肌瘤相似，但排列较乱，瘤细胞异型性较大，可见核分裂象。HE×400　（陈怀涛）

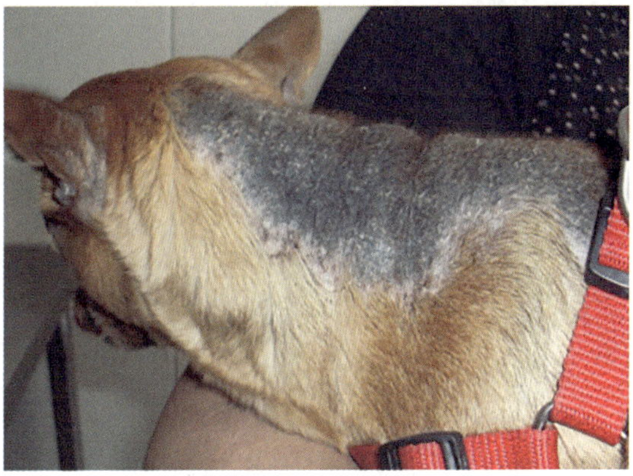

图 6-16　犬颈背部皮肤黑色素瘤

学习评价 〉〉〉

一、名词解释

1. 肿瘤　　2. 癌　　3. 肉瘤

二、填空题

1. 肿瘤的生长方式有________、________、________。

2. 癌易经________转移，肉瘤易经________转移。

3. 良性肿瘤的生长方式主要是________和________；恶性肿瘤的生长方式主要是________和________。

三、单项选择题

1. 下列哪一项不符合肿瘤的特点？（　　）

A. 相对无止境地生长　　B. 生长旺盛

C. 与机体不协调　　D. 增生过程必须有致瘤因子持续存在

E. 不同程度失去分化成熟的能力

2. 肿瘤的实质是指（　　）。

A. 肿瘤的本质　　B. 肿瘤细胞

C. 肿瘤的异常增生　　D. 结缔组织

E. 肿瘤组织

3. 肿瘤性增生和其他类型的增生最根本的区别是（　　）。

A. 增生迅速　　B. 增生对机体有害

C. 增生细胞分化不成熟　　D. 病因尚不明了

E. 以上都不是

四、多项选择题

1. 良性肿瘤也可出现（　　）。

A. 浸润性生长　　B. 恶病质

C. 血管丰富　　D. 致死

E. 无明显包膜

2. 恶性肿瘤的特征有（　　）。

A. 常有完整包膜　　B. 常有转移

C. 异型性小、分化好　　D. 可见病理核分裂象

E. 术后容易复发

3. 鳞状细胞癌的癌细胞来源于（　　）。

A. 上皮组织　　B. 神经组织

C. 肌肉组织　　D. 脂肪组织

E. 纤维组织

五、判断题

1. 膨胀性生长是大多数恶性肿瘤的生长方式。（　　）

2. 来源于上皮组织的恶性肿瘤叫癌。（　　）

3. 肿瘤细胞在致瘤因素停止作用后即停止生长。（　　）

4. 来源于间叶组织的恶性肿瘤叫肉瘤。（　　）

5. 肿瘤是由实质与间质组成的。（　　）

6. 肿瘤细胞是由正常细胞演变而来。（　　）

7. 鸡淋巴细胞白血病时，在皮肤常可形成肿瘤结节。（　　）

六、简答题

1. 试比较良性瘤与恶性瘤的区别。

2. 描述肿瘤的常见形态和组织结构。

3. 肿瘤如何转移？

4. 肿瘤是如何分类与命名的？

病例分析

一雌性8岁金毛犬，体重60 kg。近几日，食欲差，精神变差，黑软便，未呕吐，善饮，尿量增多。体温38.6 ℃，听诊心率齐，心跳正常，叩诊清音，可视黏膜尚可，腹围增大，触诊有一巨大肿块。经细胞学检查体内有大量脂肪细胞（含核）；腹部B超提示腹部大量低密度团块；就诊当天血常规检查后淋巴细胞（LYM）明显减少，白细胞（WBC）稍微增加，其余指标正常。血清生化检查发现碱性磷酸酶（ALKP）、球蛋白（GLOB）都有所增加。根据所学过的病理知识分析该犬可能患病情况。

模块二

宠物病理生理

项目七　物质代谢病理

学习目标

知识目标：掌握水肿、脱水、酸中毒、缺氧、发热、黄疸、败血症的概念及类型；了解各病理现象的发生原因、发病机理及其对机体的影响。

能力目标：临床中能结合实际病例对代谢病做出正确诊断。

学习任务

任务1　水　肿

一、概述

水肿是指过多的体液积聚在组织间隙或体腔中。水肿是等渗液的积聚，一般不伴有细胞内液增多，但细胞内液增多也称为细胞水肿。液体积于体腔内，通常称为积水，如心包积水，腹腔积水等。水肿不是一种独立的疾病，而是多种疾病的一种共同病理过程。

水肿的分类：按水肿发生的范围分为全身性水肿和局部性水肿；按水肿发生的原因分为心性水肿、肾性水肿、肝性水肿、炎性水肿、淋巴性水肿等。

水肿液主要是指组织间隙中能自由移动的水，它不包括组织间隙中胶体网状物（如透明质酸、胶原、黏多糖等）吸附的水。

水肿液来自血浆，除蛋白质含量外，与血浆相同，其蛋白质含量主要取决于毛细血管壁的通透性和淋巴回流。当毛细血管壁通透性增高（如炎症），淋巴回流受阻时，水肿液中蛋白质含量增高，比重增加。

二、水肿的原因

不同类型水肿发生的原因和机理不尽相同，归纳起来主要是血管内外液体交换失衡引起组织液生成量大于回流量，以及钠、水在体内潴留两方面的因素。

(一)组织液生成量大于回流量

生理状态下，在毛细血管动脉端，血液中的液体成分通过血管壁进入组织间隙，而在静脉端又从组织间隙通过血管壁和淋巴管回流进入血液。通过这种循环，组织液和血液中的液体成分不断地进行交换，但组织液的生成和回流始终处于动态平衡(图 7-1)，维持这种平衡的力量主要有血管壁内外的流体静压(血压和组织液压)、胶体渗透压(血浆胶体渗透压和组织胶体渗透压)，其中毛细血管血压和组织渗透压是促使组织液生成的力量，而血浆胶体渗透压和组织液压可使组织液回流到血管内。另外还有一定量的组织液必须经组织间的淋巴管来回收，从而维持了组织液生成和回流之间的动态平衡(图 7-2)。

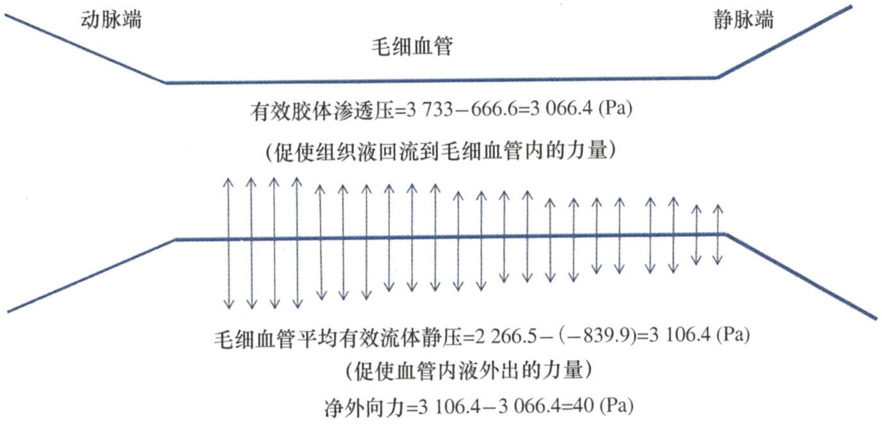

图 7-1 正常血管内外液体交换示意图

有效滤过压的因素共有四个：即毛细血管血压、组织液胶体渗透压、组织液静水压和血浆胶体渗透压，前两个因素是血浆滤出的力量，而后两个因素是组织液回流的力量。这两种力量决定组织液的生成和回流。

有效滤过压＝(毛细血管血压＋组织液胶体渗透压)－(组织液静水压＋血浆胶体渗透压)

在病理条件下，组织液生成和回流之间的动态平衡遭到破坏，组织液生成过多，回流减少，液体积聚于组织间隙中则发生水肿。引起组织液生成大于回流的因素有以下几种。

(1)毛细血管血压(流体静压)升高 当毛细血管血压升高时，其动脉端有效滤过压增大，可促使血浆滤出增多，组织液生成增多，如超过淋巴回流的代偿限度时则发生水肿。动脉充血(如炎症时)和静脉压增高(血栓、肿瘤、心力衰竭和肝硬化等)都可引起毛细血管流体静压增高。

(2)组织液胶体渗透压升高 组织液胶体渗透压具有阻止组织液进入淋巴管和回流入血的作用，当其升高时，大量组织液在组织间隙潴留而发生水肿。组织液渗透压升高主要见于炎症病灶。因炎症时局部组织分解代谢加强，大分子蛋白分解成小分子蛋白胨、多肽等；局部组织细胞大量坏死、崩解，离子释放；毛细血管壁的通透性增大，大量血浆蛋白渗入组织间隙，这

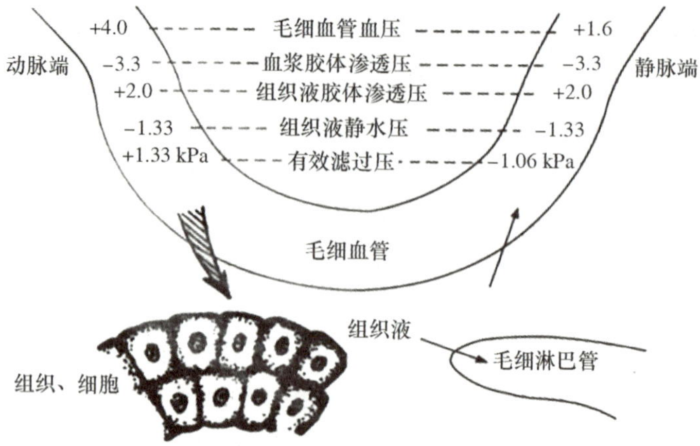

图 7-2　组织液生成与回流示意图

"＋"代表液体滤出毛细血管力量　"－"代表液体回流入毛细血管的力量

些因素都可使组织液渗透压升高。

(3)血浆胶体渗透压降低　血浆胶体渗透压是组织液回流入血管的主要动力，当其下降时，组织液回流入血管的力量不足，组织液回流量减少，则出现水肿，水肿液中蛋白质含量较低。血浆胶体渗透压主要靠血浆蛋白尤其是白蛋白来维持，所以凡能引起血浆蛋白减少的因素，都可引起水肿。引起血浆胶体渗透压下降的因素有：

①血浆蛋白合成障碍。见于严重肝疾患，如肝硬化。

②血浆蛋白质丢失或消耗过多。如肾病综合征病宠，每天从尿中丢失大量的白蛋白；慢性消耗性疾病、恶性肿瘤时使大量蛋白质消耗。

③蛋白摄入不足。见于长期营养不良、消化吸收障碍等。

④血浆蛋白稀释。大量钠、水潴留或输入大量非胶体溶液时使血浆蛋白稀释。

(4)毛细血管壁通透性增高　正常时，毛细血管只允许水分、电解质及葡萄糖等小分子物质自由通过，而大分子蛋白只有微量滤出。当毛细血管和微静脉受到损伤而通透性增高时，大量血浆蛋白质渗出到组织间隙中，导致血浆胶体渗透压降低而组织液胶体渗透压升高，使体液在组织间隙积聚而导致水肿。

细菌毒素、创伤、烧伤、冻伤、化学性损伤、缺氧、酸中毒等因素可直接损伤毛细血管和微静脉管壁；在变态反应和炎症过程中产生的组织胺、缓激肽等多种生理活性物质，可引起血管内皮细胞收缩、细胞间隙扩大，血管壁通透性增高。

(5)淋巴回流受阻　生理条件下，组织液的一小部分(约 1/10)经淋巴管回流入血，从毛细血管动脉端滤出的少量蛋白质也经淋巴回流入血。当淋巴回流受阻时，一方面使组织液不能经淋巴回流入血而使组织液过多；另一方面从毛细血管中漏出的蛋白质也不能由淋巴管运走，使组织液的胶体渗透压升高而促使血浆中的成分滤出，从而引起水肿。引起淋巴回流受阻的因素有淋巴管阻塞(寄生虫、恶性肿瘤细胞等阻塞淋巴管或瘢痕、肿瘤等压迫淋巴管)、淋巴管痉挛、淋巴管炎等。

(二)钠、水潴留

宠物不断从食物和饮水中摄取水和钠盐，并通过呼吸、皮肤及粪尿将其排出。正常动物钠、水的摄入量和排出量始终保持着动态平衡，维持着体液总量和组织液的相对平衡，这种动态平衡的维持是通过神经体液的调节得以实现的，其中肾最为重要。肾通过肾小球的滤过和肾小管的重吸收作用而维持动物体钠、水的平衡。当肾发生疾病时，肾小球滤过减少或肾小管对钠、水的重吸收增强，则可导致钠、水在体内的潴留。钠、水潴留是水肿发生的物质基础。

1. 肾小球滤过率降低

(1)广泛肾小球病　如急性肾小球肾炎由于炎性渗出物阻塞肾小球血管和血管内皮细胞增生、肿胀，致使肾小球完全或部分阻塞，阻碍了肾小球的滤过。慢性肾小球肾炎则由于肾小球严重纤维化而影响滤过。

(2)有效循环血量下降　如出血、休克、充血性心力衰竭，可引起肾血流量减少而导致肾小球滤过降低。此外，有效循环血量下降还可反射性地引起肾素-血管紧张素-醛固酮系统兴奋，使肾小球小动脉广泛地收缩，导致肾血流量更加减少。一方面引起肾小球滤过减少，同时也引起肾素的释放。它们的作用都能使钠、水在体内潴留。

2. 肾小管重吸收增强

(1)激素　醛固酮可促进肾小管重吸收钠；抗利尿激素可促进远曲小管和集合管对水的重吸收。任何能使抗利尿激素或醛固酮分泌增多的因素，都可引起肾小管重吸收水、钠增多。另外，肝功能严重损伤影响抗利尿激素和醛固酮的灭活，也可促进或加重水肿的发生。

(2)肾内血流重新分布　宠物的肾单位有皮质肾单位和髓旁肾单位两种。皮质肾单位接近肾表面，它们的髓袢较短，因此重吸收钠、水的作用较弱。髓旁肾单位靠近肾髓质，它们的髓袢长，重吸收钠、水的作用比皮质肾单位强。正常时，肾血流大部分通过皮质肾单位，只有小部分通过髓旁肾单位。但在某些病理情况下(如心力衰竭、休克)可出现肾血流的重新分配，这时肾血流大部分分配到髓旁肾单位，使较多的钠、水被重吸收，导致钠、水潴留。

(三)常见水肿及其发生机理

(1)心性水肿　心功能不全(心衰)可引起水肿。左心功能不全引起肺水肿，而右心功能不全(充血性心力衰竭)可引起全身水肿。右心衰竭早期，轻者水肿出现在身体下垂部或皮下组织比较疏松处，后期则可出现胸水和腹水等。

(2)肾性水肿　肾发生疾病时常常发生水肿，如肾病综合征、急性肾小球肾炎和肾功能不全等都可发生水肿。肾性水肿属全身性水肿，严重的病例也可出现胸水和腹水。

(3)肝性水肿　许多严重的肝病特别是肝硬化可引起水肿，主要表现为腹水。

(4)肺水肿　在肺泡腔内及肺泡间隔内蓄积多量体液称为肺水肿。

(5)脑水肿　脑组织内液体量增多而引起的脑容积增大，称为脑水肿。脑水肿引起颅内压增高，扰乱脑的血液循环和脑脊液循环，影响脑细胞的功能并产生一系列的神经症状。

(6)营养不良性水肿　又称恶病质性水肿。在慢性消耗性疾病(如严重的寄生虫病、慢性消化道疾病、恶性肿瘤等)时，机体缺乏蛋白质，造成低蛋白血症，引起血浆胶体渗透压降低而导致水肿的发生。另外，有毒的代谢产物蓄积，损伤毛细血管壁，在水肿的发生上也起一定作用。

三、常见水肿的病理变化

发生水肿的组织器官一般体积增大，颜色变淡，被膜紧张，切面有液体流出。但不同组织发生水肿时其形态学变化又有所不同。

(一)皮下水肿

皮下水肿的初期或水肿程度轻微时,水肿液与皮下疏松结缔组织中的凝胶网状物(胶原纤维和由透明质酸构成的凝胶基质等)结合而呈隐性水肿。随病情的发展,可见皮肤肿胀,颜色苍白或灰白,弹性降低,触之质如生面团,指压留痕。切开皮肤有大量浅黄色液体流出,皮下组织呈淡黄色胶冻状。

镜检,皮下组织间隙增宽,其中有多量液体,间质中胶原纤维肿胀,甚至崩解。结缔组织细胞、肌纤维、腺上皮细胞肿大,胞浆内出现水泡,甚至发生坏死。腺上皮细胞往往与基底膜分离,淋巴管扩张。

(二)肺水肿

眼观,肺体积增大,重量增加,质地变实,肺间质增宽,肺胸膜紧张而有光泽,肺表面因高度淤血而呈暗红色。肺切面呈紫红色,从支气管和细支气管内流出大量白色泡沫状液体。

镜检,肺泡壁毛细血管高度扩张,肺泡腔内出现多量红染的浆液(图 7-3),其中混有少量脱落的肺泡上皮细胞。肺间质增宽,结缔组织疏松呈网状,淋巴管扩张。炎性水肿时,还可见肺泡壁结缔组织增生,有时病变肺组织发生纤维化。

(三)脑水肿

眼观,软脑膜充血,脑回变宽而扁平,脑沟变浅(图 7-4)。脉络丛血管常淤血,脑室扩张,脑脊液增多。

镜检,软脑膜和脑实质内毛细血管充血,血管周围淋巴间隙扩张,充满水肿液(图 7-5)。神经细胞肿胀,体积变大,胞浆内出现大小不等的水泡,核偏位,严重时可见核浓缩甚至消失。神经细胞内尼氏小体数量明显减少。细胞周围因水肿液积聚而出现空隙。

(四)实质器官水肿

肝、心、肾等实质性器官发生水肿时,器官的肿胀比较轻微(图 7-6),眼观变化不明显,只有镜检才能发现明显的病理变化。肝水肿时,水肿液主要蓄积于窦状隙内,使肝细胞索与窦状隙发生分离(图 7-7)。心水肿时,心肌纤维之间出现水肿液,心肌纤维彼此分离,心肌纤维因受挤压发生变性。肾水肿时,水肿液蓄积在肾小管之间,使间质增宽,肾小管上皮细胞变性并与基底膜分离。

(五)浆膜腔积水

浆膜腔积水时,水肿液一般为淡黄色透明的液体(图 7-8)。浆膜小血管和毛细血管扩张充血,浆膜面湿润有光泽。如伴有炎症,则水肿液内含较多蛋白质,并混有渗出的炎性细胞、纤维蛋白和脱落的间皮细胞,水肿液混浊黏稠,呈黄白色或黄红色。浆膜肿胀、充血或出血,表面常被覆灰白色的网状纤维蛋白。

在病理情况下,其他组织和器官也常发生水肿现象,如猫泛白细胞减少症可见肠系膜淋巴结水肿;猫麻疹病毒感染时呼吸系统病变明显,可见胸腔积水、严重的肺水肿、肺淋巴结肿胀等。总之,不同种类疾病水肿常有发生 ,只不过病变发生的部位不同,临床上要注意识别。

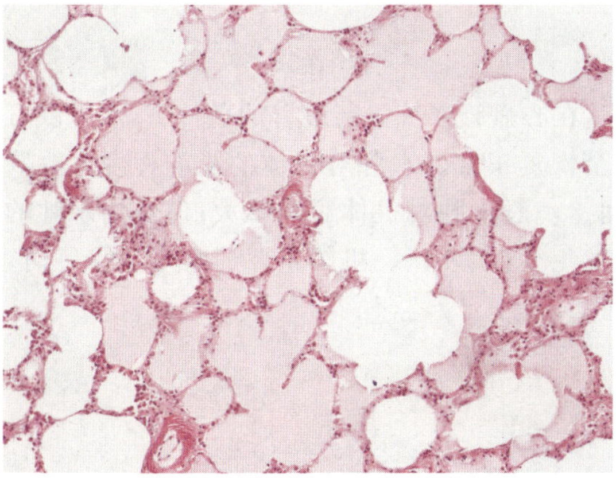

图 7-3　肺水肿

肺泡大多扩张，充满淡红色浆液；少数肺泡气肿。HE×100　　（王雯慧）

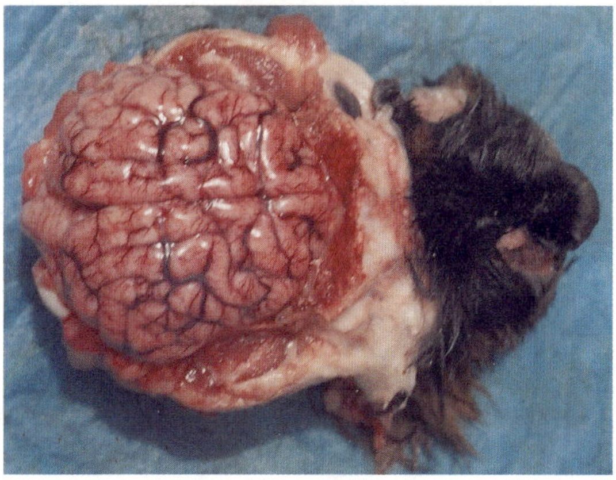

图 7-4　脑水肿(一)

犬瘟热。脑膜淤血，脑质肿胀，脑沟变浅

（陈怀涛）

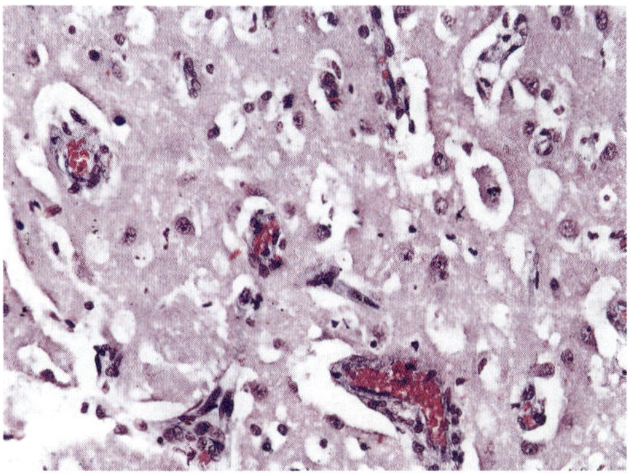

图 7-5　脑水肿(二)

犬瘟热。脑血管充血，血管周隙和细胞周隙明显增宽水肿。HEA ×400　　（陈怀涛）

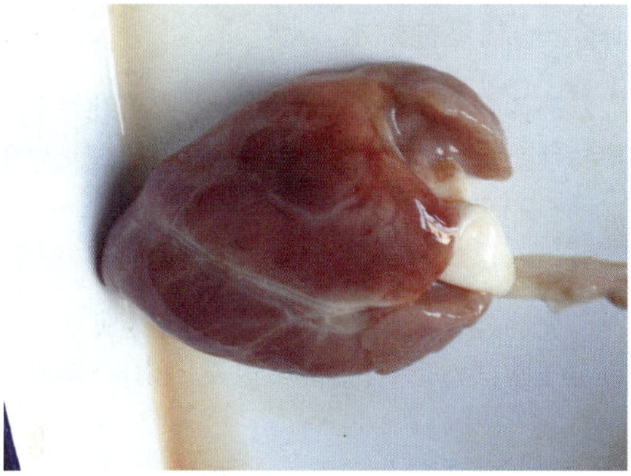

图 7-6　心耳水肿

心耳因代偿发生水肿，颜色变淡

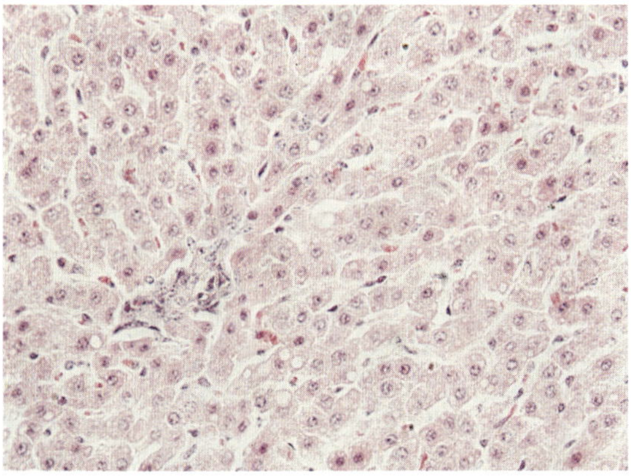

图 7-7　肝水肿

肝窦充血，狄氏间隙明显增宽；此外可见肝细胞脂肪变性。HE×400　　（陈怀涛）

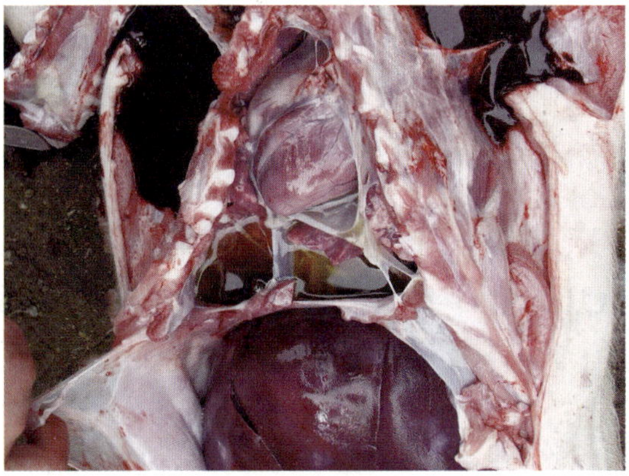

图 7-8　水肿

胸腔积聚大量清亮的淡黄色液体(胸腔积水)

（吴斌）

四、结局和对机体的影响

水肿是一种可逆的病理过程。当病因消除后，在心血管系统机能改善的条件下，水肿液可被吸收，水肿组织的形态结构和机能障碍也可完全恢复正常。水肿对机体的影响程度主要取决于水肿的原因、发生部位、严重程度和持续时间。一般水肿对机体影响不大；但长期水肿的病灶，如慢性肺水肿、慢性皮下淤血性水肿等，可发生变性、硬化。机体重要器官发生水肿时，可造成严重的后果，甚至危及生命，如脑水肿。

任务2 脱　水

在某些病理因素下，宠物机体由于水和电解质的摄入不足或丧失过多，而引起细胞外液容量减少称为脱水。根据脱水形成的原因及特征，脱水可分为高渗性脱水、低渗性脱水和等渗性脱水三种类型。

一、高渗性脱水

高渗性脱水又称缺水性脱水或单纯性脱水，是以水分丧失为主的一种脱水，该型脱水的主要特征是血钠浓度和血浆渗透压均超过正常值，病宠表现口渴、尿少和尿的比重增加等。

(一)发生原因

1.饮水不足

宠物经长途运输且未能得到充足饮水或因各种原因造成水源缺乏、断绝而饮水不足。也可见于咽部发炎、食道阻塞以及破伤风等疾病时，由于饮水障碍而引起饮水不足。

2.失水过多

失水的途径很多，常见的有：

(1)经胃肠道丢失　如肠炎时，由于水样腹泻在短时间内排出大量的低钠性水样便，造成机体丢水多于丢钠。

(2)经皮肤、肺丢失　如宠物大量排汗及剧烈呼吸时，水分随汗液及呼吸运动而丢失。

(3)经肾丢失　丘脑因受肿瘤等压迫而使抗利尿激素合成分泌障碍，或由于肾小管上皮细胞代谢障碍而对抗利尿激素反应性降低，经肾排出大量低渗尿；或因服用过量的利尿剂，使大量水分随尿排出而造成高渗性脱水。

(二)病理过程

高渗性脱水初期，由于血浆渗透压升高，机体常出现一系列代偿适应性反应，以保水排钠，恢复细胞内外的等渗环境。严重者发生脑细胞脱水，出现神经症状，如步态不稳、肌肉抽搐、嗜睡，甚至昏迷。

(三)对机体的影响

(1)脱水热　脱水病程过久，使血液黏稠、血容量减少而导致血液循环障碍，从各种腺体(如唾液腺)、皮肤、呼吸器官分泌和蒸发的水分相应减少，机体散热发生困难，热量在体内蓄积，引起体温升高，发生脱水热。

(2)酸中毒　因细胞外液渗透压不断升高，细胞内的水分不断被吸出，造成细胞内脱水，引起细胞皱缩，细胞内氧化酶活性降低，酸性代谢产物大量蓄积而发生酸中毒。

(3)自体中毒 由于血浆渗透压升高，组织液得不到及时更新和补充，加之血液循环障碍乃至衰竭，以致大量有毒代谢产物不能迅速排出而滞留体内，引起自体中毒。

脱水热、酸中毒、自体中毒发展到严重阶段时，引起大脑皮层和皮层下各级中枢机能紊乱，病宠出现运动失调、昏迷甚至死亡。

二、低渗性脱水

低渗性脱水又称缺钠性脱水，是指钠的丢失多于水分丧失。该型脱水的特点是血钠及血浆渗透压均降低、血浆容量及组织间液减少，血液浓稠，细胞水肿。病宠无口渴感，尿量多，比重低。

(一)发生原因

(1)补液不当 最常见的原因是腹泻、剧痛、中暑等引起体液大量丧失后只补充水分，忽略了电解质的补充，使血浆和组织间液的钠含量减少，渗透压降低。

(2)丢钠过多 慢性肾功能不全时，醛固酮分泌减少，抑制肾小管对钠的重吸收。此外，治疗水肿时，使用排钠性利尿药物亦可引起低渗性脱水。如长期连续给予氢氯噻嗪类等抑制肾小管对钠重吸收作用的利尿剂，导致钠离子大量丢失，同时限制钠盐的摄入时，可引起低渗性脱水。

(二)病理过程

由于本型脱水主要表现为盐类的丢失多于水分的丧失，血浆中 Na^+ 浓度减小，故使血浆渗透压降低。血浆渗透压降低是导致本型脱水所出现一系病理变化的关键环节。由于血浆渗透压降低，机体常出现一系列代偿适应性反应，以保存 Na^+，恢复和维持血浆渗透压。

(三)对机体的影响

(1)细胞水肿 由于组织液的 Na^+ 不断进入血浆而引起组织液渗透压降低，组织液的水分向渗透压较高的细胞内转移，引起细胞水肿。此时若不适当补水即可导致水中毒。如果神经细胞出现水肿则可引起颅内压升高而发生神经症状。

(2)低血容量性休克 严重而持续的低渗性脱水，体液明显减少，水分又大量从尿排出或进入细胞内，从而导致血浆容量降低，有效循环血量进一步减少引发低血容量性休克。

(3)自体中毒 低渗性脱水发展到严重阶段时，随着有效循环血量的下降，肾血液灌流量不足，肾小球滤过率降低，尿量锐减，加之细胞水肿，物质代谢障碍引起各种有毒产物在体内蓄积，病宠可发生自体中毒而死亡。

三、等渗性脱水

等渗性脱水又称混合性脱水，是指体内水分和盐类成比例大量丧失的一类脱水。其病理特点是血浆渗透压保持不变。

(一)发生原因

等渗性脱水多见于急性肠炎、剧烈而持续性腹痛及大面积烧伤等疾病。如急性肠炎时，由于肠液分泌增多，吸收障碍和严重的腹泻；剧烈而持续性腹痛(肠变位、肠扭转等)时，因大量出汗，肠液分泌增多和大量血浆漏入腹腔；大面积烧伤时，体表失去皮肤遮盖，使大量浆液从创面流出等。上述这些病变，均可使机体内的水和盐大量丧失而引起等渗性脱水。

（二）病理过程

病初由于体内的水分和钠盐等比例丧失，所以血浆渗透压一般保持不变。随着病情的发展，水分不断地通过呼吸道和皮肤蒸发而丢失，因此丧失的水分略多于盐，血浆渗透压则相对升高。血浆渗透压升高，一方面使丘脑下部视上核的渗透压感受器兴奋，引起病宠饮欲增加；另一方面可抑制肾上腺皮质分泌醛固酮，使钠排出增多；还可使细胞内、外液渗入血液而使血容量有所增多。上述这些变化，对于维持血浆渗透压的正常，起着重要的调节作用。但此时又常因血液中的盐类也从肾丢失，所以从组织液和细胞内吸收而来的水分以及外界摄入的水分仍不能保持而被排出体外，故最终导致血液浓缩，血流变慢乃至发生低血容量性休克。

（三）对机体的影响

（1）脱水初期如果处理不及时，病宠可通过皮肤出汗和呼吸蒸发继续丧失水分，从而转变为高渗性脱水，机体出现与高渗性脱水相似的变化。也可因处理不当，如输入大量葡萄糖液，使病宠转变为低渗性脱水，甚至发生水中毒。

（2）因水、钠同时丢失，所以从组织间液和细胞内吸收而来的水分以及从外界摄入的水分仍不能保持而排出体外，最终引发低血容量性休克。

（3）细胞外液容量减少而细胞内液量变化不大，使单位体积血液中红细胞数增多，血红蛋白含量增高，红细胞压积增大，血液浓缩，血流变慢。

由此可见，等渗性脱水与高渗性脱水不同之处，在于高渗性脱水缺水程度较重，若单纯补水，则缺盐症状就会急剧表现出来；与低渗性脱水的不同之处是，其水分的损失较低渗性脱水为多，故细胞外液处高渗状态，细胞内液也因之丧失。因此，等渗性脱水具有高渗性与低渗性脱水的综合特征。

四、脱水的补液原则

脱水是一种常见的病理过程，首先应查明原因，积极治疗原发病。可通过补液来纠正、治疗。补液时，应根据脱水的类型、程度，确定补液量和水盐比例。

（一）补液原则

补液的基本原则是缺什么补什么，缺多少补多少。

（二）补液方法

1. 确定脱水类型

在三种类型的脱水中，细胞外液渗透压变化各不相同，可通过测定血清钠离子浓度来确定脱水的类型，并根据病因、病宠脱水的临床表现，做出正确诊断。

2. 确定补液量

根据脱水时病宠的临床症状，可将脱水分为三级。

（1）轻度脱水　临床症状不明显，病宠仅表现为口渴，失水量可达体重的 4%。

（2）中度脱水　病宠口渴，少尿，皮肤和黏膜干燥，眼球内陷，失水量可达体重的 6%。

（3）重度脱水　病宠口干舌燥，眼球深陷，脉搏微弱，静脉塌陷，血液浓稠，四肢无力，共济失调（图 7-9），甚至昏迷，失水量超过体重的 6%以上。

3. 确定补液中水和盐的比例

(1)高渗性脱水　血浆钠离子浓度虽然升高，但仍有钠的丢失，故在补足水分的同时，也要适当的补充钠盐，以防因补充大量水分而使机体的细胞外液处于低渗状态。临床上常用5%葡萄糖溶液和生理盐水治疗，水和盐的比例为2∶1。

(2)低渗性脱水　由于细胞外液钠离子大量丢失，一般要给予生理盐水以恢复细胞外液容量，补液中水和盐的比例为1∶2。对缺钠严重者应首先补充高渗盐水(25% NaCl溶液)，以迅速提高细胞外液的渗透压。

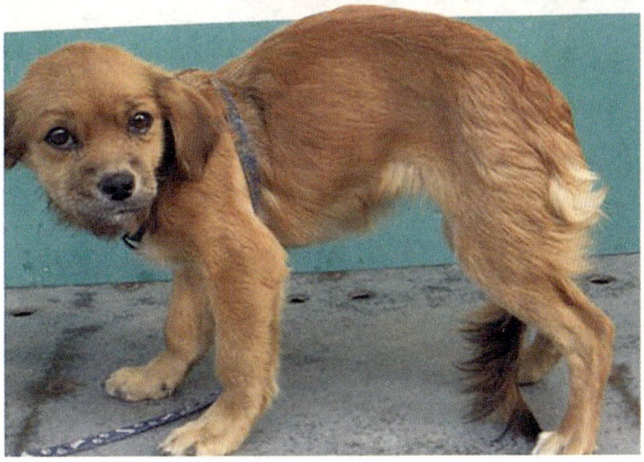

图 7-9　脱水

犬瘟热病犬不断呕吐、腹泻，引起脱水、消瘦，站立不稳

(3)等渗性脱水　可先给予生理盐水以扩充血容量，一旦血压恢复，可改用5%葡萄糖溶液加等量生理盐水，补液中水和盐的比例为1∶1。

任务3　酸中毒

机体内环境的酸碱度必须保持相对恒定(pH为7.35～7.45)，才能保证细胞代谢和机能活动的正常进行。这种内环境酸碱度的相对恒定称为酸碱平衡。许多因素可破坏酸碱平衡而引起酸碱平衡紊乱。酸碱平衡紊乱时，会引起物质代谢紊乱，甚至会导致宠物死亡。

一、酸碱平衡及其调节

机体在代谢过程中，不断产生酸性和碱性物质，另外，有一定量的酸性或碱性物质随食物进入机体内。如糖、脂肪、蛋白质完全氧化产生CO_2，进入血液与H_2O形成H_2CO_3；糖、脂肪、蛋白质和核酸在分解代谢中，还产生一些有机酸(如丙酮酸、乳酸、乙酰乙酸、β-羟丁酸等)、无机酸(如硫酸及磷酸等)和氨、碳酸氢钠等。但通过机体的调节，可维持酸碱平衡。机体酸碱平衡的调节主要是通过下列途径进行的。

(一)血液的缓冲系统调节

由弱酸及弱酸盐组成的缓冲对分布于血浆和红细胞内，这些缓冲对共同构成血液的缓冲系统。缓冲系统能有效地将进入血液中的强酸转化为弱酸，强碱转化为弱碱，维持体液pH正常。

(1)碳酸氢盐-碳酸缓冲对(在细胞内$KHCO_3/H_2CO_3$，在细胞外液中为$NaHCO_3/H_2CO_3$)，是体内最强大的缓冲系。

(2)磷酸盐缓冲系统(Na_2HPO_4/NaH_2PO_4)，是红细胞和其他细胞内的主要缓冲系统，特别是在肾小管内它的作用更为重要。

(3)蛋白缓冲系统(NaPr/HBr)，主要存在于血浆和细胞中。

(4)血红蛋白缓冲系统(KHb/HHb和$KHbO_2/HHbO_2$)，主要存在于红细胞内。以上4对缓冲系统，以碳酸氢盐-碳酸缓冲系统的量最大，作用最强，故临床上常用血浆中这一对缓冲系统的量代表体内的缓冲能力。

(二)肺的调节

肺可通过改变呼吸运动的频率和幅度，增加或减少 CO_2 的排出量以控制血浆 H_2CO_3 的浓度，从而调节血液的 pH。当动脉血 CO_2 分压升高、氧分压降低、血浆 pH 下降时，可反射性地引起呼吸中枢兴奋，呼吸加深加快，排出 CO_2 增多，使血液中 H_2CO_3 的浓度降低。当动脉血 CO_2 分压降低或血浆 pH 升高时，呼吸变慢变浅，排出 CO_2 减少，使血液中 H_2CO_3 的浓度升高。

(三)肾的调节

血液和肺的调节作用很迅速，肾的调节作用发生较慢，但维持时间较长。肾主要通过肾小管上皮细胞泌 H^+、泌 NH_4^+ 和重吸收 Na^+ 并保留 HCO_3^- 来维持血浆中碳酸氢钠的含量来调节酸碱平衡。

(四)细胞的调节

组织细胞对酸碱平衡的调节作用，主要是通过细胞内外离子交换实现的。当细胞间液 H^+ 浓度升高时，H^+ 弥散入细胞内，而细胞内等量的 K^+ 移至细胞外，以维持细胞内外离子平衡。进入细胞内的 H^+ 可被细胞内缓冲系统处理。当细胞间液 H^+ 浓度降低时，上述过程则相反。

二、酸碱平衡紊乱的类型

机体虽然具有强大的调节酸碱平衡的能力，但是在许多疾病过程中，常可破坏这种平衡，引起酸碱平衡失调。酸碱平衡失调时，体内酸性或碱性物质过多，以致体液的 pH 超出正常范围。体液的 pH 由 $NaHCO_3/H_2CO_3$ 比值决定，正常为 20∶1，pH 为 7.4。如果 $NaHCO_3/H_2CO_3$ 比值小于 20∶1，pH 低于正常值，则体内酸过多，机体表现出多方面的临床症状，称为酸中毒。反之若 $NaHCO_3/H_2CO_3$ 比值大于 20∶1，pH 高于正常值，则称为碱中毒。血浆中 $NaHCO_3$ 的含量受代谢状况的影响，对维持体液 pH 而言是代谢性成分。血浆中 H_2CO_3 的含量受呼吸状况的影响，对维持体液 pH 而言是呼吸性成分。由于血浆 $NaHCO_3$ 含量原发性降低(或升高)引起的酸中毒(或碱中毒)称代谢性酸中毒(或碱中毒)，血浆中 H_2CO_3 的含量原发性升高(或降低)引起的酸中毒(或碱中毒)，称呼吸性酸中毒(或碱中毒)。据此酸碱平衡紊乱可分为代谢性酸中毒、呼吸性酸中毒、代谢性碱中毒、呼吸性碱中毒，临床上以代谢性酸中毒最为常见。

(一)代谢性酸中毒

在某些情况下，由于机体内固定酸生成过多或 $NaHCO_3$ 大量丧失而引起血浆中碱储减少，称为代谢性酸中毒。

1.发生原因

(1)固定酸生成过多　在许多内科病和传染病过程中，由于发热、缺氧、血液循环障碍或病原微生物及其毒素的作用，体内的糖、脂肪和蛋白质的分解代谢加强，引起乳酸、酮体、氨基酸等酸性物质生成过多并大量蓄积于体内，从而导致血浆 pH 下降。

(2)碱性物质丧失过多　是由于血液中碱储丢失过多而引起。常见于急性肠炎和肠阻塞等疾病。此时，由于肠液分泌加强，吸收障碍，使大量碱性物质丧失过多，酸性物质相对增多。

(3)肾排酸减少　肾功能不全时，常易发生酸性物质的排出障碍。如急性或慢性肾功能不全时，体内许多酸性代谢产物如磷酸、硫酸等均不能经肾排出而潴留于体内，成为引起代谢性酸中毒的主要原因。另外，肾小管上皮细胞发生病变引起细胞内碳酸酐酶活性降低，H_2O 和 CO_2 不能生成 H_2CO_3 而致泌氢障碍，或任何引起肾小管上皮细胞产 NH_3、排 NH_4^+ 受限，均可导致酸性物质不能及时排出而在体内蓄积。

(4)酸性物质摄入过多　口服过量的氯化铵、氯化钙等酸性盐类药物时可引起酸中毒。这是因为上述药物在体内均可产生 H^+ 之故，如氯化铵在体内解离为 NH_4^+ 与 Cl^-，其中 NH_3 在肝内转变为尿素的同时，还可释放出 H^+，后者可酸化体液而使血流中 HCO_3^- 下降，形成高氯血症性酸中毒。

2. 代偿适应反应

(1)血浆缓冲系统代偿　当机体内形成的固定酸(乳酸、酮体、氨基酸等)增多而使血浆中氢离子浓度增加时，机体为了维持内环境恒定，体液内的缓冲系统首先用碱储与之中和，产生对酸碱平衡影响较小的弱酸和中性盐，达到对强酸性物质的代偿性缓冲作用，使体液特别是血液的 pH 不致发生变动。

$$CH_3CHOHCOOH(\text{乳酸})+NaHCO_3 \longrightarrow CH_3CHOHCOO\text{-}Na+H_2CO_3$$

(2)呼吸代偿　经碱储缓冲而生成的大量 H_2CO_3，可不断解离为 H_2O 和 CO_2，这样不仅 H^+ 增高，而且 CO_2 分压也升高，于是二者均可刺激延髓化学感受器及颈动脉体的化学感受器，引起呼吸中枢兴奋，导致呼吸加深加快，肺泡通气量增多，加速呼出 CO_2，以降低血液中 CO_2 分压，随之血浆中 H_2CO_3 浓度也减少。由此可见，代谢性酸中毒时虽然 $NaHCO_3$ 含量减少，但经过呼吸代偿，使血浆中 H_2CO_3 浓度也相应减少，从而调整了 $NaHCO_3/H_2CO_3$ 的比值，使其保持不变。一般来说呼吸系统的代偿是非常迅速的，它可在十几分钟内呈现出明显的呼吸增强作用。因此，呼吸加强是代谢性酸中毒的重要标志之一。

(3)肾的排酸保碱功能增强　血浆中增多的 H_2CO_3 并非由呼吸加强所能完全消除，还有一部分被血液缓冲对中碱性磷酸钠(Na_2HPO_4)缓冲，生成 $NaHCO_3$ 和 NaH_2PO_4(酸性磷酸钠)。所生成的 $NaHCO_3$ 使血浆中的碱储得以补充，而产生的 NaH_2PO_4 则从肾排出。如肾机能正常，在排出 NaH_2PO_4 的过程中，其中的 Na^+ 还可与肾小管上皮生成的 NH_3 进行交换，结果回收了碱储而将新生的 $NH_4H_2PO_4$ 排出体外，但此时尿液呈酸性，并且铵盐的含量增加。其反应式如下：

在血液　$H_2CO_3+Na_2HPO_4 \longrightarrow NaHCO_3+NaH_2PO_4$

在肾　$NaH_2PO_4+H^+ +NH_3+HCO_3^- \longrightarrow NaHCO_3+NH_4H_2PO_4$

此外，酸中毒时，肾小管上皮分泌 H^+ 和 NH_3 的作用增强，以排酸而保碱。此时，由于肾小管排 H^+ 增多，故排 K^+ 就相应地减少，提高了血浆中的 K^+ 浓度。总之，肾小管上皮通过排出 H^+ 和 NH_3 而回收 Na^+ 及 HCO_3^-，使血液中的碱储得以恢复，$NaHCO_3/H_2CO_3$ 比例得到调整，从而把血浆 pH 维持在正常的范围内。此情况称为代偿性代谢性酸中毒。但这种代偿功能是有限的，当代谢障碍进一步加重或肺功能发生障碍时，血浆的 pH 就继续下降，于是就发展为失代偿性酸中毒。

3. 对机体的影响

在失代偿性酸中毒时，血液中增高的氢离子浓度对机体各系统特别是循环系统影响较大。酸中毒不仅能使心肌收缩减弱(H^+ 增多可竞争性抑制 Ca^{2+} 和肌钙蛋白结合，从而抑制心肌的兴奋-收缩偶联过程），心肌弛缓，心输出量减少；而降低心肌发生心室颤动的阈值，导致心脏传导阻滞和心室颤动。H^+还可降低外周血管对儿茶酚胺的反应性，使其扩张而血压下降；促进肺血管和支气管收缩，引起明显的代谢紊乱；中枢神经系统可因此而发生高度抑制，继之昏迷，最后多因呼吸中枢和血管运动中枢麻痹而死亡。

（二）呼吸性酸中毒

当机体呼吸功能发生障碍，使体内生成的CO_2排出受阻，或由于某些原因使CO_2吸入过多，从而引起血液中H_2CO_3浓度原发性增高而产生高碳酸血症时，称为呼吸性酸中毒。

1. 发生原因

呼吸性酸中毒在多数情况下是由于通气功能障碍，使CO_2排出受阻而引起。

（1）呼吸中枢受抑制　脑炎、脑肿瘤等疾病，可使呼吸中枢受到抑制而导致肺通气不足或呼吸停止，CO_2在体内潴留。

（2）呼吸肌麻痹　严重肌无力和高位脊髓损伤等疾病，常可引起呼吸肌麻痹，使呼吸运动失去动力，以致CO_2排出障碍而发生呼吸性酸中毒。

（3）胸廓疾病　胸部创伤、胸膜腔积液等，均能严重地影响通气功能而引起呼吸性酸中毒。

（4）呼吸道阻塞或不畅　肿瘤压迫、喉头水肿、异物堵塞气管以及慢性支气管炎时，都可以引起急性或慢性呼吸性酸中毒。

（5）肺部疾病　较广泛的肺组织病变，如肺水肿、肺气肿、大面积的肺萎缩或肺组织广泛性纤维化以及肺炎等病，都能因通气障碍或肺泡通气与血流比例失调而引起呼吸性酸中毒。

（6）血液循环障碍　心功能不全时，由于全身性淤血，CO_2的运输和排出受阻，故可使血浆中H_2CO_3浓度升高，导致呼吸性酸中毒的发生。

（7）吸入CO_2过多　宠物活动空间狭小、通风不良时都可导致宠物机体内血液中CO_2含量增高。

2. 代偿适应性反应

呼吸性酸中毒是由于呼吸中枢受抑制、呼吸肌麻痹、呼吸道阻塞等原因所引起的，所以，此时的呼吸系统常失去代偿作用，机体的代偿调节主要靠血液中缓冲系统和肾的功能来完成。

（1）血浆缓冲系统代偿　当CO_2排出受阻而使血液中H_2CO_3浓度升高时，就可导致$NaHCO_3$与H_2CO_3的比值小于20∶1，使pH下降，从而使血液中缓冲作用大大降低。此时，缓冲系统主要靠血浆蛋白和血红蛋白缓冲系统来调节，其反应式如下：

$$H_2CO_3 + Hb \longrightarrow H\cdot Hb + HCO_3^-$$

$$H_2CO_3 + HbO_2 \longrightarrow H\cdot HbO_2 + HCO_3^-$$

从上述缓冲反应中可以看出：血液中部分CO_2在生成H_2CO_3后，可与蛋白质起反应而生成HCO_3^-，后者再与Na^+结合而形成$NaHCO_3$。这样就有助于使$NaHCO_3/H_2CO_3$的比值维持在正常范围之内。另外，当血液内CO_2分压升高时，CO_2还可借助其分压差而弥散入红细胞内，在红细胞内碳酸酐酶的作用下与H_2O结合形成H_2CO_3。H_2CO_3离解后产生的HCO_3^-浓度如超过了血浆内HCO_3^-的浓度，就可由红细胞内向血浆中转移，为了维持阴阳离子的平衡，血浆内Cl^-则进入红细胞，以替补红细胞内所丧失的HCO_3^-，使血浆中HCO_3^-浓度增高，$NaHCO_3/H_2CO_3$的比值得到维持。

(2)肾的调节作用　与代谢性酸中毒时相同。但应注意：肾虽然具有强大的代偿能力，但其生成 HCO_3^- 是一个比较缓慢的过程，要让这种代偿功能充分发挥作用，必须经过一定时间(数小时至数日)。

3. 对机体的影响

呼吸性酸中毒对机体的影响和代谢性酸中毒基本相同，不同的是呼吸性酸中毒有高碳酸血症，高浓度的 CO_2 可使脑血管扩张，颅内压升高，导致病宠精神沉郁和疲乏无力。若 CO_2 含量不断升高，脑血管更加扩张，则可引起脑水肿，致使病宠昏迷。在急性呼吸性酸中毒或慢性呼吸性酸中毒急性发作时，K^+ 往往从细胞内移向细胞外，使血 K^+ 急剧升高，常可引起心室颤动，导致病宠急速死亡。

任务 4　缺　氧

一、缺氧的概念

氧为生命活动所必需。当组织(细胞)氧供应不足(绝对不足或相对不足)或由于细胞氧化过程障碍而不能利用氧时，组织的代谢、功能，甚至形态结构都可能发生异常变化，这一病理过程称为缺氧。宠物体内贮存的氧很少，一旦呼吸心跳停止，数分钟内就可能死于缺氧。缺氧不是一种单独的疾病，而是多种疾病的一种共同的病理过程。机体在缺氧时会发生一系列的机能、代谢的和形态结构的变化。这些变化有的对生命活动有利，如血液循环的改变，呼吸加强和红细胞生成加速等；有的则有害，如缺氧引起细胞功能障碍或死亡。

临床上缺氧极为常见，循环、呼吸、血液系统的疾病以及某些化学物质的中毒都可引起缺氧，它是宠物死亡的直接原因之一。缺氧和窒息不同，缺氧指体内氧含量不足，窒息除缺氧外还伴有体内二氧化碳的增多。

二、常用的血氧指标

氧的获得和利用是个复杂的过程，包括外呼吸、气体的运输和内呼吸。血氧是反映组织供氧量与耗氧量的重要指标，常用的血氧指标如下。

(1)血氧分压[$P(O_2)$]　是指以物理状态溶解在血浆内的氧分子所产生的张力。动脉血氧分压[$P_a(O_2)$]取决于吸入气体的氧分压和肺的呼吸功能，而静脉血氧分压[$P_v(O_2)$]反映内呼吸状况。正常时动脉血氧分压[$P_a(O_2)$]为 12.93 kPa，静脉血氧分压[$P_v(O_2)$]为 5.33 kPa。

(2)血氧容量[$C(O_2)_{max}$]　是指 100 mL 血液中血红蛋白(Hb)充分结合氧和溶解于血浆中氧的含量，它取决于血液中血红蛋白的数量及质量(结合氧的能力)。正常动物的血氧容量为 20 mL%。

(3)血氧含量[$C(O_2)$]　是指 100 mL 血液的实际携氧量，包括血红蛋白结合和血浆中物理溶解氧。血氧含量取决于氧分压和血氧容量。动脉血氧含量[$C_a(O_2)$]为 19 mL%，静脉血氧含量[$C_v(O_2)$]为 14 mL%。

(4)血氧饱和度[$S(O_2)$]　指血氧含量与血氧容量的百分比。动脉血氧饱和度为[$S_a(O_2)$]，静脉血氧饱和度为[$S_v(O_2)$]。[$S_v(O_2)$]取决于[$P_a(O_2)$]，二者之间呈氧合血红蛋白离解曲线的关系。

(5)氧离解曲线(ODS)　由于血红蛋白结合氧的生理特点，氧离解曲线呈“S”形。红细胞内2,3-二磷酸甘油酸增多、酸中毒、CO_2增多及血温增高，可使Hb与O_2结合力降低，导致在相同动脉血氧分压[$P_a(O_2)$]下血氧饱和度也降低，氧离解曲线右移，反之则左移。反映氧离解曲线右移、左移的指标是P_{50}(即Hb氧饱和度为50%时的氧分压，P_{50}代表Hb与O_2结合力)。

(6)动-静脉血氧含量差(A-V血氧含量差)　指动脉与静脉血氧含量差{即[$C_a(O_2)$]与[$C_v(O_2)$]差数}。该值在不同类型缺氧时都有变化，并且与血红蛋白数量、血红蛋白与氧结合能力及组织氧化代谢有关。

三、缺氧的原因、类型及其特征

根据缺氧的原因，一般分为四种类型。供氧减少有低张性缺氧、血液性缺氧、循环性缺氧，用氧减少有组织中毒性缺氧。

(一)低张性缺氧(低张性低氧血症)

低张性缺氧又称大气性缺氧、低氧血症，是由于动脉血氧分压降低，动脉血氧含量减少，导致组织供氧不足，引起的缺氧。

1.原因

(1)吸入气中氧分压过低　如平原宠物初入高原、高空或拥挤通风不良的场所等。

(2)喉头水肿等呼吸道狭窄或阻塞疾病　胸膜炎等胸腔疾病，肺炎等肺疾病，呼吸中枢抑制或麻痹性疾病。

2.机理

吸入气中氧分压过低或外呼吸功能障碍造成肺通气、换气功能障碍及呼吸面积缩小，引起低张性缺氧。此时，氧的弥散速度下降，弥散量少，供给细胞的氧减少。

3.病理特征

动脉血氧分压、血氧含量和血氧饱和度均降低，而因组织利用氧的功能正常，因而氧容量一般正常，动-静脉血氧含量差变化不明显，影响氧向组织内弥散，所以引起缺氧。低张性缺氧(严重通气障碍)时，毛细血管中氧合血红蛋白(HbO_2)浓度降低，还原血红蛋白(HHb)浓度增加，皮肤、黏膜呈青紫色(称为发绀)，并反射地引起呼吸中枢兴奋，代偿性呼吸增加。

(二)血液性缺氧(等张性低氧血症)

由于血红蛋白数量减少或性质改变，使动脉血氧含量降低或氧合血红蛋白释放氧不足，引起的供氧障碍性的组织缺氧。

1.原因

血液性缺氧是由于贫血、Hb性质改变引起的。贫血常见的有失血性贫血、营养不良性贫血、溶血性贫血和再生障碍性贫血；Hb性质改变见于亚硝酸盐、过氧酸盐氧化剂、磺胺类药物、硝基苯化合物等中毒或一氧化碳中毒。

2.机理

(1)贫血　由于血红蛋白和红细胞数减少，使其携带氧的数量减少，毛细血管处氧分压降低的速度加快，导致氧向组织弥散速度迅速减慢，供给组织的氧减少。

(2)Hb性质改变

①高铁血红蛋白症　亚硝酸盐等中毒时，Hb中的二价铁(Fe^{2+})在氧化剂作用下氧化成三价铁(Fe^{3+})，形成高铁血红蛋白(MHb又称变性血红蛋白或羟化血红蛋白)症。一方面Hb

(Fe^{3+})丧失携带氧的能力；另一方面提高剩余 $HbFe^{2+}$ 与 O_2 的亲和力，造成缺氧。常见的大量食用含硝酸盐腌菜水，硝酸盐在肠道细菌作用下还原为亚硝酸盐，导致中毒，称为肠源性紫绀。

②一氧化碳(煤气)中毒，Hb 释放氧减少　CO 与 Hb 结合后，失去携氧能力，氧与血红蛋白结合数量减少。另一方面，一氧化碳抑制正常红细胞的糖酵解，使 2，3-DPG 生成减少，HbO_2 结合的氧不易释出。一氧化碳与血红蛋白亲合力比 O_2 与 Hb 大(210 倍)，而 HbCO 解离速度却是 HbO_2 的 1/2 100。因此，一氧化碳中毒既妨碍 Hb 与 O_2 结合，又妨碍 O_2 的解离，从而造成严重的缺氧。

3. 病理特征

贫血性缺氧时血氧饱和度和血氧分压均正常，而动脉血氧含量和血氧容量均降低，静脉血液的血氧含量、血氧容量、血氧饱和度及血氧分压均降低。贫血时动脉血氧分压虽然正常，但是在毛细血管中的平均 $P_a(O_2)$ 值低于生理常数，当血液在毛细血管网通过时，血氧分压下降较快，氧向组织弥散速度减慢，导致动-静脉血氧含量差减小。血红蛋白变性引起缺氧时，动脉血氧容量和血氧饱和度均降低。血液性缺氧时，不出现发绀。煤气中毒时，皮肤、可视黏膜呈樱桃红色；严重中毒时，因毛细血管收缩，可视黏膜呈苍白色。亚硝酸盐中毒时，由于 MHb(高铁血红蛋白)呈咖啡色或青石板色，故皮肤、可视黏膜呈咖啡色。

(三)循环性缺氧(低血流性缺氧)

循环性缺氧是指由于组织器官供血量减少或血流速度减慢而引起的供氧不足，称为循环性缺氧。包括缺血性缺氧和淤血性缺氧，前者为动脉血流入组织不足所致，后者为静脉血回流受阻所致。

1. 原因

全身性血液循环障碍。见于心力衰竭、休克等，局部性血液循环障碍见于栓塞、血栓形成、动脉狭窄、局部淤血等。

2. 机理

全身性血液循环障碍时，心脏输出血量减少，导致全身性缺氧，严重时心、脑、肾等重要器官组织缺氧、功能衰竭，可导致动物死亡。局部性血液循环障碍时，单位时间内从毛细血管流过的血量减少或变慢，弥散到组织细胞内的氧减少(供 O_2 减少)。

3. 病理特征

循环性缺氧时动脉血氧分压、血氧饱和度、氧容量和动脉血氧含量正常，由于血流速度缓慢，一方面血在毛细血管网通过时间延长，氧向组织弥散的量增多，而静脉血氧分压和血氧含量降低，导致动-静脉血氧含量差增大；另一方面单位时间内毛细血管血流的总量少，氧向组织弥散的总量少，毛细血管中还原血红蛋白(HHb)浓度增加，皮肤、黏膜发绀。全身性血液循环障碍可致肺水肿、休克等严重病变，甚至死亡。

(四)组织性缺氧(组织中毒性缺氧)

组织性缺氧是指组织细胞生物氧化过程障碍，利用氧能力降低引起的缺氧，又称为氧利用障碍性缺氧。

1. 原因

见于组织中毒、细胞损伤、维生素缺乏等。

2. 机理

(1)组织中毒　如氰化物中毒时，氰基(CN^-)迅速与线粒体中氧化型细胞色素氧化酶上的三价铁(Fe^{3+})结合，形成氰化高铁细胞色素氧化酶，而不能再接受并传递电子给氧原子以形成水，呼吸链中断，组织细胞利用氧障碍。硫化氢、砷化物等中毒也主要由于抑制该氧化酶而致缺氧。

(2)细胞损伤　当大量辐射或细菌毒素作用时，线粒体损伤而导致细胞利用氧障碍。

(3)维生素缺乏　如硫胺素(维生素 B_1)、尼克酰胺(维生素 B_5)和核黄素(维生素 B_2)都是多种还原酶的辅酶，参与体内生物氧化还原反应，这些维生素严重缺乏时线粒体功能障碍，呼吸酶合成障碍，导致细胞利用氧障碍。

(4)组织需氧量过多　如剧烈运动时，心肌耗氧量和需氧量增加，而引起缺氧。

3. 病理特征

组织性缺氧时，血氧指标变化为动脉血氧分压、血红蛋白氧饱和度、氧容量和动脉血氧含量正常，但细胞不能利用氧，导致动-静脉血氧含量差减小。因为静脉、毛细血管中氧合血红蛋白浓度增加，所以宠物皮肤、可视黏膜呈鲜红或玫瑰红色。

缺氧虽分为上述四型，但在临床上所见的缺氧常为混合性。如感染性休克时主要是循环性缺氧，但微生物所产生的内毒素还可引起组织细胞利用氧功能障碍而发生组织性缺氧，当并发休克时可出现低张性缺氧。失血性休克，既有血红蛋白减少所致的血液性缺氧，又有微循环障碍所致的循环性缺氧。心力衰竭时既有循环障碍引起的循环性缺氧，又可继发肺淤血、水肿而引起呼吸性缺氧。因此，对具体病情，要做全面的具体分析。各种类型缺氧时的血氧变化情况见表 7-1。

表 7-1　各种类型缺氧的血氧变化情况

缺氧类型	动脉血氧分压	氧饱和度	血氧容量	血氧含量	动-静脉氧差
低张性缺氧	↓	↓	—	↓	↓或—
血液性缺氧	—	—	↓或—	↓或—	↓
循环性缺氧	—	—	—	—	↑
组织性缺氧	—	—	—	—	↓

注：—正常，↑升高，↓降低

四、缺氧时机体的功能代谢变化

缺氧对机体的影响，取决于缺氧发生的程度、速度、持续时间和机体的功能代谢状态。

缺氧时机体的功能代谢变化，包括机体对缺氧的代偿性反应和由缺氧引起的代谢与机能障碍。轻度缺氧主要引起机体代偿性反应；快速严重缺氧而机体代偿不全时，出现的变化以代谢机能障碍为主，出现不可逆性损伤，甚至死亡。以下主要以低张性缺氧为例，说明缺氧对机体的影响。

(一)功能的变化

1. 呼吸系统的变化

动脉血氧分压若降至 8 kPa 以下时组织缺氧，引起机体的呼吸、血液循环增强，以增加血液运送氧和组织利用氧的功能等(图 7-10)。

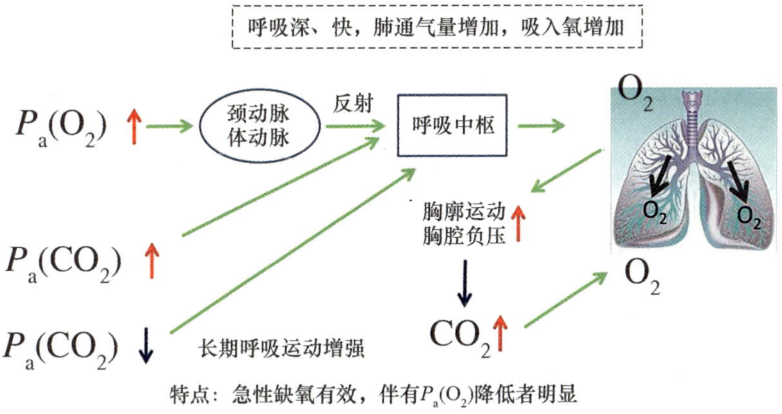

图 7-10　缺氧时呼吸系统变化机制示意图

(1)呼吸系统的代偿性反应　动脉血氧分压降低(低于 8 kPa)可刺激颈动脉体和主动脉体化学感受器使其兴奋。反射性地引起呼吸加深加快。胸廓呼吸运动的增强使胸内负压增大,促进静脉回流,回心血量多,增加心输出量和肺血流量,有利于氧的摄取和运输。但过度通气使二氧化碳分压降低,降低了二氧化碳对延髓中枢化学感受器的刺激,可限制肺通气量,导致呼吸性碱中毒,使呼吸减弱。低张性缺氧所引起的肺通气变化与缺氧持续的时间有关。肺通气量增加是对急性低张性缺氧最重要的代偿性反应。

(2)呼吸功能障碍　急性低张性缺氧引起急性高原肺水肿,表现为呼吸困难、咳嗽、咳出血性泡沫痰、肺部有湿性啰音、皮肤黏膜发绀等。肺水肿能导致中枢性呼吸衰竭而死亡。

2. 循环系统的变化

(1)循环系统的代偿性反应　低张性缺氧引起的代偿性心血管反应,主要表现为心输出量增加、血流分布改变、肺血管收缩与毛细血管增生(图 7-11)。

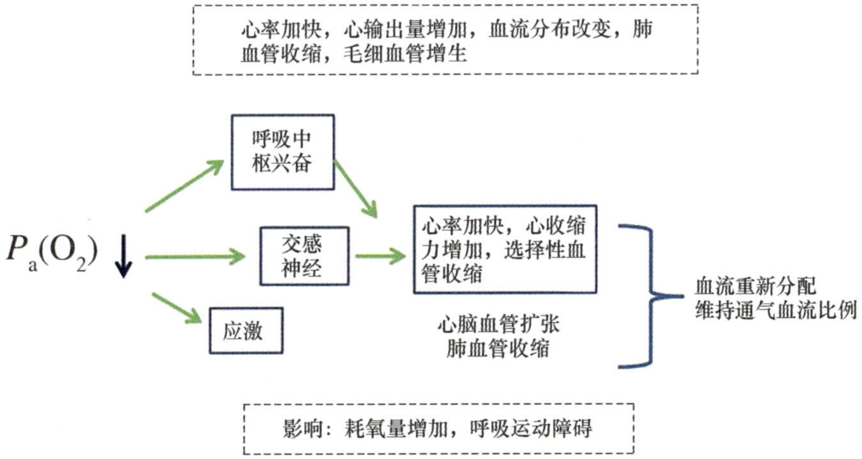

图 7-11　缺氧时循环系统变化机制示意图

心输出量增加是由于心率加快和心收缩性增强,静脉回流量增加和心输出量增加可提高全身组织的供氧量,故对急性缺氧有一定的代偿意义。但慢性缺氧时代偿时间长,因为心脏负荷过重，引起心力衰竭、心肌炎。

(2)循环功能障碍　严重的全身性缺氧时，由于肺血管收缩增加了肺循环的阻力使肺动脉高压，使红细胞增多而血液黏稠，导致右心肥大；严重缺氧能引起能量代谢障碍和酸中毒，心肌变性、坏死，心律失常；甚至严重而持续的脑缺氧导致呼吸中枢抑制而死亡。

3.血液的变化

缺氧可使骨髓造血增强及氧合血红蛋白解离曲线右移，从而增加氧的运输和释放。

(1)红细胞和血红蛋白增多　主要是当慢性缺氧的低氧血流经肾近球小体时，能刺激近球细胞，生成并释放促红细胞生成素，骨髓造血增强。急性缺氧时，因血液浓缩和肝、脾收缩，使储血进入体循环，增加血中红细胞数。

(2)氧合血红蛋白解离曲线右移　2,3-DPG是红细胞内糖酵解过程的中间产物，缺氧时，它的数量增加，导致氧离曲线右移，即血红蛋白与氧的亲和力降低，易于将结合的氧释出供组织利用。研究发现低张性缺氧时氧合血红蛋白(HbO_2)减少，还原血红蛋白(HHb)增多。同时血液pH也降低，可使氧与血红蛋白容易解离。

(3)还原血红蛋白增多　当毛细血管中还原血红蛋白超过50 g/L，病畜可视黏膜呈现发绀现象。但贫血或组织中毒性缺氧时，则不出现发绀。

(4)血容量变化　急性缺氧时，因血液浓缩，血容量减少；慢性缺氧时，因红细胞生成增多，血容量增加。

4.组织细胞的变化

在供氧不足的情况下，组织细胞可通过增强利用氧的能力和增强无氧酵解过程以获取维持生命活动所必需的能量，达到细胞代偿性适应的目的。

(1)组织细胞摄取和利用氧的能力增强　慢性缺氧时，细胞内线粒体的数目、膜的表面积、呼吸链中的酶增加，使细胞的内呼吸功能增强。

(2)无氧酵解增强　严重缺氧时，ATP生成减少。控制糖酵解过程最主要的限速酶是磷酸果糖激酶，缺氧时其活性增强，促使糖酵解过程加强以补偿能量的不足。

(3)肌红蛋白(Mb)增加　慢性缺氧可使肌肉中Mb含量增多，可能具有储存氧的作用。

5.器官组织细胞损伤

严重缺氧，如低张性缺氧者动脉血氧分压低于4 kPa时，组织细胞可发生严重的缺氧性损伤，器官可发生功能障碍甚至功能衰竭。

(1)缺氧性细胞损伤　主要为细胞膜损伤，线粒体出现肿胀、脊崩解、外膜破裂和基质外溢等病变，溶酶体肿胀并破裂的变化。

(2)缺氧性器官组织损伤　主要为脑，其次为心脏。脑对缺氧十分敏感，急性缺氧可引起运动不协调、易疲劳、嗜睡、烦躁不安、惊厥、昏迷、出现意识丧失，脑细胞变性、坏死，脑细胞肿胀及脑水肿，由此引起呕吐等症状，甚至死亡。

(二)代谢的变化

在缺氧时，机体的三大营养物质分解代谢加强，氧化不全产物蓄积，结果导致代谢性酸中毒。由于缺氧初期呼吸运动增强，体内CO_2排出增多，血液中CO_2含量相应减少，导致呼吸性碱中毒。

任务5 发 热

发热是指机体在致热原作用下，使体温调节中枢的“调定点(SP)”上移而引起的调节性体温升高，体温中枢兴奋或功能紊乱或产热过多，散热过少，体温上升超过正常值的0.5 ℃，称为发热。

发热不是独立疾病，而是疾病的重要临床表现。许多疾病常因早期发热而被察觉，它是感染性疾病、潜在恶性病灶(肿瘤)等疾病的重要信号。在整个病程中，体温曲线变化往往反映病情变化，对判断病情、评价疗效和估计预后均有重要参考价值。

一、发热的原因

(一)发热激活物与致热原性发热

凡能引起机体发热的物质称为热原刺激物或致热原。能激活产内生性致热原细胞，产生和释放内生性致热原的物质称为发热激活物(包括外生性致热原和体内产物)。致热原包括外生性致热原和内生性致热原。外生性致热原又分感染性因素(包括微生物、寄生虫及其产物)和非感染性因素(恶性肿瘤、变态反应、无菌性炎症等)。

1. 外生性致热原

来自体外能致热的物质(如内毒素、外毒素和结核菌素)称为外源性致热原。

(1)细菌及毒素 包括革兰氏阴性细菌与内毒素、革兰氏阳性细菌与外毒素和分枝杆菌。

革兰氏阴性细菌与内毒素 此类细菌感染是常见的发热原因，主要有葡萄球菌、溶血性链球菌、肺炎球菌等。临床上输液或输血过程中所产生的发热反应，多数就是由于污染内毒素所致。

革兰氏阳性细菌与外毒素 菌体可分泌出外毒素亦可释放白细胞致热原。革兰氏阳性菌除了胞壁骨架上的肽聚糖有类似脂多糖性质的致热性以外，分泌的外毒素也有致热性，如葡萄球菌肠毒素。

(2)病毒 流感病毒等病毒可激活产致热原细胞产生、释放内生性致热原，引起发热。

(3)其他微生物 白色念珠菌感染所致的肺炎等，其致热因素是菌体及菌体内所含的荚膜多糖和蛋白质；钩端螺旋体内含有溶血素和细胞毒因子以及内毒素样物质；真菌、立克次体、衣原体等许多病原微生物致热物质尚不清楚。

(4)体内产物 某些体内产物以诱导产生内生性致热原的方式引起发热，又称为非传染性致热原。包括大面积烧伤、创伤引起的无菌性炎症，某些药物、血清病引起的变态反应，由于抗原抗体复合物的形成和致敏淋巴细胞释放淋巴因子引起发热，恶性淋巴瘤、肉瘤等肿瘤性发热，咖啡因兴奋体温调节中枢引起化学药物性发热，甲状腺机能亢进时引起激素性发热，中枢神经系统受到损伤或植物神经功能紊乱都可引起的神经性发热，体内某些类固醇产物的致热。

2. 内生性致热原

内生性致热原都是产内生性致热原细胞(能够产生和释放内生性致热原的细胞)在发热激活物的作用下所产生和释放的能引起体温升高的产物，统称为内生性致热原，主要有白细胞介素等。

(二)非致热原性发热

非致热原性发热指没有致热原参与而引起的发热。见于体温调节中枢机能障碍(如脑溢血、脑肿瘤、中暑、脑膜炎等)、产热过多(如甲状腺亢进、骨骼肌持续痉挛等)、散热减少(如广泛皮炎、大面积烧伤、重度心衰和脱水性的疾病等)均可引起发热。

二、发热的经过和热型

(一)发热的经过

多数发热尤其急性传染病和急性炎症的发热,其临床经过大致可分三个阶段,即体温上升期、高热持续期和退热期(图 7-12),每个时期有各自的临床症状和热代谢特点。

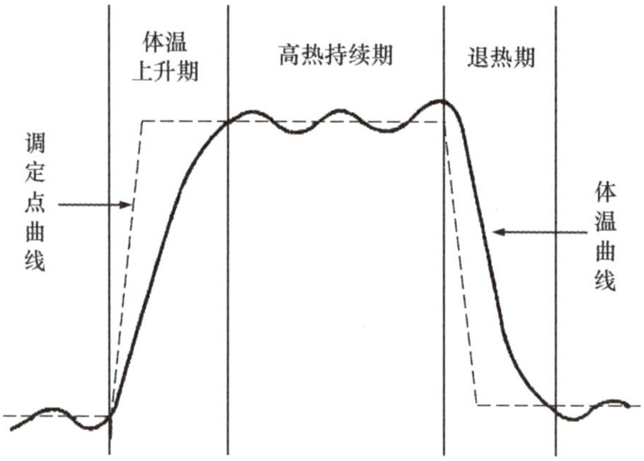

图 7-12　发热与体温调节关系

1. 体温上升期

(1)代谢特点　体温上升期产热量大于散热量(产热增多、散热减少)。这是发热的第一阶段,此时体温调节中枢的体温调定点上移,体温从正常逐渐升高。体温的上升速度随致热原的质和量以及机体的机能状态不同而有差别。肌肉收缩加强,肌糖原分解加强,产热增多,皮肤血管收缩,散热减少,因而体温逐渐上升。

(2)临床表现　此时病宠表现精神沉郁,食欲减退或废绝,呼吸和心跳加快,皮肤苍白、干燥,寒战,被毛蓬乱等症状。

2. 高热持续期(热稽留期)

(1)代谢特点　产热量接近散热量,体温在较高水平上维持平衡。在高热持续期,机体分解代谢增强,机体产热仍处于主导地位,但由于高温血液刺激体温调节中枢,引起散热反应增强,血流量增多,皮肤血管扩张,皮温升高。

(2)临床表现　病宠皮温增高,眼结膜充血潮红,呼吸和心跳加快,胃肠蠕动减弱,粪便干燥,尿量减少,口干舌燥等症状。

3. 体温下降期(退热期)

(1)代谢特点　产热量小于散热量。发热激活物、内生致热原、发热介质得到控制和清除,或应用退热药物,使上升的调定点恢复到正常水平,此时血液温度仍偏高,热神经元发放冲动,促进散热;冷神经元受抑制,产热减少。

(2)临床表现　皮肤血管进一步扩张，排汗、排尿增多，体温逐渐下降而恢复正常。体温突然下降称为热骤退。体质衰弱的患病宠物，热骤退常是预后不良的先兆，由于热骤退过程中，体表血管扩张、循环血量减少、血压下降以及发热时引起酸中毒等的影响，导致心力衰竭而危及生命。因此，在临床上要谨防宠物体温骤退，引起急性循环衰竭而造成的死亡。

(二)热型

在许多疾病过程中，发热过程持续时间与体温升高水平是不完全相同的。临床上常常每日对宠物定时检测体温两次，并逐日将体温记录连接起来，绘制成曲线图称为体温曲线，体温曲线的表现形式称热型。热型在疾病诊断和鉴别诊断上有一定的临床意义。根据发热程度(微热：体温升高 0.5～1 ℃；中热：体温升高 1～2 ℃；高热：体温升高 2～3 ℃；极高热：体温升高 3 ℃以上)、速度和持续时间，分以下几种类型。

(1)稽留热　体温升高到一定程度后，高热较稳定地持续 3～5 d，而且昼夜温差变动不超过 1 ℃。临床常见于大叶性肺炎等急性发热性传染病。

(2)弛张热　体温升高后持续 7～10 d，昼夜温差变动常超过 1 ℃，但又不降至常温。临床常见于小叶性肺炎、胸膜炎、败血症、支气管炎等。

(3)间歇热　高热期与无热期有规律地交替出现，无热期短于发热期。临床常见于血孢子虫病、化脓性局灶性感染等。

(4)不定型热　发热持续时间不定，体温变动无规律，体温曲线呈不规则变化。临床常见于渗出性胸膜炎、非典型肺炎等疾病。

(5)双相热　体温升高后持续 1～3 d，然后体温趋于正常，动物精神食欲有所好转，几天后又出现第二次体温升高，持续 1 周或更长时间。临床常见于犬瘟热。

(6)暂时热　发热持续时间很短暂。见于轻度消化不良、分娩后、结核菌素反应等。

(7)消耗热　又叫衰竭热，指病宠长期发热，昼夜温差超过 4～5 ℃。见于慢性或严重的消耗性疾病，如重症结核、脓毒血症等。

三、发热时机体的变化与生物学意义

(一)物质代谢的变化

发热机体的代谢改变包含两个方面：一方面是在致热原作用后，体温调节中枢对产热进行调节，提高骨骼肌的物质代谢，使调节性产热增多；另一方面是体温升高本身的作用，体温升高 1 ℃，基础代谢率提高 13%。因此持久发热使物质消耗明显增多。如果营养物质摄入不足，就会消耗自身物质，并易出现维生素 C 和 B 族维生素的缺乏。

1. 糖代谢

发热时糖分解代谢加强，血糖升高，葡萄糖的无氧酵解加强，组织内乳酸含量增加。

2. 脂肪代谢

发热时脂肪分解也明显加强，由于糖代谢加强使糖原储备不足，糖类摄入相对减少，使储备脂肪大量消耗导致消瘦。由于脂肪分解加强和氧化不全，还会出现酮血症和酮尿。

3. 蛋白质代谢与急性期反应

高热时蛋白质分解加强，血液和尿液非蛋白氮比正常增加 2～3 倍，同时由于消化功能降低，蛋白质摄入和吸收减少，而造成负氮平衡。急性期反应是机体一系列应激变化中的一种防

御反应，多数发热有急性期反应，此时必须保证机体摄入大量蛋白质等营养，否则长期高热可导致肌肉和实质器官发生萎缩、变性，进而引起机体的衰竭。

4.水、电解质及维生素代谢

发热时出汗、排尿增多及机体内代谢的加强，使水、电解质及维生素均大量消耗。高热可引起脱水，脱水又可加重发热，因此必须补足水分尤其是高热期、退热期。此外，由于氧化不全的酸性产物（乳酸、酮体）在体内增多，可导致代谢性酸中毒。

（二）机能的变化

1.中枢神经系统功能改变

高热时对中枢神经系统的影响较大，神经系统兴奋性增高，易引起烦躁不安、惊厥。体温过高时可导致昏迷、死亡。

2.循环系统功能改变

发热时心率加快，体温上升 1 ℃，心率平均增加 10～15 次/min。尤其传染病引起的长期发热，由于氧化不全产物和毒素对心脏作用，容易引起心肌变性；又因心跳过快，心脏负担加重，若心肌有潜在病灶，则诱发心力衰竭。此外，体温骤退，可因大汗而致虚脱、休克甚至循环衰竭，应及时预防。

3.呼吸系统功能改变

发热时血温升高刺激呼吸中枢并提高呼吸中枢对二氧化碳的敏感性，再加上代谢加强、二氧化碳生成增多，共同促使呼吸加深加快。

4.消化系统功能改变

发热时交感神经兴奋，水分蒸发过多，导致消化液分泌减少，各种消化酶活性降低，食欲减退，胃肠道蠕动减弱，口干腹胀，便秘等现象。有时可因肠内容物发酵、腐败而引起自体中毒。

5.泌尿系统的变化

发热初期，由于血压升高，肾血流量增加，尿量稍增多，尿比重较低。高热时，一方面由于呼吸加快，水分被蒸发；另一方面因肾组织发生轻度变性，体表血管舒张，肾血流量相应地减少，以及由于分解代谢增强，酸性代谢产物的增多，水和钠盐被潴留在组织中，因而使尿液减少，尿比重增加，并且尿中常出现含氮产物。到退热期，由于肾血液循环的改善，大量盐类又从肾排出，因此又表现为尿量增加。

6.防御功能改变

发热时，机体内单核巨噬细胞系统的功能活动增强。表现在抗感染能力增强、抗体形成增多、补体活性增高，肝解毒功能增强，对肿瘤细胞的影响和急性期反应加强。

（三）发热的生物学意义

发热是机体在长期进化过程中所获得的一种以抗损伤为主的防御适应反应，对机体有利也有弊。

1.有利方面

总体来看，一定程度的发热有利于机体抵抗感染，抑制对机体有害的致病因素，能增强单核巨噬细胞系统的吞噬能力，提高机体对致热原的清除能力；肝氧化过程加速，提高其解毒能力。从生物进化角度看，发热对机体的生存和种族延续具有重要的保护意义。

2. 不利方面

(1)发热明显增大能量消耗,加重器官的负荷,能诱发相关脏器的功能不全,宠物消瘦和抵抗力下降。

(2)高热常使实质器官的细胞出现颗粒变性。如中枢神经系统和血液循环系统发生损伤,宠物表现精神沉郁以至昏迷;心肌变性会导致心力衰竭。

(3)发热可导致胎儿的发育障碍,是重要的致畸因子,因此孕宠应尽量避免发热。

四、发热的处理原则

影响发热的主要因素是中枢神经的功能状态、内分泌系统的功能状态、营养状况、疾病状态、发热激活物的性质。除了病因学治疗外,针对发热的治疗(退热治疗)应尽可能遵循以下原则。

(1)非高热者一般不要急于解热,否则干扰热型和热程不利于疾病的诊断。对长期不明原因的发热,应做详细检查,注意寻找体内隐蔽的化脓部位。

(2)持续高热(如 40 ℃以上)、患心脏病(发热加重心肌负荷)、有严重肺或心血管疾病、妊娠期,治疗原发病同时采取退热措施,但高热不可骤退。

(3)解热措施　药物解热、物理降温及其他措施(包括休息、补充水分和营养),高热惊厥者也可酌情应用镇静剂(如安定)。

(4)加强对高热或持久发热病宠的护理　补足水分,预防脱水,并纠正水电解质和酸碱平衡紊乱;保证充足易消化的营养食物(包括维生素),监护心血管功能,大量排汗时要防止休克的发生。

任务 6　黄　疸

黄疸又称高胆红素血症,是指由于血浆胆红素浓度增高而引起的皮肤、巩膜、黏膜、大部分组织和内脏器官及某些体液的黄染。多种疾病能引起黄疸,尤其是在肝胆疾病和溶血性疾病中最多见。

一、胆色素的正常代谢

体内胆红素的主要来源是衰老红细胞被单核细胞吞噬分解后产生的,占 80%～85%。衰老红细胞被单核细胞吞噬后,分解为珠蛋白和血红素,其中珠蛋白分解为氨基酸被重新利用,而血红素则降解为胆绿素,胆绿素在胆绿素还原酶作用下,生成胆红素。胆红素在体内存在形式有非酯型胆红素和酯型胆红素两种形式。在血液中为非酯型胆红素,在肝细胞内转化为酯型胆红素。酯型胆红素随胆汁排入肠道,进入毛细胆管的酯型胆红素随胆汁排入十二指肠,在回肠和结肠的细菌作用下,生成无色的胆素原(如粪胆原、尿胆原),在肠道下段与空气接触,氧化为黄褐色粪尿胆素,是粪尿的主要颜色。在肠道中,有 10%～20%的胆素原再吸收入血,经门静脉返回肝,大部分再经肝细胞分泌,排入胆汁而再进入肠腔,这一过程称为胆素原的肠肝循环。其中有少量胆素原进入血液,经体循环从肾排出(图 7-13)。

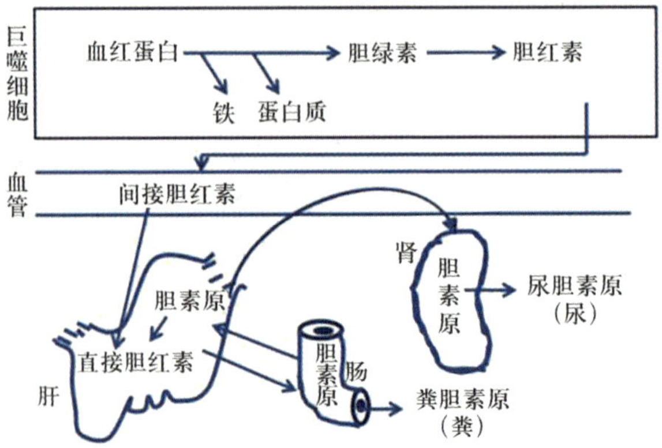

图 7-13　正常胆色素代谢

二、黄疸的原因及类型

依据发生原因将黄疸分为溶血性黄疸、实质性黄疸和阻塞性黄疸。

(一)溶血性黄疸(肝前性黄疸)

1. 原因

有先天和后天两方面因素。常见的免疫性因素如血型不合的异型输血、溶血病、自身免疫性溶血性贫血、溶血或某些药物致敏。生物性因素如细菌、病毒等可致溶血。物理性因素和化学性因素所造成的红细胞的破坏见表 7-1。

2. 机制

红细胞大量破坏,胆红素的生成过多,超过了肝细胞的处理能力,血中非酯型胆红素潴留,导致黄疸(图 7-14)。

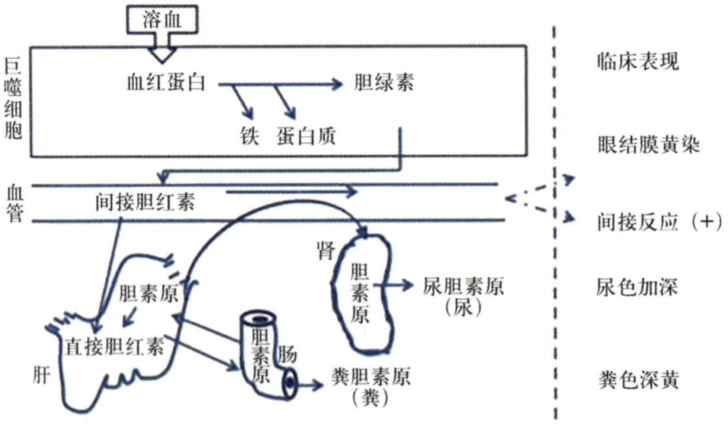

图 7-14　溶血性黄疸机理与临床表现

3. 病理特征

溶血性黄疸的特点是血液中非酯型胆红素增多,胆红素定性试验时,呈间接反应阳性,粪、尿胆素原都增多,粪尿颜色加深(表 7-2)。

(二)实质性黄疸(肝性黄疸)

1.原因

中毒(磷、汞)或肝炎等传染病、某些败血症和维生素 E 缺乏等引起肝细胞损坏。

2.机制

肝细胞损坏,其对胆红素的摄取、酯化和排泄都受到影响。此时机体胆红素生成量正常,肝细胞的处理能力下降,不能把非酯型胆红素全部转化为酯型胆红素,血中非酯型胆红素潴留。同时已经被酯化的胆红素,从损坏的毛细胆管又渗漏到血窦,血中酯型胆红素也增多,导致黄疸(图 7-15)。

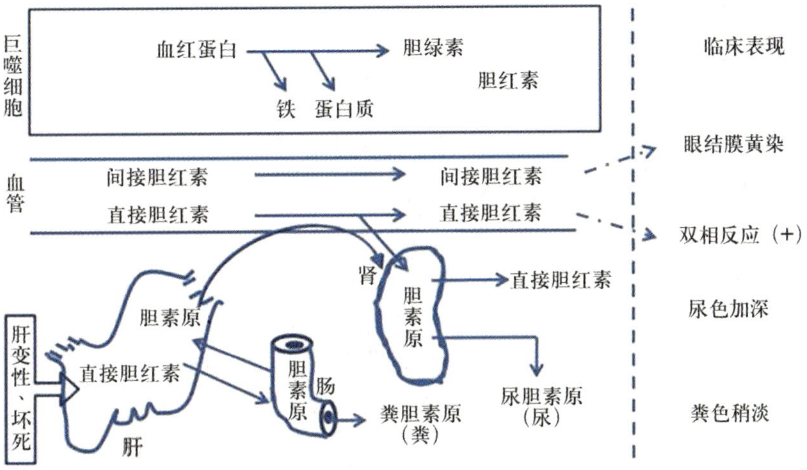

图 7-15　实质性黄疸机理与临床表现

3.病理特征

血中非酯型和酯型胆红素均增多,胆红素定性试验时,呈双向反应阳性,肝分泌障碍,进入肠内的胆红素减少,粪胆素原也少,粪色淡。但是血中酯型胆红素透过肾小球毛细血管从尿排出,尿胆素原增多,尿色加深(表 7-2)。

(三)阻塞性黄疸(肝后性黄疸)

由于结石、虫体等因素致胆管阻塞引起的黄疸,也称肝后性黄疸。

1.原因

常见于十二指肠炎、胆道炎、胆道结石或寄生虫等阻塞胆管、肿块压迫胆道,导致肠肝循环障碍,引起的黄疸。

2.机制

由于肝外胆管梗阻,肠肝循环障碍,胀满的胆汁逆流入肝,吸收入血,血中酯型胆红素增多,导致黄疸(图 7-16)。

3.病理特征

血中酯型胆红素增多,胆红素定性试验时,呈直接反应阳性。由于胆汁未进入肠内,粪胆素原减少,粪色淡(灰白色)。尿中没有胆素原,但因血中酯型胆红素可以透过肾脏滤过膜后随尿液排出,故尿色变深(表 7-2)。

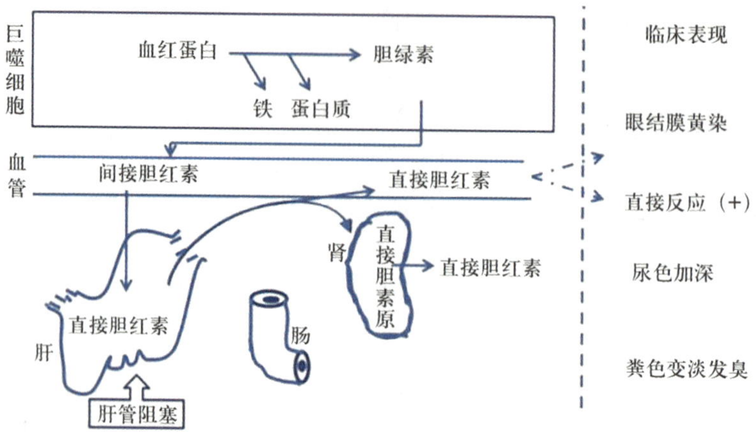

图 7-16　阻塞性黄疸机理与临床表现

表 7-2　三种类型黄疸的主要特点

区别项目	黄疸类型		
	溶血性黄疸	阻塞性黄疸	实质性黄疸
胆红素代谢情况	红细胞大量破坏，胆红素生成过多	胆道阻塞，胆红素排泄障碍	肝细胞受损，胆红素处理障碍
血清中未结合胆红素	增多	无变化或增多	增多
血清中结合胆红素	无变化	增多明显	增多
胆红素定性试验	间接反应阳性	直接反应阳性	双相反应阳性
尿胆红素	无	有	有
尿胆素原含量	增加	无	增加
粪胆素原含量	增加	减少或无	减少

三、黄疸对机体的影响

肝内与肝外胆汁淤滞时，胆红素及一部分胆汁均可损害细胞，导致细胞坏死、凋亡等。特别是阻塞性黄疸时对机体影响较大。由于肝细胞的坏死与凋亡，可进一步损害肝功能，可产生出血倾向。胆酸盐刺激血管壁感受器，反射地兴奋迷走神经中枢，使心跳变慢，血压下降；胆酸盐在皮肤和汗腺中蓄积，或引起皮肤瘙痒。

同时，由于胆汁不能进入消化道，一方面会产生消化吸收功能障碍；另一方面因脂溶性维生素吸收不良，会产生一系列维生素缺乏的症状。

任务 7　败血症

一、概念

机体受到病原微生物感染后，其抵抗力不能抗御病原微生物的侵袭，病原微生物迅速突破机体的防御系统，在体内增殖并大量向血液中释放，血液内持续存在病原微生物及其毒性产物，造成广泛的组织损伤，临诊上出现严重的全身反应，这种全身性病理过程称为败血症。

败血症时血液内出现大量细菌是由感染组织增殖的病原菌向血液侵入，机体一时不能将其完全清除的结果。除细菌外，一些病毒、寄生原虫及细菌毒素和其他毒性产物也会引起与其相类似的病理变化，也称为败血症。

败血症的过程中往往伴有菌血症、病毒血症、虫血症或毒血症出现，这些是败血症的重要标志之一。但是，只有这些，并不能诊断为败血症，还必须结合是否有败血症的病理变化，方可做出确切诊断。

1. 菌血症

病原菌出现于循环血液中的现象，称为菌血症。菌血症的出现有下列两种可能：一种是败血症时的菌血症，当病原菌侵入机体后，在其适宜的部位大量增殖，然后进入血液，由于机体防御机能瓦解，所以不能将其清除，病原菌持续存在于血液中，并且有明显的全身症状和病理变化。另一种是非败血症时的菌血症，病原菌出现于血液中为暂时性或称为路过性，并不出现全身症状和病理变化。

2. 病毒血症

病毒存在于血液中的现象，称为病毒血症。病毒血症的出现也有两种可能：一种是败血症时的病毒血症，常发生于由病毒引起的某些传染病的败血症，当病毒侵入机体后，在其适宜部位进行复制，然后向血液释放大量病毒，由于机体防御机能瓦解，故不能将其清除，大量病毒存在于血液中，同时伴有明显的全身性感染过程。另一种是非败血症时的病毒血症，病毒出现于血液中为临时性或称为路过性，并不出现全身症状和病理变化。

3. 虫血症

寄生原虫侵入血液的现象，称为虫血症。败血型原虫病时的虫血症，主要是由于原虫在其适于寄生的部位繁殖后，大量原虫进入血液，同时伴有明显的全身性病理过程。

4. 毒血症

血液内有细菌毒素和其他毒性产物蓄积而引起的全身中毒现象，称为毒血症。毒血症的发生，主要是由于病原微生物侵入机体后，在其适宜部位增殖，不断产生毒素，并形成大量组织崩解产物，被吸收进入血液而引起机体中毒。其次也与全身发生的物质代谢障碍，肝的解毒功能降低以及肾的排毒机能下降等因素有关。

5. 脓毒败血症

脓毒败血症是指化脓菌进入血液，随血流在相应组织器官产生广泛脓肿的病理现象。在化脓性炎症过程中，当机体抵抗力衰弱时，化脓菌或脓汁经淋巴管或血管扩散到全身其他组织、器官，在全身形成大小不等的转移性化脓灶，此为脓毒败血症。此时，除表现败血症的变化和原发病灶的病变外，还见许多新的转移性化脓灶（图 7-17）。

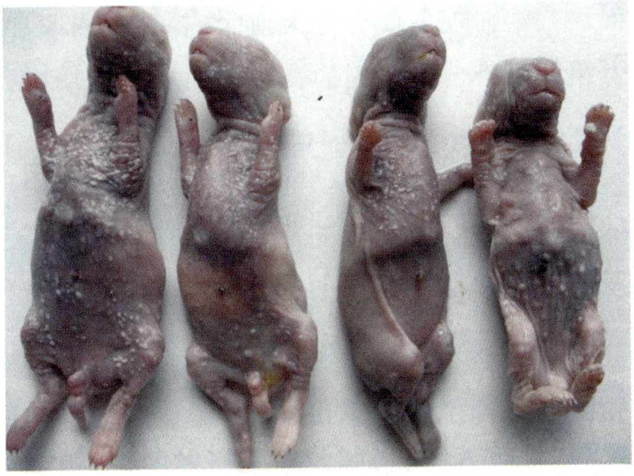

图 7-17　兔脓毒败血症

胎儿全身皮下布满粟粒大脓肿　　（任克良）

二、败血症的原因和类型

1. 非传染性病原体引起的败血症

当病原体如葡萄球菌、链球菌、绿脓杆菌、腐败梭菌等由侵入门户进入机体内，引起局部炎症，若未能被消除，则在局部生长繁殖。当机体抵抗力降低、治疗不当时，则病菌不断向淋巴管、血管扩散，毒性产物大量进入血液，导致器官组织损伤，机能紊乱，最终引起败血症。如果是化脓菌，则先在侵入局部引起化脓性炎，随病情恶化，引起全身转移性化脓灶，称全身性脓血症或脓毒败血症。

2. 传染性病原体引起的败血症

如细菌、病毒、原虫等病原体侵入机体后，呈明显的局部炎症过程，在合适部位繁殖，并迅速经血液向全身播散，造成广泛的组织损害。其机理与非传染性病原体引起的败血症一样，只是传染性病原体毒力强，侵袭力强。

三、败血症的病理变化

根据引起败血症病原体的不同，将败血症分为传染病型败血症和非传染病型败血症。

1. 传染病型败血症

(1)最急性型　当病原体毒力特别强或机体抵抗力很弱时，体内防御系统迅速被摧垮，体内出现了严重的物质代谢障碍，危及生命，动物很快死亡。此种类型的败血症因为病程特别短，所以形态学变化未能充分形成，一般无肉眼可见的病理变化。

(2)急性型　死于急性败血症的动物具有典型的病理变化，其共同点如下。

①尸僵不全，尸体腐败臌气。这是由于动物体内有大量病原微生物及其毒素存在，肠道腐败菌在机体抵抗力降低的情况下进入血液，极易引起尸体腐败，肌肉组织发生退行性变化。肌肉内的乳酸被细菌的碱性物质中和，使存在于肌肉中的乳酸变少，往往不出现尸僵或尸僵不完全。

②血液凝固不良。常见从尸体的天然孔流出黑红色不凝固的浓稠血液。

③溶血现象。可见大血管内膜、心内膜和气管黏膜被血红蛋白染成污红色，可视黏膜和皮下组织黄染。这是因为在细菌毒素的作用下，使红细胞遭到破坏，发生溶血现象，血管内膜等处被血红素染成污红色。

④全身黏膜、浆膜出血。可见四肢、背腰部和腹部皮下、黏膜和浆膜下的结缔组织有浆液性出血或出血性胶样浸润，在心包膜、心外膜、胸膜、腹膜、肠黏膜、气管黏膜、肠浆膜及一些实质器官的被膜上有散在的出血点或出血斑。严重时，天然孔流出紫黑色血样液体。

⑤脾表现急性脾肿的变化。脾肿大可达正常时的 3～5 倍，可见被膜紧张，边缘钝圆，质地松软易碎，呈黑紫色。切面隆起，白髓和小梁不明显，切面流出紫黑色液体，呈浓稠粥样。用刀背轻刮切面有多量紫红色粥样物，有时脾髓因高度软化而从切面自动流出称为败血脾。脾肿大特别严重时，可造成脾破裂而引起内出血。

⑥淋巴结肿大明显。在病程较长的病例，全身各处的淋巴结均见肿大，呈现急性浆液性和

出血性淋巴结炎的变化。

⑦心、肝、肾等实质器官以退行性变化为主，有时也见炎症变化。

a. 心表现为心肌变性，弹性降低，心腔扩张，心肌质地松软，切面无光泽，呈土黄色。有时因局部心肌组织充血、出血、变性、坏死的程度不同而呈现红、黄、灰等不同色彩。心内膜、心外膜有散在的出血点。心腔内有多量暗红色凝固不良的血液，为急性心力衰竭的表现。

b. 肝因变性而肿大，呈灰黄或土黄色，质地脆弱。常因肝组织淤血和脂肪变性同时发生，而呈“槟榔肝”变化。

c. 肾因变性而肿大，质地松软，被膜易剥离，皮质部呈灰黄或土黄色，皮质部和髓质部交界处因淤血呈紫红色。

d. 肺可见淤血、水肿，体积增大，呈紫红色，有时呈现出血性支气管肺炎的变化。

e. 神经系统可见脑软膜充血，脑实质无明显病变。

f. 肾上腺因明显变性，类脂质消失，皮质部失去固有的黄色，呈浅红色，皮质与髓质部可见出血灶。

2. 非传染病型败血症

非传染病型败血症又称为感染创伤型败血症，其特点是在机体发生局灶性创伤的基础上，由细菌感染引起炎症，进而发展为败血症。如体表创伤、手术创伤（包括去势创伤）、产后的子宫及新生幼宠的脐带等损伤，因护理不当或治疗不及时造成细菌感染并引起败血症。

感染创伤性败血症除具上述败血症的病理变化外，不同的感染创伤型败血症又各有其原发病灶的变化特点，可分为以下几种。

（1）创伤败血症　原发病灶见于各种创伤（如去势创、火器伤等）。原发病灶多呈浆液性化脓性炎或蜂窝织炎。由于病原体多沿淋巴管扩散，致使病灶附近的淋巴管和淋巴结发炎。淋巴管肿胀、变粗，呈条索状，管壁增厚而管腔狭窄，管腔内积有脓汁或纤维素凝块。淋巴结为单纯淋巴结炎或化脓性淋巴结炎。病灶周围静脉有时可呈静脉炎，静脉管壁肿胀，内膜坏死和脱落，管腔内积有血凝块或脓汁。

（2）产后败血症　宠物分娩后，当子宫黏膜损伤或子宫内遗有胎盘碎片时，易感染化脓菌或腐败菌，引起化脓性子宫炎或腐败性子宫炎，往往因继发败血症而死亡。子宫肿大，压之有波动感，子宫内蓄积多量污秽不洁并有臭味的脓样液体。子宫黏膜淤血、出血及坏死，坏死的黏膜脱落后，形成糜烂或溃疡。

（3）脐败血症　由于新生幼宠断脐时消毒不严，致使细菌感染并引起败血症。此时脐带根部可见有出血性化脓性炎，肝往往发生脓肿。

此外，在化脓性炎症过程中，当机体抵抗力衰弱时，化脓菌或脓汁经淋巴管或血管扩散到全身其他组织、器官，在全身形成大小不等的转移性化脓灶，此为脓毒败血症。此时，除表现败血症的变化和原发病灶的病变外，还见许多新的转移性化脓灶。如马腺疫颌下淋巴结化脓灶可转移到肺和肠，在肺和肠形成新的转移性化脓灶，发生脓毒败血症而死亡。

四、结局和对机体的影响

1. 结局

(1)死亡　在机体与病原微生物进行斗争的过程中,机体的抵抗力不能抵御病原微生物的攻击,病原微生物迅速突破机体的防御系统,在体内增殖并大量向血液中释放,血液内持续存在病原微生物及其毒性产物,使机体各组织造成广泛的损伤,当机体重要器官组织出现严重损伤导致机能衰竭或出现败血性休克时,而引起宠物死亡。最急性型败血症可导致宠物机体内出现严重的物质代谢障碍,并危及生命。

(2)治愈　根据败血症的病理变化特点做出初步诊断,结合流行病学、临诊症状以及实验室检查等查明引起败血症的病原体。针对引起败血症的病原体,及时治疗,用药合理,可以迅速控制病情的发展,达到治愈的目的。

2. 对机体的影响

传染病型败血症多为急性经过。如果未能及时查明病原,治疗用药错误,则会很快引起宠物死亡。但是,当传染病型败血症刚刚发生时,及时有效地治疗可减少宠物的死亡。治愈的宠物有时也会出现一定的机能障碍,对于传染病型败血症,还可以进行免疫接种。感染创型败血症为慢性经过的急性化,及早发现原发病灶,进行及时恰当地治疗,可有效地阻止局部组织损伤的加剧和向全身的扩散,亦可阻止感染创型败血症的发生。

学习评价 〉〉〉

一、名词解释

1. 水肿　2. 高渗性脱水　3. 低渗性脱水　4. 等渗性脱水　5. 缺氧　6. 血液性缺氧　7. 循环性缺氧　8. 黄疸　9. 组织性缺氧　10. 代谢性酸中毒　11. 发热

二、填空题

1. 脱水的类型有________、________、________。

2. 等渗性脱水不予处理可转变为________,若只补水会转变为________,低渗性脱水患病宠物补大量水会引起________。

3. 机体维持酸碱平衡的机制包括________作用、________的调节作用、________的调节作用和________的调节作用。

4. 可视黏膜呈蓝紫色称为发绀,是组织严重________的表现。

5. 发绀是血中________增加所致,皮肤黏膜呈________色。一氧化碳中毒时,皮肤黏膜呈________色。亚硝酸盐中毒时,皮肤黏膜呈________色。

三、单项选择题

1. 脑水肿是指(　　)。

A. 脑细胞外液增多　B. 脑细胞内液增多　C. 脑组织含水量增多
D. 脑血量增多　E. 脑容量增大

2. 炎性水肿时渗出液位于(　　)。
A. 关节腔　B. 胸膜腔　C. 腹膜腔
D. 心包腔　E. 组织间隙

3. 高渗性脱水时(　　)。
A. 细胞外液明显增加　B. 细胞内液明显减少　C. 细胞内液少量减少
D. 细胞内液明显增加　E. 细胞内液量正常

4. 体液大量丢失后只补葡萄糖液易使机体发生(　　)。
A. 高渗性脱水　B. 低渗性脱水　C. 等渗性脱水
D. 水肿　E. 慢性水中毒

5. 下列哪个不是高渗性脱水的特征?(　　)
A. 失水大于失钠　B. 血浆胶体渗透压增高　C. 细胞水肿
D. 病宠口渴、尿量减少

6. 机体在代谢过程中产生最多的酸性物质是(　　)。
A. 碳酸　B. 硫酸　C. 丙酮酸　D. 乳酸

7. 下列哪一项不是代谢性酸中毒的原因?(　　)
A. 高热　B. 呕吐　C. 休克
D. 腹泻　E. 急性肾功能衰竭

8. 机体中最重要的缓冲系是(　　)。
A. 血浆蛋白　B. 有机磷酸盐　C. Hb 及 HbO_2
D. 无机磷酸盐　E. HCO_3^- 缓冲系

9. 发热病犬最易出现(　　)。
A. 代谢性酸中毒　B. 代谢性碱中毒　C. 呼吸性酸中毒
D. 混合性酸中毒　E. 混合性碱中毒

10. 正确的发热概念是(　　)。
A. 体温超过 37 ℃　B. 体温调节中枢调节功能障碍
C. 由体温调节中枢调定点上移引起　D. 散热障碍
E. 产热异常

11. 输液引起发热多因(　　)。
A. 过敏反应　B. 毒性反应　C. 病毒污染
D. 内毒素污染　E. 霉菌污染

12. 高热时实质脏器最易发生的变化是(　　)。
A. 变性　B. 坏疽　C. 凋亡
D. 梗死　E. 萎缩

四、判断题

1. 皮下水肿也称为浮肿,皮下组织呈胶冻状、表面紧张、指压无痕。(　　)
2. 实质器官水肿时体积明显肿大、重量增加、被膜紧张。(　　)

五、问答题

1. 描述肺、皮肤和黏膜水肿的眼观病变。
2. 缺氧从哪些方面导致细胞损伤？
3. 分析煤气中毒和亚硝酸盐中毒发生机理有何异同。
4. 各类缺氧的可视黏膜有何区别？
5. 如何区别发热与过热？
6. 发热时机体的代谢和机能主要变化有哪些？
7. 发热的原因有哪些？

病例分析

4 月龄雄性斑点犬，体重 4.8 kg，未免疫。于 2 d 前出现呕吐，不食，腹泻数次，粪便有特殊腥臭味，并伴有可视黏膜及皮肤黄染等症状，体温 38.7 ℃，经化验犬瘟热病毒为阴性，犬细小病毒为强阳性；血液生化检验血清总胆红素为 2.15 mg/100 mL。用所学过的病理知识分析该犬所患疾病。

模块三

各系统病理

项目八　内脏系统病理

学习目标

知识目标：掌握心血管系统、淋巴系统、消化系统、呼吸系统、泌尿系统、生殖系统常见病的病因及病理变化；了解各病的结局及对机体的影响。

能力目标：能根据病理变化判断宠物所患的疾病。

学习任务

任务1　心血管系统病理

心血管系统是由心脏、动脉、静脉和毛细血管组成的一个封闭的管道系统。血液循环联系着全身各器官组织，不断地给组织细胞输送氧气、营养物质、激素及抗体等，并从组织中运出代谢产物。从而保证机体内环境和内外环境之间的动态平衡及各器官系统的正常生理活动。因此，当心血管系统发生机能性或器质性疾病时，就必然引起全身或局部血液循环紊乱，进而导致各器官组织发生代谢、机能和结构方面的改变，甚至对生命造成威胁。

一、心包炎

心包炎是指心包的壁层和脏层浆膜的炎症。心包炎可分为急性和慢性两类。慢性心包炎较严重的类型是缩窄性心包炎。发生心包炎时心包腔内常蓄积着大量炎性渗出物。根据渗出物的性质可区分为浆液性、纤维素性、出血性、化脓性、腐败性和混合性等类型。临床上常见的是浆液性、纤维素性或浆液纤维素性心包炎。

1. 病因

多数继发于病毒性疾病（猫传染性腹膜炎、流行性感冒、传染性单核细胞增多症等）、细菌性疾病(结核病、放线菌病、脑膜炎双球菌感染等)、真菌性疾病(球孢子菌病)、免疫性疾病(系统性红斑狼疮)以及外伤、异物等。

2. 病理变化

(1)传染性心包炎　初期心包内以浆液性渗出物为主,随着炎症的发展,慢慢析出絮状的纤维素,从而发展为浆液纤维素性心包炎。

①眼观　心包表面血管扩张充血,间或有出血斑点。心包膜因炎性水肿而增厚。心包腔因蓄积大量渗出液而明显膨胀,腔内有大量淡黄色透明的浆液性渗出物(图 8-1),若混有脱落的间皮细胞和白细胞则变浑浊。急性过程的心外膜表面附着薄层的黄白色纤维素,早期易于剥离,如果炎症持续较久,心外膜上的纤维素可成层地不断沉着,或因心脏搏动而形成绒毛状外观,称为“绒毛心”(图 8-2)。慢性经过时(如结核性心包炎),被覆于心包壁层和脏层上的纤维素往往发生机化,外观呈盔甲状,称为“盔甲心”。心包脏层和壁层因机化而发生粘连。

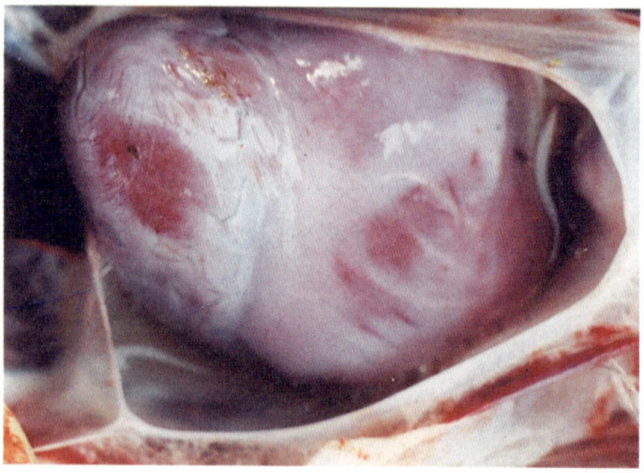

图 8-1　传染性心包炎(一)

心包扩张,其中含有大量浆液性渗出物

(陈怀涛)

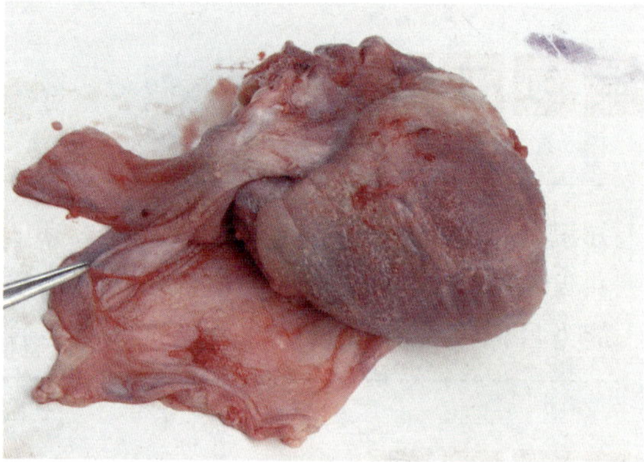

图 8-2　传染性心包炎(二)

心外膜附着大量纤维素渗出,呈“绒毛心”外观

(吴斌)

②镜检　初期心外膜下充血、水肿并有白细胞浸润,间皮细胞肿胀呈立方形,但仍完整,浆膜表面有少量浆液-纤维素性渗出物。随后间皮细胞坏死、脱落,浆膜层和浆膜下组织水肿、充血及白细胞浸润,间或有出血。特别是在组织间隙内有大量丝网状纤维。与发炎心外膜相邻接的心肌发生颗粒变性和脂肪变性,心肌间质也有充血、水肿及白细胞浸润。

(2)创伤性心包炎　炎症呈浆液-纤维素性炎,但因常有细菌随异物侵入心包,伴发化脓,故也常称浆液-纤维素性化脓性炎。

①眼观　心包膜显著增厚,失去原有的透明光泽。心包腔高度充盈,腔内积聚大量污秽的纤维素性化脓性渗出物,内含气泡,并发恶臭味。心外膜变得粗糙肥厚,心壁及心包上可见刺入的异物。

②镜检　可见炎性渗出物由纤维素、嗜中性粒细胞、巨噬细胞、红细胞与脱落的间皮细胞等。慢性经过时,渗出物往往浓缩而变为干酪样并可发生机化,造成心包黏连。创伤损及心肌时,还可引起心肌化脓。

3. 结局和对机体的影响

心包炎病情较轻者,其渗出物可被逐渐液化、吸收而痊愈。当渗出物不能完全吸收时,则发生机化,在心外膜上留下灰白色的乳斑。病情较重者,心包和心外膜可发生黏连,影响心脏

活动，长时间则会导致心力衰竭，

心包炎对机体的另一重要影响是心包积液对心脏的直接压迫作用。初期，心包积液较少，故血液循环障碍通常不明显。但当心包积液增多后，就会对心脏产生直接压迫作用，影响心脏的收缩与舒张，回心血量减少，可发生全身淤血或水肿，严重时心功能不全。

创伤性心包炎对机体除了有上述影响外，由于其渗出物的腐败分解，微生物毒素的吸收，可继发脓毒败血症而致宠物死亡。

二、心肌炎

心肌炎是指各种原因引起心肌的炎症。原发性心肌炎极少见，通常伴发于某些全身性疾病的过程中，如传染病、代谢病、变态反应性疾病可继发心肌炎。

1. 病因和发病机理

引起心肌炎的病原体及毒素可通过血流途径侵害心肌，也可由心内膜炎或心外膜炎蔓延而来。其作用方式一是直接使心肌纤维变性、坏死，二是损伤血管引起血液循环障碍而发生心肌炎。另外，病原体也可通过致敏机体，发生过敏反应，形成针对心肌的抗体或致敏淋巴细胞，也可能造成心肌的免疫损伤，引起心肌炎。

2. 病理变化

根据心肌炎的发生部位和性质，可分为实质性心肌炎、间质性心肌炎和化脓性心肌炎等类型。

(1)实质性心肌炎　以心肌纤维的变性变化为主，而渗出和增生过程轻微。常呈急性经过。

①眼观　心脏呈扩张状态，心肌色泽变淡，质地变软，无光泽，在心脏表面可见灰白色或灰黄色斑块状或条纹状病灶(图 8-3)，特别是右心室。炎症多为局灶性。

②镜检　轻症心肌炎时，可见心肌纤维呈颗粒变性、脂肪变性。严重时心肌纤维呈蜡样坏死，甚至崩解，并可见钙盐沉积。间质有程度不同的浆液渗出和炎性细胞浸润(图 8-4)。

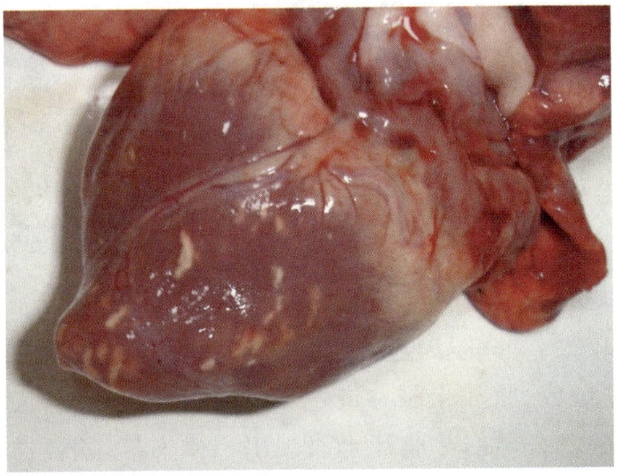

图 8-3　实质性心肌炎(一)

在心外膜上可见许多灰白色或灰黄色斑点状和条纹状病变　(吴斌)

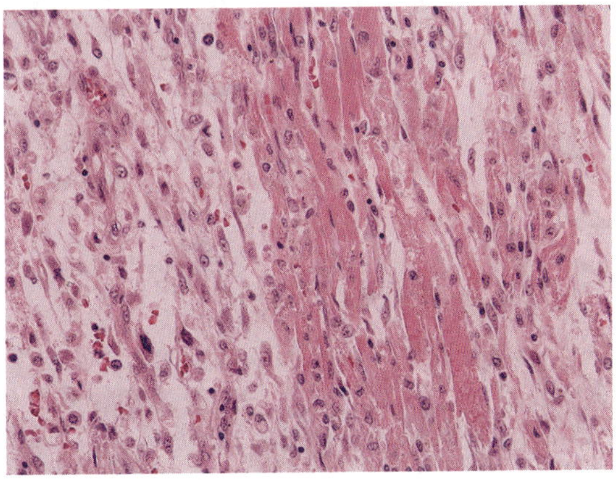

图 8-4　实质性心肌炎(二)

心肌纤维变性、坏死，纤维间嗜中性粒细胞和单核细胞浸润。HE×400　(陈怀涛)

(2)间质性心肌炎　以心肌的间质渗出性变化明显，炎性细胞呈弥漫性或结节状浸润，而心肌纤维变性变化比较轻微为特征，可发生于传染性和中毒性疾病过程中。

①眼观　病变与实质性心肌炎相似。

②镜检　心肌纤维呈局灶性变性和坏死，但主要病变集中在间质内。间质内可见充血、出血、浆液性渗出和大量炎性细胞浸润与增生，主要是单核细胞、淋巴细胞和浆细胞。慢性过程中，局部心肌纤维可发生萎缩、变性、坏死甚至消失，间质结缔组织明显增生，并有不同程度的炎性细胞浸润(图 8-5)。

(3)化脓性心肌炎　是以大量嗜中性粒细胞渗出和脓液形成为特征的心肌炎症。多由化脓性细菌感染所引发。化脓性细菌可来源于脓毒败血症的转移性细菌栓子，通常由机体其他部位(如肺炎、子宫炎、关节炎等)的化脓性栓子经血液转移至心脏，在心肌内形成化脓性栓塞，引起心肌脓肿或化脓性心肌炎。

①眼观　心肌有大小不一的脓肿。慢性时，化脓灶的外面形成包囊。脓汁的颜色可因化脓菌的种类不同而异。

②镜检　初期血管栓塞部呈出血性浸润，继而发展为纤维素性化脓性渗出，其周围出现充血、出血和嗜中性粒细胞组成的炎性反应带。化脓灶内及其周围的心肌纤维变性、坏死，化脓灶周围有纤维结缔组织增生(图 8-6)。

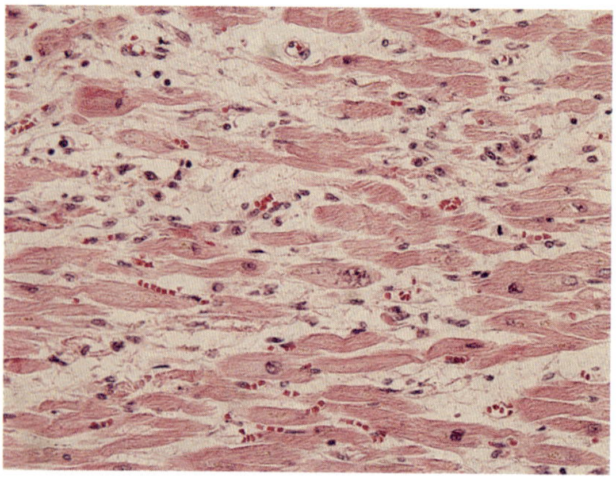

图 8-5　间质性心肌炎

心肌纤维间有单核细胞浸润和结缔组织增生，有的纤维萎缩、坏死。HE×400　(陈怀涛)

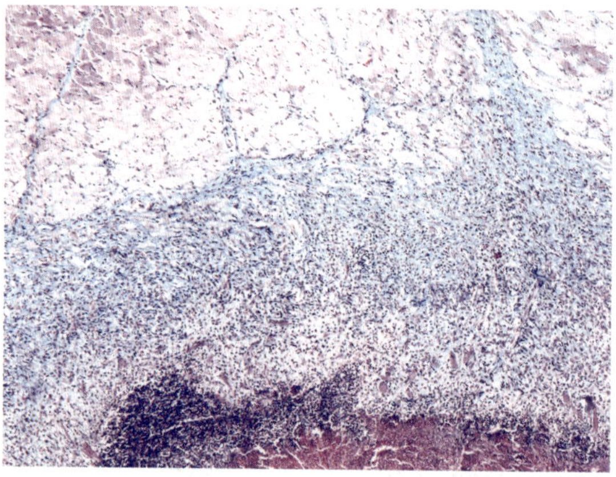

图 8-6　化脓性心肌炎

图示心肌中脓肿的一部分，下为脓肿，中为肉芽组织包囊，上为心肌。靠近脓肿的心肌纤维大多已坏死消失。HE×100　(陈怀涛)

3. 结局和对机体的影响

心肌炎是一种剧烈的病理过程，对机体影响较大。非化脓性心肌炎可发生机化，形成灰白色的纤维化斑块。化脓性心肌炎的病灶常以包裹形成，脓汁干涸并进一步纤维化而告终。

心肌炎可影响心脏的自律性、兴奋性、传导性和收缩性，故临床上表现出心律失常，如窦性心动过速、各种形式的期外收缩和传导阻滞。严重时，因心肌广泛变性和坏死以及传导系统严重障碍而发展为心力衰竭。另外，如果心肌内的化脓灶或脓肿向心室内破溃，脓汁随血液循环散播全身可引起脓毒症或脓毒败血症。

三、心内膜炎

心内膜炎是指心内膜的炎症。根据炎症发生部位的不同，可分为瓣膜性、心壁性、腱索性和乳头肌性心内膜炎。其中以瓣膜性心内膜炎最为常见。常以瓣膜血栓形成和结缔组织的纤维素样坏死为特征。根据病变特点可将其分为疣状血栓性心内膜炎和溃疡性心内膜炎。

1. 疣状血栓性心内膜炎

疣状血栓性心内膜炎是以心瓣膜形成疣状血栓为特征的炎症，疣状赘生物常发生于二尖瓣心房面和主动脉瓣的心室面的游离缘。

（1）原因和发生机理　引起疣状血栓性心内膜炎的主要原因是细菌感染。它的发生机理是免疫损伤。一般认为，在某些细菌感染后，菌体蛋白与内皮下层胶原纤维的黏多糖结合，形成复合性抗原，刺激机体产生相应的抗体，通过抗原抗体反应，并激活补体，引起局部损伤，使瓣膜遭受损伤，并在此基础上形成螯合物。

（2）病理变化

①眼观　早期炎症局部增厚而失去光泽，继而游离缘可见黄白色小结节，以后逐渐增大形成大小不等的疣状物，表面粗糙，质脆易碎。后期疣状物可发生机化，形成菜花样不易剥离的赘生物（图 8-7）。

②镜检　初期疣状物主要是以血小板、纤维蛋白为主构成的白色血栓，后期结缔组织增生和炎性细胞浸润（图 8-8）。

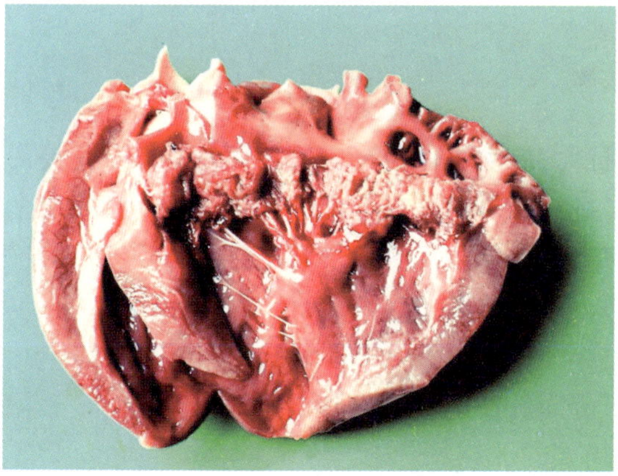

图 8-7　疣状血栓性心内膜炎（一）

左心二尖瓣上形成花椰菜状赘生物

（胡薛英，周诗其）

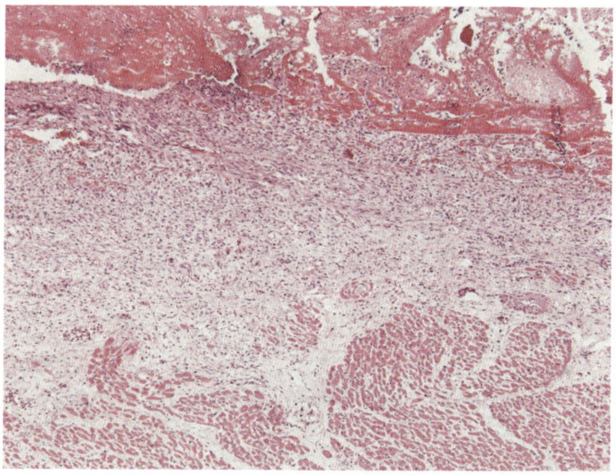

图 8-8　疣状血栓性心内膜炎（二）

疣状心内膜炎的组织学变化。上为血栓，中间为血栓被机化的部分，下为心肌纤维（横切面）。HE×100

（王雯慧）

2. 溃疡性心内膜炎

溃疡性心内膜炎亦称败血性心内膜炎，是以瓣膜受损较严重、炎症侵及瓣膜深层、发生明显的局灶性坏死为特征的炎症。

（1）原因和发生机理　引起溃疡性心内膜炎的主要原因是毒力较强的化脓菌感染，常见的有溶血性链球菌、金黄色葡萄球菌、化脓棒状杆菌等。当机体发生脓毒败血症，或者心脏邻近组织的化脓性炎症发生蔓延时，上述致病力强的细菌可经心脏血液直接侵袭心瓣膜，损伤内皮细胞而导致炎症。此外，在疣性心内膜炎的发展过程中，瓣膜继发细菌感染，也可以引起溃疡性心内膜炎。

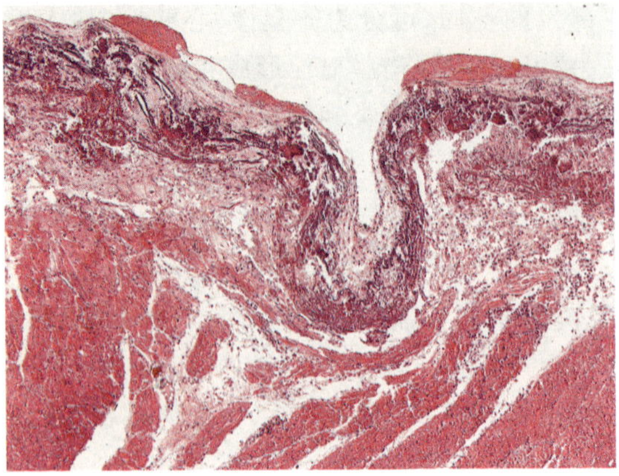

图 8-9 溃疡性心内膜炎

心内膜坏死，炎性细胞浸润，局部上皮脱落，表面附有少量血栓。HE×100 （陈怀涛）

(2)病理变化

①眼观 初期瓣膜上形成大小不等的淡黄色坏死斑点，以后逐渐融合，并发生脓性溶解，形成溃疡，而疣状血栓发生脓性分解后，也可形成溃疡，严重时可继发瓣膜穿孔。溃疡表面附有灰黄色凝固物，周围常有出血及炎性反应，并有结缔组织增生，使边缘稍隆起。

②镜检 瓣膜深层组织发生坏死，局部有明显的炎性渗出、嗜中性粒细胞浸润及肉芽组织增生，表面附着由大量纤维素、崩解的细胞与细菌团块组成的血栓凝块(图 8-9)。

3. 结局和对机体的影响

心内膜炎通常呈进行性发展，可反复形成血栓和机化。一方面血栓可在血流的冲击下脱落，成为栓子，随血流运行而阻塞血管，造成脏器梗死；化脓性栓子，可引起转移性化脓灶。另一方面，由于瓣膜的损伤、机化，可使瓣膜狭窄或闭锁不全，影响心脏功能。

任务 2 淋巴系统病理

淋巴结是宠物机体的外周免疫器官，在捕获抗原、启动机体免疫应答方面具有十分重要的意义。淋巴结炎是机体和进入淋巴结的致病因素进行斗争的表现，因此，根据淋巴结的组织学变化可以帮助了解机体的免疫状态，这对于发现疾病、确定疾病的发展状况是十分重要的。

一、淋巴结炎

淋巴结炎即淋巴结的炎症反应。按其经过可分为急性淋巴结炎和慢性淋巴结炎。

1. 急性淋巴结炎

急性淋巴结炎是当机体的某一器官或组织出现急性炎症时，可以引起相应淋巴结发生炎症变化。根据急性淋巴结炎的性质，可分为以下几种类型。

(1)浆液性淋巴结炎 多发生于急性传染病的初期或邻近的器官、组织发生急性炎症的淋巴结。

①眼观 发炎淋巴结肿大，被膜紧张，质度柔软，切面隆起、多汁，呈淡红黄色或潮红色(图 8-10)。

②镜检 淋巴结组织充血，淋巴窦扩张，内含多量浆液，其中混有多量中性细胞、淋巴细胞和数量不等的红细胞(图 8-11)，这种现象称为窦卡他。还可见淋巴小结的生发中心扩张，并有细胞分裂象，淋巴小结周围、副皮质区和髓索处有淋巴细胞增生等。

③结局 浆液性淋巴结炎是急性淋巴结炎的早期变化，病因消除可恢复正常，如炎症进一

步发展，则可发展为其他类型的淋巴结炎。

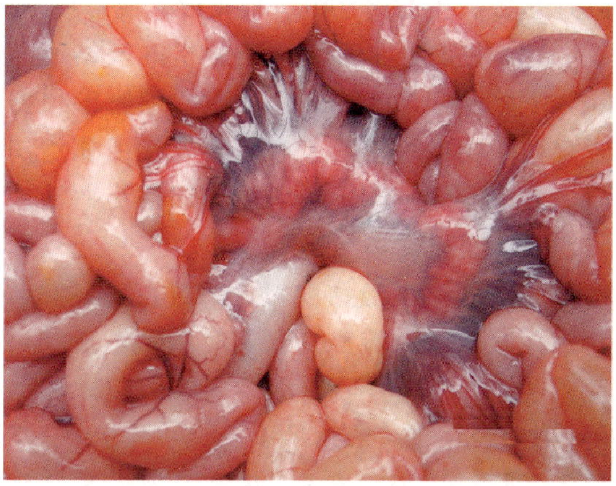

图 8-10 浆液性淋巴结炎(猪水肿病)

猪肠系膜：淋巴结肿大，充血色红，质地柔软，切面湿润，呈淡红色；肠系膜水肿 （程国富）

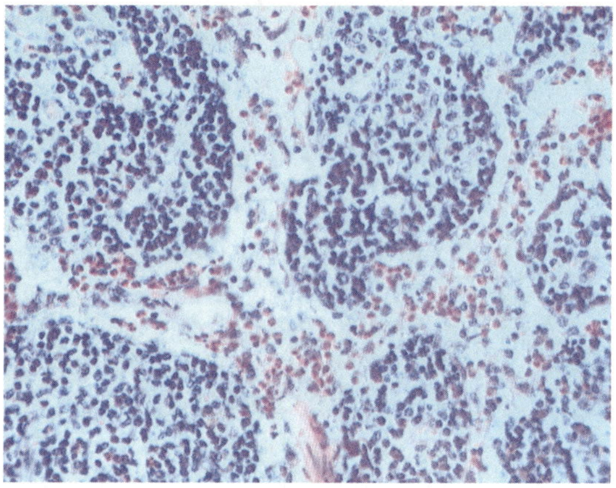

图 8-11 浆液性淋巴结炎

淋巴窦扩张，充满浆液和大量嗜中性粒细胞。HE×400 （王雯慧）

(2)出血性淋巴结炎 多由浆液性淋巴结炎发展而来，常见于犬传染性肝炎、犬瘟热等传染病。

①眼观 淋巴结肿大，呈暗红或黑红色。切面隆起，湿润，含有大量血液，呈弥漫性暗红色或大理石花纹状(出血部暗红，淋巴组织灰白色)。

②镜检 除一般急性炎症的变化外，最明显的是出血。淋巴结的所有血管都扩张，充满红细胞，同时在淋巴实质内及周围组织也有大量红细胞浸润(图 8-12)。若出血过程严重时，整个淋巴结几乎被血液占据，淋巴组织残缺不全、坏死、萎缩。

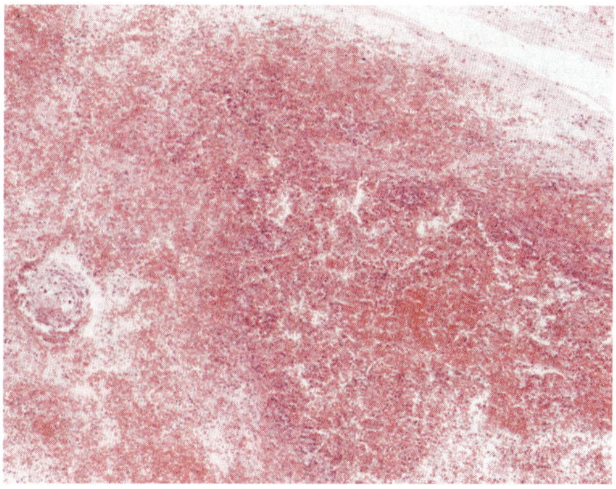

图 8-12 出血坏死性淋巴结炎

淋巴组织几乎坏死消失，淋巴小结仅残存少量淋巴细胞；充血、出血与嗜中性粒细胞浸润明显。HE×400 （王雯慧）

③结局 出血性淋巴结炎的结局与其实质损伤程度和出血量有关。淋巴结实质成分损伤较轻而出血量较少时，炎症在病因消除后可以消散，漏出的血细胞被吞噬、溶解；出血量大而实质损伤较重的淋巴结炎通常转变为坏死性淋巴结炎。

(3)坏死性淋巴结炎 是指伴有明显实质坏死的淋巴结炎，多是在单纯性淋巴结炎或出血性淋巴结炎的基础上发展而来的。

①眼观 淋巴结明显肿大，呈灰红色或暗红色，切面湿润，隆起，散在灰白色或灰黄色坏死灶，有时可出现出血斑点。坏死灶周围组织充血、出血。

②镜检 淋巴组织坏死，固有结构破坏，细胞崩解，形成大小不等、形状不一的坏死灶(图 8-13)，坏死灶周围血管扩张、充血、出血，并可见嗜中性粒细胞和巨嗜细胞浸润。

③结局 坏死性淋巴结炎的结局主要取决于坏死灶病变的程度。小坏死灶通常可被溶

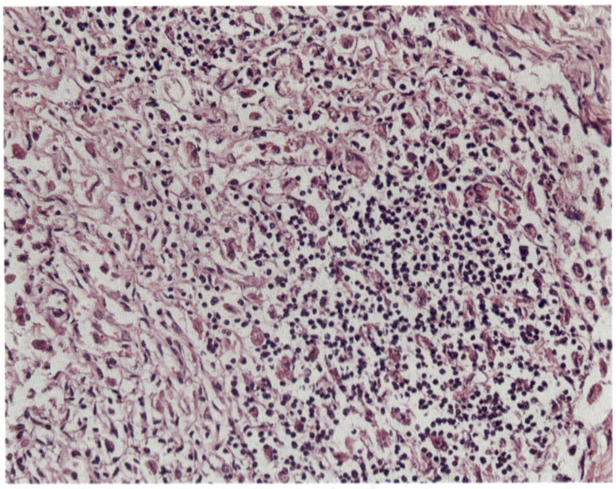

图 8-13　坏死性淋巴结炎

犬淋巴结。网状细胞有些增生，淋巴细胞坏死，导致淋巴小结变小，仅残存部分淋巴细胞。HE×400　（王雯慧）

解、吸收，组织缺损经再生而修复。较大的坏死灶多被新生的肉芽组织机化或包囊形成。

（4）化脓性淋巴结炎　是指淋巴结的化脓过程，其特点是大量嗜中性粒细胞渗出并伴发组织的脓性溶解。它多继发于所属组织器官的化脓性炎症，是化脓性细菌沿血液或淋巴侵入淋巴结的结果。

①眼观　淋巴结肿大，有黄白色脓肿灶，切面压之有脓汁流出。严重时整个淋巴结可全部被脓汁取代，形成由结缔组织包围的脓肿，用手触之有波动感。

②镜检　炎症初期，淋巴窦内聚集浆液和大量嗜中性粒细胞，窦壁细胞增生、肿大，进而嗜中性粒细胞变性、崩解，局部组织随之溶解形成脓液。时间较久则见化脓灶周围有纤维组织增生并形成包囊。

③结局　较小的化脓灶可吸收、修复或机化；较大的化脓灶则形成脓肿，外有结缔组织包裹，其中脓汁逐渐浓缩进而钙化。淋巴结化脓性炎可向周围组织发展，也可通过淋巴管、血管转移到其他淋巴结和全身其他器官，形成脓毒败血症。

2.慢性淋巴结炎

慢性淋巴结炎由病原因素反复或持续作用而引起的、以细胞显著增生为主要表现的淋巴结炎，故又称为增生性淋巴结炎。常见于慢性经过的传染病（如结核、布鲁氏菌病等）和组织发生慢性炎症时，也可由急性淋巴结炎转变而来。

（1）病理变化

①眼观　发炎淋巴结肿大，质地变硬；切面呈灰白色，隆起，常因淋巴小结增生而呈颗粒状。后期淋巴结往往缩小，质地硬，切面可见增生的结缔组织不规则交错，淋巴结固有结构消失。

②镜检　淋巴细胞、网状细胞显著增生；淋巴小结肿大，生发中心明显。淋巴小结与髓索及淋巴窦间界限消失，淋巴细胞弥漫性分布于整个淋巴结内。网状细胞肿大、变圆，散在淋巴细胞间。后期淋巴结结缔组织显著增生，网状纤维变粗转变为胶原纤维，血管壁硬化。严重时，整个淋巴结可变为纤维结缔组织小体。

（2）结局　慢性淋巴结炎可保持很长时间，如病因消除，细胞增生过程停止，数量减少，淋巴组织内结缔组织增生和网状纤维胶原化。淋巴结功能减弱甚至消失。

二、脾炎

脾炎即脾的炎症，多伴发于各种传染病，也可见于血液原虫病，是脾最常见的一种病理过程。由于脾既是参与免疫反应的重要外周免疫器官，又是位于血液循环通路中的滤过器官，在吞噬、处理和清除血液病原体的过程中，本身容易遭受刺激和损伤，从而发生炎症。

根据其病变特征和病程急缓可分为急性炎性脾肿、化脓性脾炎、坏死性脾炎和慢性脾炎四种类型。

1. 急性炎性脾肿

急性炎性脾肿又称急性脾肿、败血脾。较多见于急性败血性疾病过程中。

(1)病理变化

①眼观 脾体积显著增大(较正常大2～3倍,甚至5～10倍),质地柔软,被膜紧张,边缘钝圆。切面隆起呈暗红色或黑红色,脾白髓和脾小梁结构不明显。用刀背易刮下粥样脾髓。高度肿大时,可能会发生破裂而引起出血。

②镜检 出血和炎性细胞渗出是构成脾肿大的主要原因,可见脾髓内充满大量血液,脾白髓几乎完全消失,有时仅在脾小梁和被膜附近见到少量残存的淋巴组织,同时可见嗜中性粒细胞浸润和浆液性水肿(图8-14)。另外,还可见到脾的淋巴细胞、网状细胞、血管壁及小梁平滑肌的变性、坏死。

(2)结局 病因消除后,炎症过程逐渐消散,充血消失,局部血液循环可恢复正常,坏死的细胞崩解,随同渗出物被吸收。

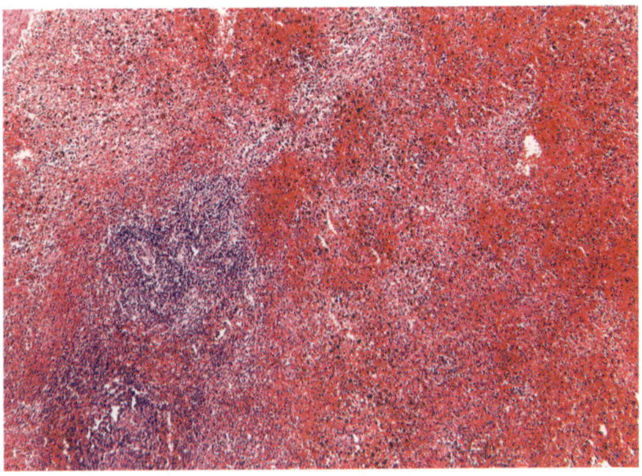

图8-14 急性脾炎

脾充血、出血,脾组织几乎被红细胞占据,小血管壁坏死,仅在中央动脉周围有少量淋巴细胞和单核细胞。HE×100 (陈怀涛)

2. 化脓性脾炎

化脓性脾炎主要是由机体其他部位的化脓灶(如肺脓肿、脐带感染等)随血流转移而来。也可因直接感染而化脓,如外伤、脾周围组织或器官化脓性炎蔓延而致。

(1)病理变化

①眼观 脾肿大,被膜下出现大小不等的黄色或白色小病灶,以后逐渐软化形成脓肿。

②镜检 初期化脓灶内有大量的嗜中性粒细胞浸润,以后嗜中性粒细胞发生变性、坏死、崩解,与坏死组织细胞共同形成脓汁,后期化脓灶周围可见结缔组织增生、包裹。

(2)结局 陈旧的化脓灶周围可见包囊形成,中央可因钙盐沉积而发生钙化。

3. 坏死性脾炎

坏死性脾炎是指脾实质坏死明显而体积不肿大的急性脾炎。多见于出血性败血症。

(1)病理变化

①眼观 脾体积不肿大,其外形、色彩、质地与正常脾无明显的差别,只是在表面或切面见针尖至粟粒大灰白色坏死灶。

②镜检 脾实质细胞坏死较明显,在白髓和红髓均可见散在的坏死灶,其中多数淋巴细胞和网状细胞已坏死,其胞核溶解或破裂。细胞肿胀、崩解(图8-15)。坏死灶内同时见浆液渗出和嗜中性粒细胞浸润。被膜和小梁均见变质性变化。

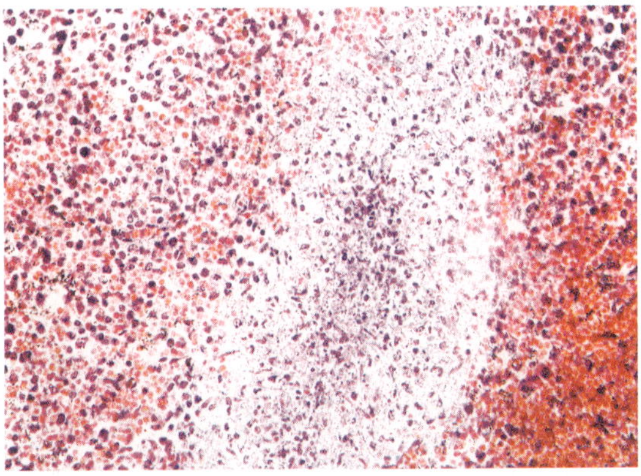

图8-15 坏死性脾炎

脾组织中有一个明显的坏死灶,局部组织细胞坏死、崩解,嗜中性粒细胞浸润,网状细胞增生。HEA×400 (陈怀涛)

(2)结局　病因清除后，炎症过程可以消散，随着坏死液化物质和渗出物的吸收，淋巴细胞和网状细胞的再生，脾的结构和功能一般可以完全恢复。只有脾实质和支持组织遭受损伤的病例，脾才不能完全恢复，其实质成分减少，出现纤维化，支持组织中结缔组织明显增生，导致小梁增生和被膜增厚。

4.慢性脾炎

慢性脾炎是指伴有脾肿大的慢性增生性脾炎，多见于慢性传染病和寄生虫病等。

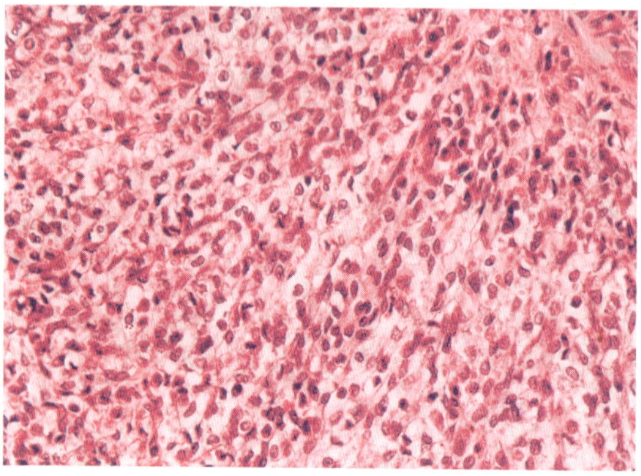

图 8-16　慢性脾炎

脾网状细胞大量增生，有些区域尚见较多淋巴细胞。HE×400　（陈怀涛）

(1)病理变化

①眼观　脾轻度肿大或比正常大 1～2 倍，被膜增厚，边缘稍显钝圆，质地硬实，切面平整或稍隆起，在暗红色红髓的背景上可见灰白色增大的淋巴小结呈颗粒状向外突出，但有时这种现象不明显，只见整个脾切面色彩变淡，呈灰红色。

②镜检　增生过程特别明显，此时淋巴细胞和巨噬细胞都可呈现分裂增殖，但在不同的传染病过程中有的以淋巴细胞增生为主(图 8-16)，有的以巨噬细胞增生为主，有的淋巴细胞和巨噬细胞都明显增生。

(2)结局　慢性脾炎通常以不同程度的纤维化为结局。随着慢性传染病过程的结束，脾中增生的淋巴细胞逐渐减少，局部网状纤维胶原化，上皮样细胞转变为成纤维细胞，结果使脾内结缔组织成分增多，发生纤维化；而被膜和小梁也因结缔组织增生而增厚、变粗，从而导致脾体积缩小、质地变硬、功能丧失。

任务 3　呼吸系统病理

呼吸系统可分为导管部和呼吸部，是机体进行气体流通、出入、气血交换的场所。由于呼吸器官直接与外界相通，所以外环境中的有害物质，均可随空气直接侵入而受到损害。此外，机体其他器官系统的病变也可以通过血液循环与神经、体液调节紊乱等方式而损害呼吸器官，常见的有气管支气管炎、肺炎、肺气肿和肺萎陷。

一、气管支气管炎

气管支气管炎是气管、支气管黏膜表层或深层的炎症。临床上以咳嗽、气喘为主要特征。单纯支气管炎比较少见，通常是先发生气管炎后继发支气管炎。在宠物中常见的有猫病毒性鼻气管炎、犬传染性气管支气管炎和猫哮喘。

(一)病因

1.物理因素

如受潮湿和寒冷空气、异物刺激(如灌药时药物误入气管，呕吐时食物进入气管等)、吸入烟尘、真菌孢子等，过度勒紧项圈，食道异物及肿瘤等的压迫。

2. 生物性因素

由某些病毒(如犬瘟热病毒、犬副流感病毒、猫鼻气管炎病毒等)、细菌(如嗜血杆菌、链球菌、葡萄球菌、肺炎链球菌等)感染所致。寄生虫(如肺丝虫、类圆线虫、蛔虫等)感染也可诱发本病。

3. 其他因素

如上呼吸道或肺部炎症的蔓延、心脏的异常扩张、某些过敏性疾病(如花粉、有机粉尘等变应原所致的过敏)。

(二)病理变化

1. 猫病毒性鼻气管炎

猫病毒性鼻气管炎是由猫鼻气管炎疱疹病毒引起的猫的一种急性、呼吸道感染性传染病。局部感染通常局限于上呼吸道,引起结膜炎、鼻炎、溃疡性舌炎和气管炎。有时病毒经由空气传染(主要是打喷嚏的分泌物),可能会深及肺部,并造成间质性肺炎,大部分有上呼吸道感染症状的猫,同时伴随有肺部的病变,如淤血和水肿。

2. 犬传染性气管支气管炎

犬传染性气管支气管炎是由Ⅱ型犬腺病毒引起的高度接触性传染病。病犬以阵发性咳嗽为主要特征。剖检可见肺炎和支气管炎病变。肺充血、实变、膨胀不全;支气管淋巴结充血、出血,支气管黏膜充血、变脆或增厚,管腔有大量分泌物。有时可见增生性腺瘤病灶。

(三)对机体的影响

对机体的影响取决于病变范围的大小、病因种类、病变程度和机体的状况。当病因消除后,渗出物被吸收,受损伤的组织逐渐恢复;相反,若病因持续存在或机体状况恶化,则引起死亡。

二、肺炎

肺炎是指细支气管、肺泡和肺间质的炎症过程,同时还常常继发胸膜病变,是宠物肺最常见的病理过程之一。

由于致病因子和机体的反应性不同,肺炎的性质和严重程度也不同。按照病因可分为细菌性肺炎、病毒性肺炎、支原体性肺炎、霉菌性肺炎、寄生虫性肺炎、中毒性肺炎和吸入性肺炎等。按照病变范围可分为支气管肺炎、纤维素性肺炎和间质性肺炎。

(一)支气管肺炎

支气管肺炎病变是从支气管炎或细支气管炎开始,逐渐蔓延到邻近的肺泡而引起肺炎,每个病灶的范围大致在一个肺小叶的范围内,所以通常将支气管肺炎又称为小叶性肺炎。这种肺炎的病变在肺内呈散在分布的灶状。随着支气管肺炎的扩展,小叶性病灶可相互融合,形成大的肺炎病灶,即成为融合性支气管肺炎。支气管肺炎时肺泡内的渗出物以浆液和脱落的上皮细胞为主,所以通常也称支气管肺炎为卡他性肺炎。

1. 病因和发生机理

引起支气管肺炎的原因主要是细菌(巴氏杆菌、沙门菌、葡萄球菌、链球菌、支原体和霉菌等)，在有害因子(寒冷、感冒、长途运输和维生素B缺乏等)影响下，机体抵抗力降低，特别是呼吸道防御能力减弱，进入呼吸道的病原菌可大量繁殖，引起支气管炎，炎症沿支气管蔓延，引起支气管周围的肺泡发炎。

另外，病原菌也可经血流运行至肺，引起间质发炎，继而波及支气管和肺泡，引起支气管肺炎。

2. 病理变化

支气管肺炎常发生于肺的尖叶、心叶和膈叶的前下部，病变为一侧性或两侧性。

①眼观　发炎的肺组织呈暗红色岛屿状，病灶中心为支气管，局限于一个小叶内，从支气管内可挤出黏液或脓性渗出物，严重时管腔可被渗出物堵塞。病变部位质地变实(坚实并能沉于水)。实变区色暗红至淡灰红到灰色不等，病变多呈镶嵌状，中心部灰白至黄色、周围为红色的实变区以及充血和萎陷，外围为正常乃至气肿的苍白区(图8-17)。

②镜检　病变的核心是在支气管-肺泡连接处。细支气管壁充血、水肿，有较多嗜中性粒细胞浸润，管腔中有较多的浆液，并混有数量不等的炎性细胞和脱落的上皮细胞。肺泡壁毛细血管扩张充血，肺泡内充满浆液，并有少量嗜中性粒细胞、肺泡上皮细胞等(图8-18)。

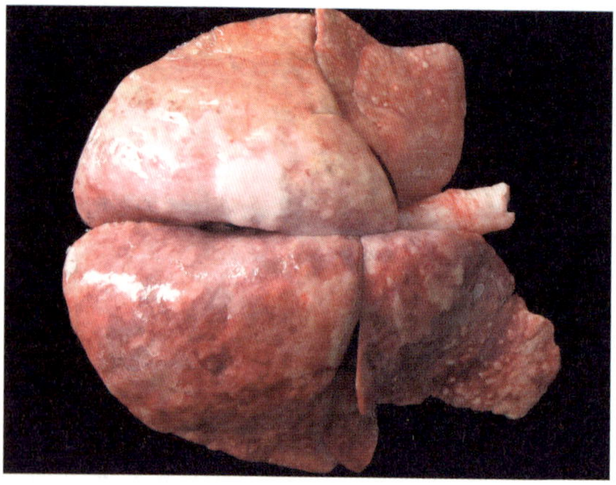

图8-17　支气管肺炎(一)

肺尖叶、心叶分布有黄白色散在的病灶，肺表面有凹陷区和凸起的气肿区　(陈怀涛)

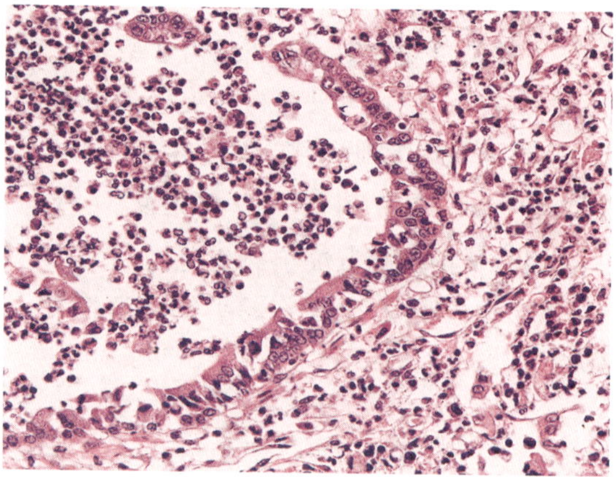

图8-18　支气管肺炎(二)

支气管上皮变性、坏死、脱落，管腔中有许多嗜中性粒细胞、脱落的上皮细胞等。HE×400

(王雯慧)

3. 结局和对机体的影响

支气管肺炎的结局取决于炎症的病因、病变程度和机体的状态。如及时消除病因，渗出物可被吸收，受损组织逐渐修复，如病因持续存在或机体状态恶化，可转变为化脓或腐败，或转变为慢性支气管炎。

支气管肺炎对机体的影响取决于病变的范围大小。炎性渗出物充满肺泡腔和细支气管，使呼吸面积减小发生外呼吸障碍。炎症范围越大，对呼吸影响越大。当发生化脓或坏疽性支气管肺炎时，不仅呼吸面积减小，而且腐败分解产物吸收可引起自体中毒。

(二)纤维素性肺炎

纤维素性肺炎是以细支气管和肺泡内充满大量纤维素性渗出物为特征的急性炎症。此型肺炎常侵犯一个或几个大叶、一侧肺叶或全肺，所以又称为大叶性肺炎。

1.病因和发生机理

纤维素性肺炎见于传染病，如巴氏杆菌病、传染性胸膜肺炎等，这些病的病原体可随血液、呼吸道和淋巴液侵入肺，在机体抵抗力降低时（感冒、长途运输和吸入刺激性气体等），病原体大量繁殖，沿支气管、血管周围的淋巴管扩散，炎症迅速扩展至整个肺叶及胸膜。由于毛细血管壁遭受损伤，可引起纤维素渗出、出血等变化。

2.病理变化

纤维素性肺炎按病变发展过程可分为四个期，但整个病变过程实际上是一个连续发展的过程，不能机械性地将其分开。

（1）充血水肿期　本期特征是肺泡壁毛细血管显著扩张充血，肺泡腔内含大量浆液性渗出液。

①眼观　肺稍肿大，重量增加，半沉于水中，质地稍变实，呈暗红色，切面平滑，按压时流出大量血样泡沫液体。

②镜检　肺泡壁毛细血管显著扩张充血，肺泡腔内有大量浆液性水肿液，少量红细胞、嗜中性粒细胞和巨噬细胞等（图 8-19）。

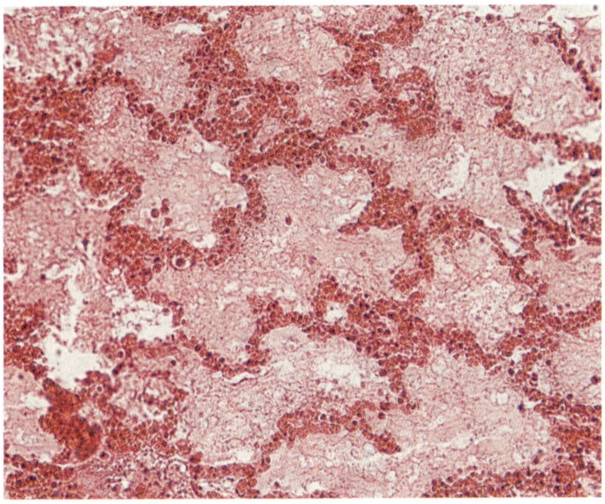

图 8-19　纤维素性肺炎（充血水肿期）

肺泡隔毛细血管高度扩张、充血，肺泡腔中见大量浆液、少量红细胞及白细胞。HE×400　（陈怀涛）

（2）红色肝变期　由充血水肿期发展而来，特征是肺泡壁毛细血管高度扩张充血，肺泡腔内含有大量纤维素、白细胞和红细胞。

①眼观　肺体积肿大，呈暗红色，质地坚实如肝，故称肝变，切面干燥，呈不很明显的细颗粒状，肝变部不含气体，入水下沉。肺间质增宽（有半透明胶样液体蓄积），呈灰白色条纹。

②镜检　肺泡壁毛细血管极度扩张充血，支气管和肺泡腔内有多量交织成网的纤维素，网眼内有多量的红细胞，少量的嗜中性粒细胞，巨噬细胞和脱落上皮细胞。间质有浆液性浸润，淋巴管扩张，含多量纤维蛋白（图 8-20）。

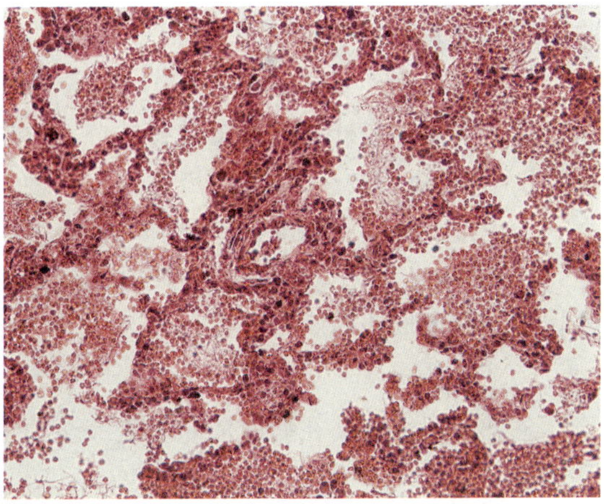

图 8-20　纤维素性肺炎（红色肝变期）

肺泡隔毛细血管高度扩张、充血，肺泡腔内含大量红细胞、纤维素、炎症细胞及脱落的肺泡上皮细胞。HE×400　（陈怀涛）

（3）灰色肝变期　特征是肺泡壁充血减弱或消退，肺泡腔中有大量嗜中性粒细胞。

①眼观　肺呈灰红色，质地坚实如肝，切面干燥，呈细颗粒状。间质变化同上期。

②镜检　可见肺泡壁毛细血管充血消退，

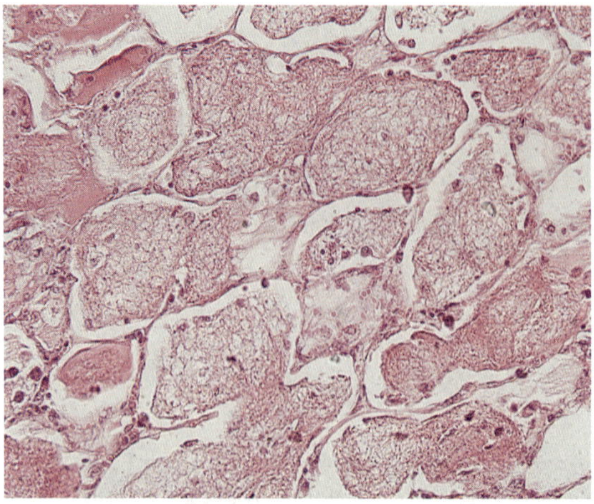

图 8-21　纤维素性肺炎(灰色肝变期)

肺泡隔毛细血管闭锁，充血消失，肺泡腔可见大量纤维素性渗出物和少量嗜中性粒细胞，纤维素可穿过肺泡孔与邻近肺泡内的纤维素彼此相连。HE×400　　(陈怀涛)

肺泡腔中白细胞和纤维蛋白增多，红细胞溶解消失(图 8-21)。

(4)消散期　特征是嗜中性粒细胞坏死崩解、纤维素溶解和肺泡上皮再生。

①眼观　肺体积较前期变小，略带灰红色或正常色，质地柔软，切面湿润。

②镜检　肺泡壁毛细血管重新扩张，肺泡腔中的嗜中性粒细胞坏死、崩解，纤维素被溶解，成为微细颗粒。巨噬细胞增多，并可吞噬坏死细胞和崩解产物。

3. 结局和对机体的影响

宠物发生纤维素性肺炎时很少能完全恢复，渗出物、坏死组织常被机化，使肺组织致密而坚实，呈肉样，故称“肉变”。若继发感染，则可形成大小不一的脓肿或腐败分解。严重时，形成空洞或继发脓毒败血症，常伴发纤维素性胸膜炎、心包炎，病程较长时可有胸膜、心包和肺的粘连，纤维素性肺炎可很快引起宠物呼吸和心功能障碍而死亡。

(三)间质性肺炎

间质性肺炎是指主要侵犯肺泡中隔的炎症，特征是间质炎性细胞浸润和结缔组织增生。

1. 病因和发生机理

引起间质性肺炎的原因很多，常见的有微生物(如病毒、支原体等)、寄生虫(如弓形体)、过敏反应、某些化学性因素都可引起间质性肺炎。病因可直接或间接损伤肺泡壁毛细血管，引起通透性升高，渗出物特别是纤维素增多。在病原体及毒物作用下，肺泡上皮增生，同时间质结缔组织增生和单核细胞、淋巴细胞等浸润。

2. 病理变化

①眼观　间质性肺炎常呈局灶性分布，可见病变区灰白或灰红色，质地稍硬，切面平整，炎灶大小不一，病程较久时，则可纤维化而变硬(图 8-22)。病灶周围常有肺气肿。

②镜检　支气管周围、血管周围，肺小叶间隔和肺泡壁及胸膜，有不同程度水肿和淋巴细胞、单核细胞浸润，结缔组织轻度增生，间质增宽(图 8-23)。肺泡腔闭塞，有时渗出的血浆成分在肺泡内形成透明膜。

3. 结局和对机体的影响

急性间质性肺炎在病因消除后能完全消散。慢性时常以纤维化而告终，可持久地引起呼吸障碍。

三、肺气肿

肺气肿是指肺组织含气量异常增多而致体积过度膨大。肺泡内空气增多称肺泡性肺气肿；如果肺泡破裂，空气进入肺间质而引起肺膨胀，称间质性肺气肿。

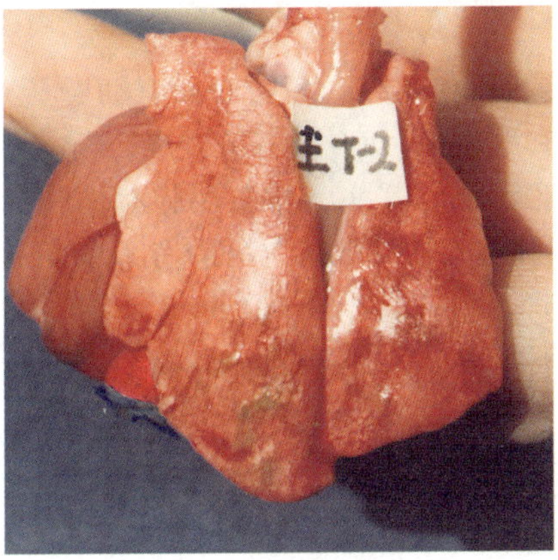

图 8-22　兔尘肺

肺膈叶背后部，见大小不等的暗棕黄色肺炎区，边界不清　（李晓明）

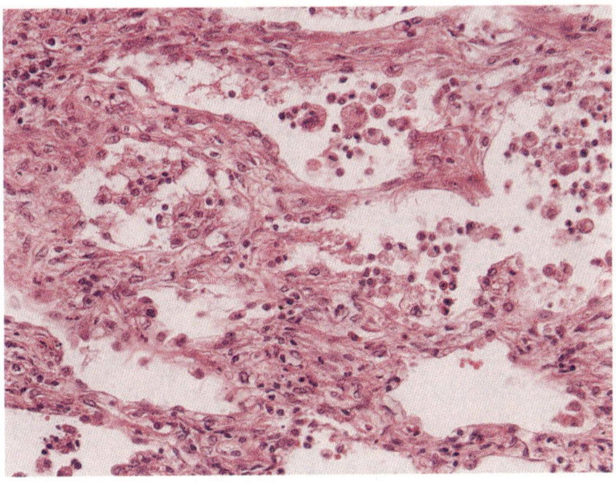

图 8-23　间质性肺炎

肺泡隔明显增宽，其中淋巴细胞和单核细胞浸润，并可见结缔组织增生；肺泡上皮仍有一定增生和脱落，肺泡腔内有淋巴细胞、单核细胞与脱落的上皮细胞。HE×400　（陈怀涛）

(一)病因和发生机理

1. 急性肺泡性肺气肿

多见于吸气量急剧增加，肺内压升高，肺泡扩张。

(1)呼吸急剧加强　濒死或代偿性呼吸增强时深度吸气，肺泡内气体急剧增加。

(2)深吸气　剧烈咳嗽时，肺内压升高，肺含气量增加，肺泡扩张。

(3)支气管不全阻塞　支气管炎时，渗出物增多，如肺丝虫寄生等，阻塞物好似活塞，吸气时肺扩张，支气管管径扩大，空气可进入肺泡；呼气时则闭塞，空气不能呼出而蓄积在肺泡中。

2. 慢性肺泡性肺气肿

(1)弹性纤维萎缩　老龄宠物肺弹性纤维萎缩，肺泡壁的弹性回缩力降低，常处于膨胀状态而使肺泡扩张。

(2)运动过度　长时间运动过度，需气量增多，呼吸加强，肺泡长期处于扩张状态，毛细血管受压、闭锁，肺泡营养不良，弹性纤维断裂，回缩力降低。

(3)慢性支气管炎　支气管管腔狭窄，气体不能呼出；或由于肺泡炎性渗出物及肺泡上皮的破坏，表面活性物质减少，使肺泡表面张力降低，回缩力下降，吸气时易扩张。

3. 间质性肺气肿

间质性肺气肿多伴发于肺泡性肺气肿，肺泡或细支气管破裂，气体进入间质，使其扩张。

(二)病理变化

1. 急性肺泡性肺气肿

①眼观　肺体积增大，常充满胸腔，色泽苍白，质地松软，按压后凹陷慢慢复平，并有捻发音，切面干燥。

②镜检　肺泡强度扩张，间隔变薄，毛细血管闭塞，肺泡隔常发生破裂，融合成大的囊腔(图 8-24)。

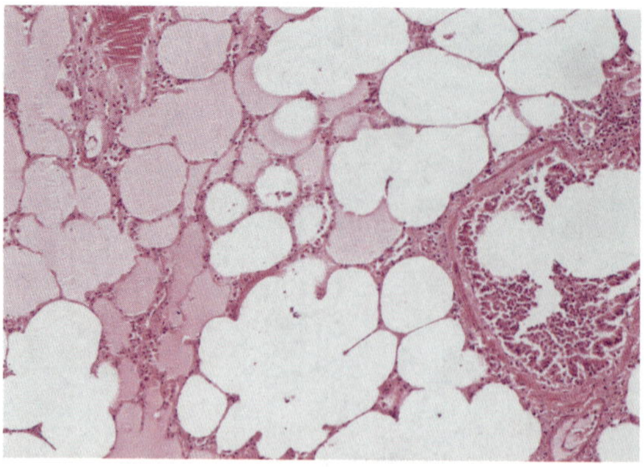

图 8-24　肺气肿

细支气管有不少炎性渗出物，部分肺泡有浆液渗出，因此炎症区中有些肺泡发生代偿性扩张气肿。HE×400　　（王雯慧）

2. 慢性肺泡性肺气肿

①眼观　肺膨大，肺表面有肋骨压痕，肺切面有气囊泡，切开时有破裂声。

②镜检　其病变与急性肺泡性肺气肿相同，但肺泡弹性纤维减少，间质结缔组织增多。

3. 间质性肺气肿

间质性肺气肿可见肺小叶间质增宽，内有成串的大气泡，许多单个气泡形成完整的条索，使肺呈网状。严重病例，肺间质中的小气泡可汇集成直径 1～2 cm 的大气泡，并压迫周围肺组织引起肺萎缩。如果呼吸动作剧烈，可使大气泡破裂，气体可循纵膈、胸腔入口处到达肩下或背部皮下，而造成皮下气肿。

（三）结局和对机体的影响

急性肺气肿在病因消除后，肺组织弹性恢复，可完全恢复正常。慢性肺泡性肺气肿由于破坏严重，部分发生纤维化，不能完全恢复。肺气肿可使胸内压升高，静脉回流障碍，肺泡壁毛细血管闭锁，肺动脉压升高，加重右心负荷，引起右心肥大，重者可引起呼吸及心脏功能不全。

四、肺萎陷

肺萎陷也称肺膨胀不全或肺不张，是指肺泡内气体含量减少或不含气体而致肺泡塌陷的过程。最初仅指宠物出生时胎肺不完全充气即先天性肺膨胀不全；现在也用于已充过气的肺实质膨胀不全，即获得性肺膨胀不全，又称为肺萎陷或肺不张。

（一）病因

（1）压迫性肺膨胀不全　肺外压力升高，如气胸、水胸、胸腔肿瘤、肺肿瘤、寄生虫、腹内压升高时，都可压迫肺，使其扩张受阻。

（2）阻塞性肺膨胀不全　支气管管腔不通，主要是支气管炎时渗出物增多、黏膜肿胀，虫体、肿瘤等均可阻塞支气管，气体不能进入，原有的氧气逐渐被吸收而形成肺膨胀不全。

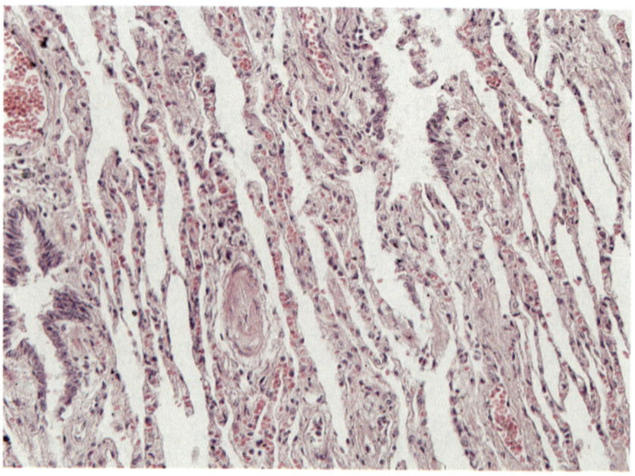

图 8-25　肺萎陷

肺泡腔变小，形成长条状，肺泡壁接近，呈平行排列。HE×100　　（陈怀涛）

（3）先天性肺膨胀不全　早产幼宠呼吸运动、呼吸中枢受损，肺泡表面活性物质减少或缺乏，呼吸道被羊水、胎粪、黏液等阻塞而妨碍气体进入肺泡时，可引起新生幼仔肺膨胀不全。

（二）病理变化

①眼观　肺病变部位体积缩小，表面塌陷，呈暗红色或紫红色，无弹性，质地如肉，切面平滑。

②镜检　肺泡壁平行排列，彼此相接，毛细血管充血，萎陷的肺泡腔内有脱落的肺泡上皮细胞（图 8-25）。

(三)结局和对机体的影响

病因消除后,可有良好结局。如病因持续存在,萎陷部可发生淤血、水肿、肺泡壁细胞变性,间质结缔组织增生,最后纤维化,肺组织变硬;若继发感染,可发生肺炎。

任务4 消化系统病理

胃肠是动物的主要消化器官,并通过口腔和肛门与外界间接相通。许多病原微生物、理化因素等,均可作用于胃肠,引起胃肠道疾病的发生,临床上多以胃肠道的炎症性疾病最为多见。肝是机体主要的代谢、解毒和屏障器官,担负着机体重要的生理功能。肝功能的复杂性和多样性增加了肝与各种毒性因子的接触机会,因此肝最易受到各种致病因素的侵害而发生炎症。

一、胃炎

胃炎是指胃壁表层和深层组织的炎症。胃炎病变特征是胃黏膜上皮细胞变性、坏死、脱落,血管充血或出血,黏膜层或黏膜下层有炎性细胞浸润或炎性渗出。胃炎按病程可分为急性胃炎和慢性胃炎两种。

(一)急性胃炎

急性胃炎病程短,发病急,症状重,炎症变化剧烈,渗出现象明显。根据渗出物的性质和病变特点,急性胃炎又可分为急性卡他性胃炎、出血性胃炎和纤维素性-坏死性胃炎。

1.急性卡他性胃炎

急性卡他性胃炎是常见的一种胃炎类型,以胃黏膜表面被覆多量黏液和黏膜上皮脱落为特征。

(1)病因 包括生物性(细菌、病毒、寄生虫等)因素、机械性(尖锐异物刺激)因素、物理性(冷、热刺激)因素、化学性(酸性或碱性物质、化学药物)因素以及剧烈的应激等。其中以生物性因素最为常见,损害最严重。例如,犬瘟热、犬细小病毒、犬病毒性肝炎、钩端螺旋体病等急性传染性疾病均可引起急性卡他性胃炎。

(2)病理变化

①眼观 胃黏膜特别是胃底腺部黏膜呈现弥漫性充血、潮红、肿胀,黏膜表面被覆多量浆液性、浆液-黏液性、脓性甚至血性分泌物(图8-26),并常伴有散在斑点状出血和糜烂。

②镜检 胃黏膜上皮细胞变性、坏死、脱落,有时局部出现浅层糜烂;黏膜固有层、黏膜下层毛细血管扩张、充血、出血;固有层内淋巴小结肿胀,有时见其生发中心扩大或发生新生淋巴小结;组织间隙有大量浆液渗出及炎性细胞浸润,杯状细胞增多并脱落;黏膜下层有轻度充血和水肿。

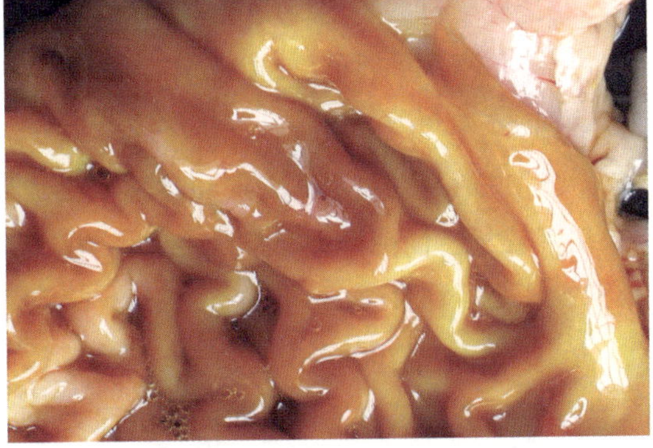

图8-26 急性卡他性胃炎

胃黏膜充血潮红,黏膜表面附着较多黏液 (贾宁)

2.出血性胃炎

出血性胃炎以胃黏膜弥漫性或斑块状、点状出血为特征。

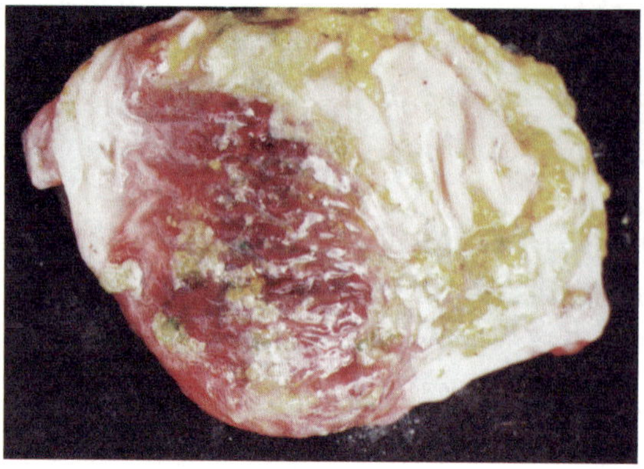

图 8-27　出血性胃炎

胃黏膜潮红，弥漫性出血，黏膜部分脱落

（李晓明）

(1)病因　包括各种原因造成的剧烈呕吐、强烈的机械性刺激、毒物中毒及某些传染病。如灭鼠药、重金属(砷)、犬瘟热、犬细小病毒等可引起胃黏膜出血性炎。

(2)病理变化

①眼观　胃黏膜失去光泽，肿胀，呈弥漫性(图 8-27)、斑块状或点状出血，黏膜表面或胃内容物含有游离的血液。时间稍久，血液渐呈棕黑色，与黏液混在一起，成为一种淡棕色的黏稠物，附着在胃黏膜表面。

②镜检　黏膜固有层、黏膜下层毛细血管扩张、充血，红细胞局灶性或弥漫分布于整个黏膜内。

3.纤维素性-坏死性胃炎

纤维素性-坏死性胃炎是以胃黏膜糜烂坏死甚至形成溃疡，并在黏膜表面覆盖大量纤维素性渗出物为特征。

(1)病因　由较强烈的刺激物、应激、寄生虫感染等因素引起，如误食腐蚀性药物，应激性溃疡(打斗、运输等)。也常见于某些传染病过程中，如沙门氏菌病、坏死杆菌及化脓性细菌感染等。

(2)病理变化

①眼观　胃黏膜表面被覆一层灰白色、灰黄色纤维素性薄膜。浮膜性炎，假膜易剥离，剥离后，黏膜充血、肿胀、出血、光滑无缺损或呈轻度糜烂；固膜性炎，纤维素膜与组织结合牢固，不易剥离，强行剥离后黏膜则见溃疡形成。若继发感染了化脓性细菌(如化脓棒状杆菌、化脓性链球菌、绿脓杆菌等)，则转为化脓性胃炎，黏膜表面覆盖大量黄白色的脓性分泌物。

②镜检　胃黏膜见均质无结构的坏死区，黏膜表面、黏膜固有层甚至黏膜下层有大量纤维素渗出物，并有不同程度的炎性细胞浸润，其中以嗜中性粒细胞多见。

(二)慢性胃炎

慢性胃炎是以黏膜固有层和黏膜下层结缔组织显著增生为特征的炎症。慢性胃炎病情缓和、病程较长。慢性胃炎常常是由急性胃炎转化而来。根据病变的不同，可分为慢性萎缩性胃炎和慢性肥厚性胃炎。

1.病因和机理

慢性胃炎多由急性胃炎发展转变而来，少数由寄生虫寄生所致。刺激因素反复接触、食入异物、胃内寄生虫可使黏膜屏障破坏后黏膜的免疫功能紊乱，并且接触到胃内的病原物质，因而造成发病。

2. 病理变化

①眼观　胃黏膜表面被覆大量灰白色、灰黄色黏稠的液体，皱襞显著增厚。由于增生性变化，使全胃或幽门部黏膜肥厚，称肥厚性胃炎；有的胃黏膜由于增生不均匀，黏膜表面呈高低不平的颗粒状(图 8-28)，称颗粒性胃炎，它较多发生于胃底腺部。随着病变的发展，增生的结缔组织逐渐衰老而发生瘢痕性收缩，致使黏膜腺体萎缩或消失，肌层、胃黏膜萎缩变薄，胃壁由厚变薄，皱襞减少，称萎缩性胃炎。

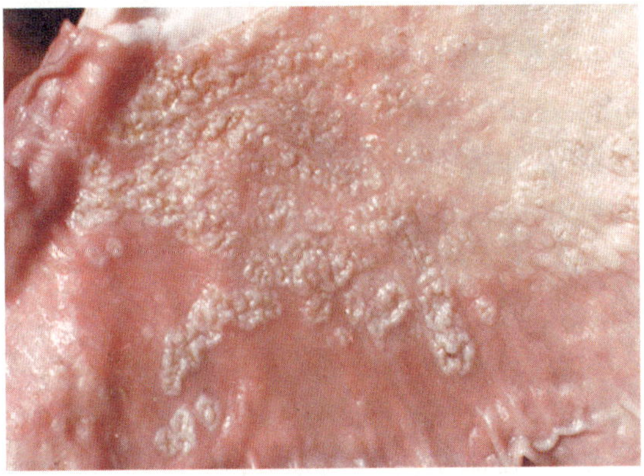

图 8-28　增生坏死性胃炎

胃黏膜增厚，局部黏膜呈结节状，突出于黏膜表面　(陈怀涛)

②镜检　肥厚性胃炎时，黏膜固有层和黏膜下层腺体、结缔组织增生，并有多量炎性细胞浸润，固有层的部分腺体受增生的结缔组织压迫而萎缩，部分存活的腺体则呈代偿性增生。腺体的排泄管因受增生的结缔组织压迫而变得狭长，形成闭塞的小囊泡。颗粒性胃炎时，黏膜固有层腺体与黏膜下层的结缔组织呈不均匀的增生。后期，胃黏膜腺体、肌层、胃黏膜萎缩致使胃壁变薄，伸展性下降，发展为萎缩性胃炎。

(三)胃溃疡

根据临床、病理、生理等方面的研究，胃溃疡可能与饲养管理不佳、环境突变和季节变化等应激的联合作用有关。炎症性溃疡，多继发于狂犬病、胃肠卡他、胃肠道寄生虫病、胃内异物等疾病的过程中。消化性溃疡，常发生在胃和十二指肠的起始部，当胃的局部血液循环障碍时，由于酸性胃液不能被碱性的肠液所中和，以致局部黏膜被胃酸和胃蛋白酶自体消化，从而形成慢性溃疡。炎症性溃疡和消化性溃疡所呈现的症状相同，均出现顽固性呕吐、吐血、便血和腹痛症状。病犬精神沉郁，体质虚弱，被毛粗乱、无光泽，逐渐消瘦。

1. 病因

胃溃疡可由多种原因引起，如各种应激、饲养管理不当、某些病原微生物、寄生虫等。

2. 病理变化

病理变化多位于胃小弯，越近幽门越多见，胃窦部尤为多见，罕见于胃大弯、胃底、胃前壁或胃后壁。

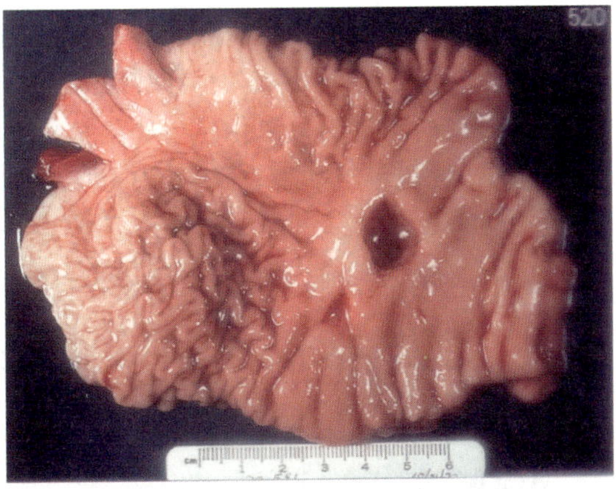

图 8-29　胃溃疡

犬胃溃疡灶呈类圆形，其直径约 1 cm，深达肌层

①眼观　溃疡通常只有一个，圆形或椭圆形，溃疡面大小不一。溃疡边缘整齐，状如刀切，周围黏膜可有轻度水肿(图 8-29)，黏膜皱襞从溃疡向周围呈放射状。溃疡底部通常穿越黏膜下层，深达肌层甚至浆膜层，溃疡处的黏膜至肌层可完全被破坏，由肉芽组织或

瘢痕组织取代。溃疡中心因坏死组织被胃液消化,显示柔软而液化,并呈污秽褐色。

②镜检　溃疡部组织呈溶解状态,溃疡底大致由四层组织构成:最表层由一薄层纤维素渗出物和坏死的细胞碎片覆盖(坏死层);其下层是炎症细胞浸润(炎症层);再下层是新鲜的肉芽组织(肉芽组织层);最下层是由肉芽组织变成纤维瘢痕组织(瘢痕层)。在瘢痕组织中的小动脉血管因增殖性内膜增厚,管腔狭窄或有血栓形成,这种血管改变可防止血管溃破、出血,但不利于组织的再生和溃疡的修复。在溃疡边缘常见黏膜上皮轻度增生,黏膜肌层与固有肌层黏连。

二、肠炎

肠炎是指某段肠道或整个肠道的炎症。临床上,很多肠炎与胃炎往往同时发生,故称胃肠炎。根据发病部位可将肠炎分为十二指肠炎、空肠炎、回肠炎、盲肠炎、结肠炎和直肠炎等。但肠炎并不局限于某一固定区段,往往表现为不同肠段同时发生或相继发生炎症,因此临床上常有小肠-结肠炎、盲肠-结肠炎之称。根据病程长短可将肠炎分为急性肠炎和慢性肠炎两种。

(一)急性肠炎

急性肠炎根据渗出物的性质和病变特点,常分为急性卡他性肠炎、出血性肠炎、化脓性肠炎和纤维素性肠炎四种类型。

1.急性卡他性肠炎

急性卡他性肠炎为临床上最常见的一种肠炎类型,多为各类型肠炎的早期变化,以肠黏膜急性充血和分泌大量浆液、黏液为特征。

(1)病因和机理　卡他性肠炎病因很多,有营养性、中毒性、生物性因素等。如食物粗糙、霉败、搭配不合理,饮水过冷、不洁,误食有毒植物,滥用抗生素导致肠道正常菌群失调及霉菌(黄曲霉)导致的霉菌毒素中毒(黄曲霉毒素中毒),病毒、细菌、寄生虫等感染引起,如犬细小病毒性肠炎等。

(2)病理变化

①眼观　肠管松弛、扩张,肠黏膜表面(或肠腔中)有大量半透明无色浆液或灰白色、灰黄色黏液(图 8-30),刮去覆盖物可见肠黏膜潮红、充血、肿胀。肠壁孤立淋巴滤泡和淋巴集结肿胀,形成灰白色结节,呈半球状凸起。

②镜检　肠黏膜上皮变性、脱落,杯状细胞显著增多,黏液分泌增多(图 8-31)。黏膜固有层毛细血管扩张、充血,并有大量浆液渗出和大量嗜中性粒细胞及数量不等的组织细胞、淋巴细胞浸润,有时可见出血变化。当有化脓性细菌(如链球菌、绿脓杆菌等)感染时,可形成大量脓性分泌物被覆于肠黏膜表面,黏膜上皮坏死,大量嗜中性粒细胞浸润,坏死变化严重。

2.出血性肠炎

出血性肠炎是以肠黏膜严重损伤并有明显出血为特征的炎症。

(1)病因和机理　主要有化学毒物引起的中毒,微生物(犬细小病毒)感染或寄生虫(球虫)侵袭。

(2)病理变化

①眼观　肠黏膜水肿增厚,有点状(图 8-32)、斑块状或弥漫性出血(图 8-33),黏膜表面覆盖多量红褐色黏液(图 8-34),有时有暗红色血凝块。肠内容物中混有血液,呈淡红色或暗红色。

②镜检　肠黏膜上皮和腺上皮变性、坏死和脱落,黏膜固有层和黏膜下层血管明显扩张充

血、出血，并伴有大量的炎性渗出(图 8-35)。

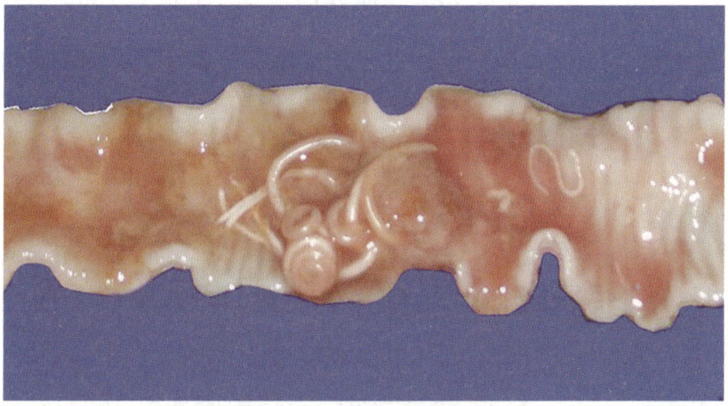

图 8-30 卡他性肠炎

盘踞在犬小肠中的蛔虫，引起小肠黏膜充血、出血，肠内容物色淡红，呈稀糊状 (胡俊杰)

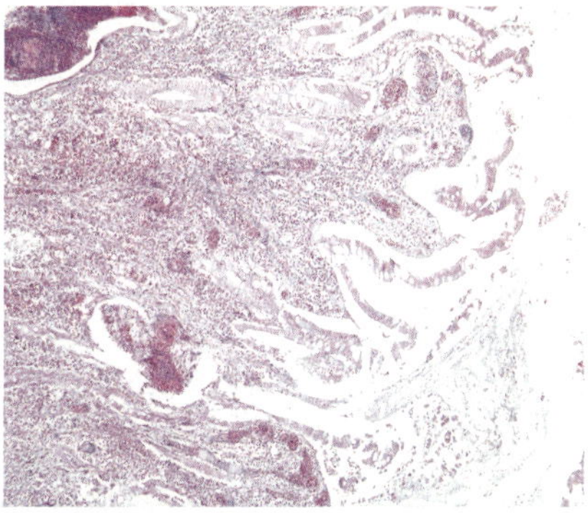

图 8-31 急性卡他性肠炎

肠固有层充血，炎性细胞浸润，黏膜上皮中杯状细胞增多，分泌功能增强，黏膜表面可见黏液和脱落的上皮。HE×200 (陈怀涛)

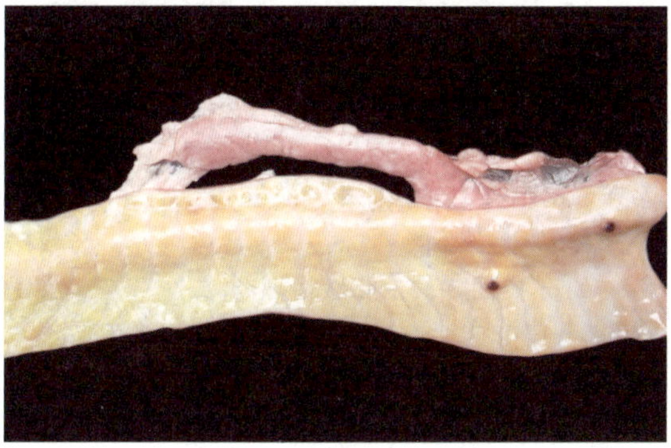

图 8-32 出血坏死性肠炎

十二指肠黏膜坏死，呈横行条带状增厚，有两个明显的圆形出血点 (陈怀涛)

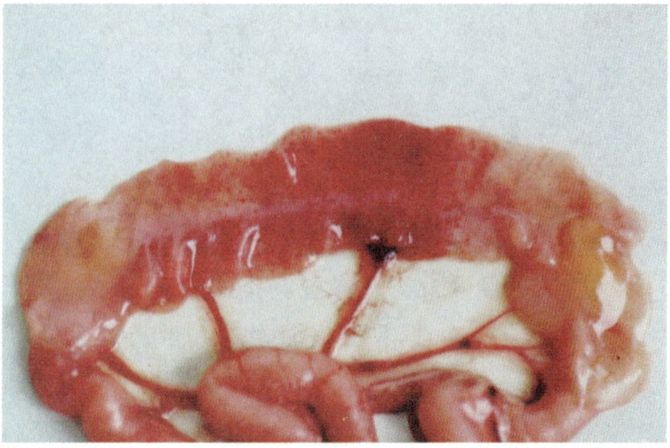

图 8-33 出血性肠炎(一)

小肠出血，黏膜表面覆以黏液 (姚金水)

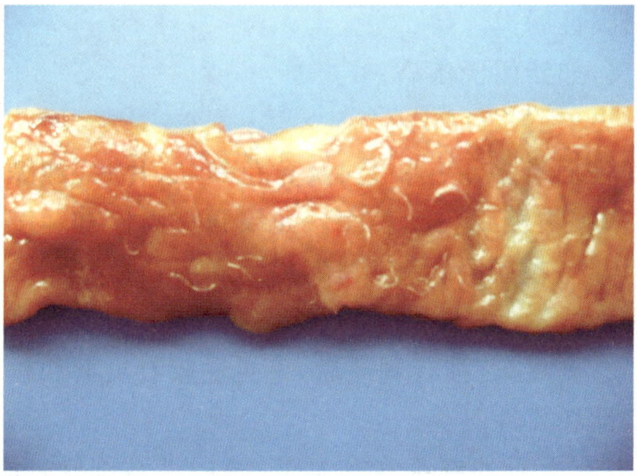

图 8-34 出血性肠炎(二)

犬小肠内寄生的钩虫导致出血性肠炎 (周庆国)

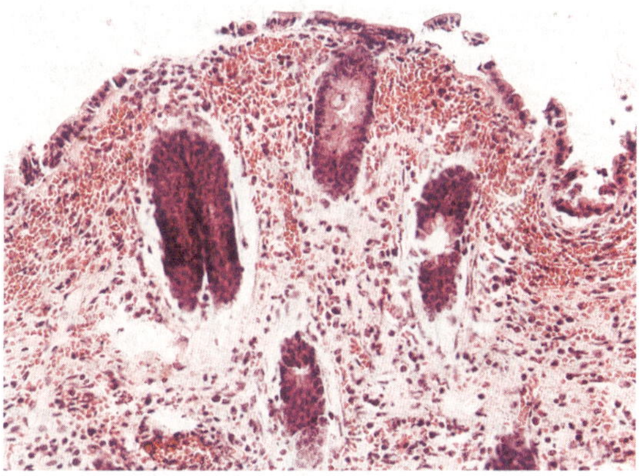

图 8-35 出血性肠炎(三)

肠固有层和黏膜表面可见大量红细胞，局部上皮坏死、脱落，肠腺变性、坏死。HE×400 (李晓明)

3. 化脓性肠炎

化脓性肠炎是由化脓菌引起的以嗜中性粒细胞渗出和肠壁组织脓性溶解为特征的肠炎。

(1)病因和机理　主要由各种化脓菌引起，如沙门菌、链球菌、志贺菌等，多经肠黏膜损伤部或溃疡面侵入。

(2)病理变化

①眼观　肠黏膜表面被覆多量黄白色、黄绿色脓性渗出物，有时形成大片糜烂和溃疡(图8-36)。

②镜检　肠黏膜固有层和肠腔内有大量嗜中性粒细胞，毛细血管充血、水肿，黏膜上皮细胞发生变性、坏死和大量脱落等变化(图8-37)。

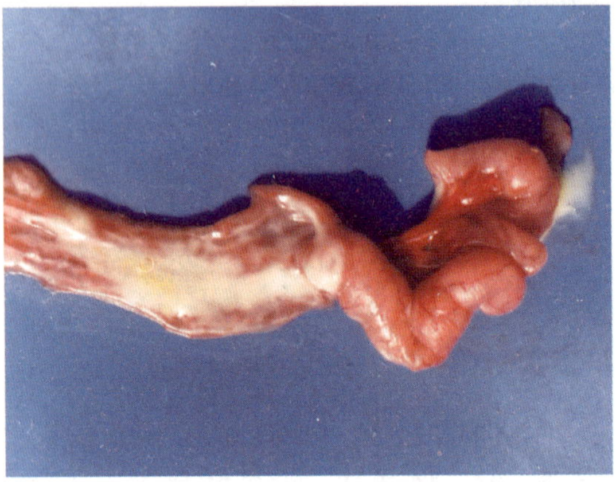

图8-36　化脓性肠炎(一)

小肠黏膜充血潮红，黏膜表面附着大量灰黄色糊状内容物　(王雯慧)

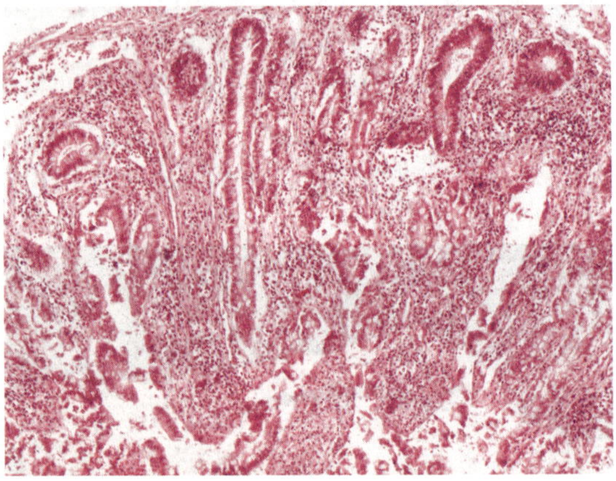

图8-37　化脓性肠炎(二)

肠固有层可见大量嗜中性粒细胞和深染的脓细胞；肠黏膜上皮细胞变性、坏死、脱落，有的肠腺上皮也坏死脱落。HE×100　(王雯慧)

4. 纤维素性肠炎

纤维素性肠炎是以肠黏膜表面被覆纤维素性渗出物为特征的炎症，临床上多为急性或亚急性经过。根据病变特点可分为浮膜性肠炎和固膜性肠炎。

(1)病因和机理　多数与病原微生物感染有关，如沙门氏菌病。

(2)病理变化

①眼观　初期肠黏膜充血、出血和水肿，黏膜表面有多量灰白色、灰黄色絮状、片状、糠麸样纤维素性渗出物(图8-38)，多量的渗出物形成薄膜被覆于黏膜表面。如果肠黏膜仅有轻度坏死，纤维素性薄膜在肠黏膜上易于剥离，则称为浮膜性肠炎，薄膜剥离后肠黏膜充血、水肿，表面光滑，有时可见轻度糜烂，肠内容物稀薄如水，常混有纤维素碎片；如果肠黏膜深层发生坏死，渗出的纤维蛋白与黏膜深部组织牢固结合，不易剥离，若强行剥离后，可见黏膜有出血和较深的溃疡形成，则称为固膜性肠炎，也称为纤维素性坏死性肠炎。

②镜检　病变部位肠黏膜上皮脱落，渗出物中有大量的纤维素和黏液、嗜中性粒细胞，黏膜层、黏膜下层小血管充血、水肿和炎性细胞浸润。固膜性肠炎坏死严重，大量渗出的纤维蛋白和坏死组织融合在一起，黏膜及黏膜下层可见均质红染无结构的坏死区(图8-39)，坏死组织周围有明显充血、出血和炎性细胞(嗜中性粒细胞、浆细胞、淋巴细胞等)浸润。

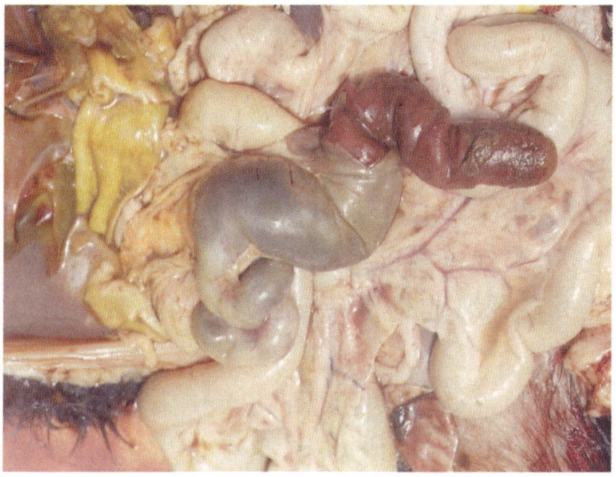

图 8-38 纤维素性肠炎(犬肠套叠)

套叠部黏膜淤血、暗红，表面附着纤维素薄膜

（陈怀涛）

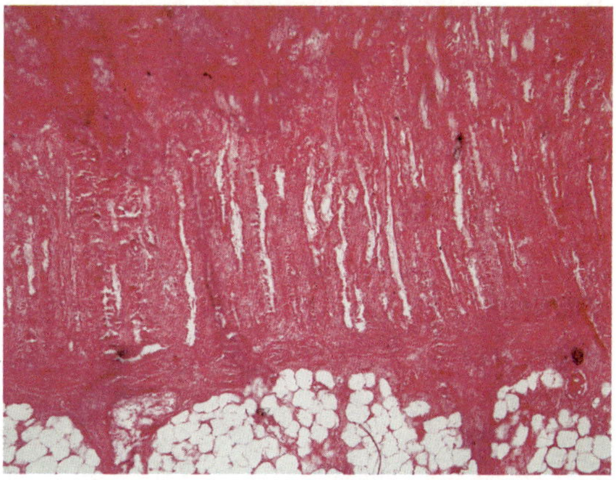

图 8-39 纤维素坏死性肠炎

肠黏膜表面有大量纤维素渗出，并和坏死的肠固有层结合，坏死的肠腺隐约可见。HE×100

（陈怀涛）

(二)慢性肠炎

慢性肠炎是以肠黏膜和黏膜下层结缔组织增生及炎性细胞(淋巴细胞为主，还有浆细胞、组织细胞)浸润为特征的炎症。

1.病因和机理

慢性肠炎主要由急性肠炎发展而来，也可由寄生虫或其他致病因子引起。

2.病理变化

①眼观 肠管变粗，肠壁因结缔组织增生而增厚，或有时结缔组织增生不均，使黏膜面呈现高低不平的颗粒状或形成脑回样皱褶，肠黏膜呈黄白色，表面常覆盖多量灰白色黏液，肠管因蠕动减弱、排气不畅而发生臌气。此外，病程较长时，黏膜萎缩，增生的结缔组织收缩，肠壁变薄，即萎缩性肠炎。

②镜检 黏膜上皮细胞变性、脱落，肠腺间结缔组织增生，肠腺萎缩或完全消失，杯状细胞肿胀、分泌亢进；有时结缔组织侵入肌层及浆膜，并有淋巴细胞、浆细胞、组织细胞浸润，有时有嗜酸性粒细胞浸润。

三、肝炎

肝炎是指肝在某些致病因素作用下发生的以肝细胞变性坏死或间质增生为主要特征的一种炎症过程。其发生原因有传染性的、中毒性的和寄生虫性的几类。按疾病进程分为急性肝炎和慢性肝炎两种。病理类型则有实质性肝炎与间质性肝炎之分。现按病因分类，结合疾病进程和病理类型特点将肝炎分为传染性肝炎和中毒性肝炎。

(一)传染性肝炎

传染性肝炎由病毒、细菌、霉菌和寄生虫引起。如犬细小病毒、钩端螺旋体、沙门菌等感染均可引起肝发生炎症。

1.病毒性肝炎

(1)病因和发生机理 病毒性肝炎由对肝有亲嗜性的病毒(如犬传染性肝炎病毒)引起。

某些不以肝为主要侵害靶器官的病毒也可引起肝炎。

(2)病理变化

①眼观　肝呈不同程度肿大,被膜紧张,重量增加,边缘钝圆,表面呈暗红色或土黄色,有时可见灰白色或灰黄色的坏死灶以及出血斑点。

②镜检　肝小叶中央静脉和窦状隙扩张、充血,小叶内见出血和肝细胞坏死。肝细胞发生广泛性的颗粒变性、水泡变性、气球样变、脂肪变性等,出现以淋巴细胞为主的炎细胞浸润,小叶间组织、汇管区内小胆管增殖。部分病毒所致肝炎在肝细胞的胞核或胞浆内可出现特异性包涵体,病程过久,因结缔组织增生导致肝硬化。

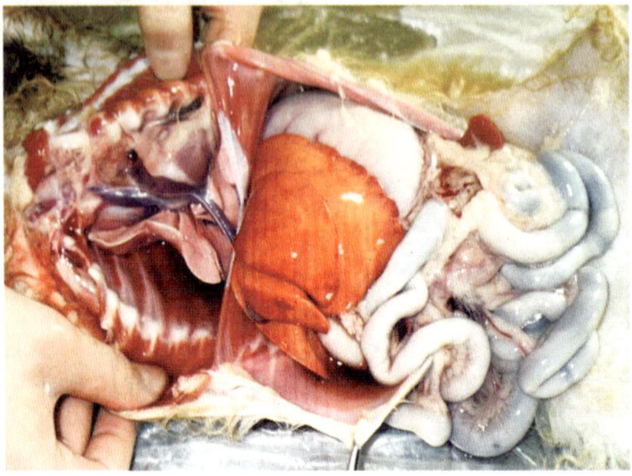

图 8-40　肝肿大

肝肿大、色黄、质脆,小肠浆膜出血,胸腹腔积聚大量淡红色液体　(周庆国)

(3)常见病毒性肝炎　犬传染性肝炎,是犬属动物的一种传染病,主要发生于青年犬,病原是一种腺病毒。

①眼观　皮下水肿,腹腔蓄积澄清或血样液体,胃、肠、胆囊和膈肌浆膜下出血。肝肿大,质脆,呈黄色斑驳状,胆囊水肿(图 8-40)。

②镜检　肝实质严重变性和坏死,坏死灶多位于肝小叶中心,为许多嗜伊红染色的凝固性坏死灶,周围有淋巴细胞、单核细胞浸润,并有少量胆色素沉积。在坏死灶附近变性的肝细胞中可见到明显的核内包涵体(图 8-41),胞核极度肿大,染色质过集,包涵体的体积很大,几乎占据整个胞核,嗜伊红染色,轮廓清晰(图 8-42),肝巨噬细胞肿大,也可见到相同的核内包涵体,这是本病在组织学上的病变特征。

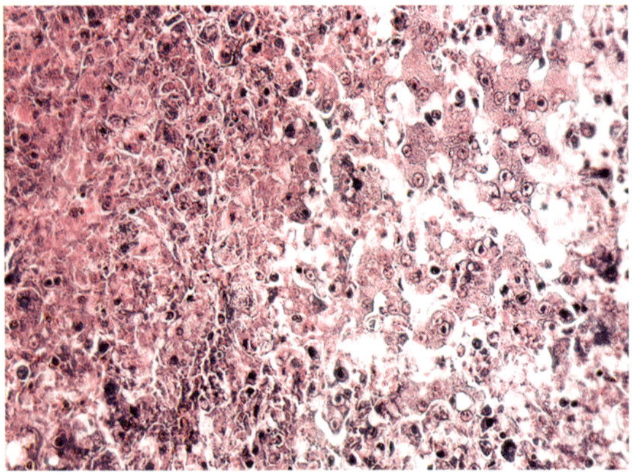

图 8-41　坏死性肝炎

左侧为肝细胞坏死区,右侧为坏死区附近变性的肝细胞,有的细胞内可见核内包涵体。HE×100　(陈怀涛)

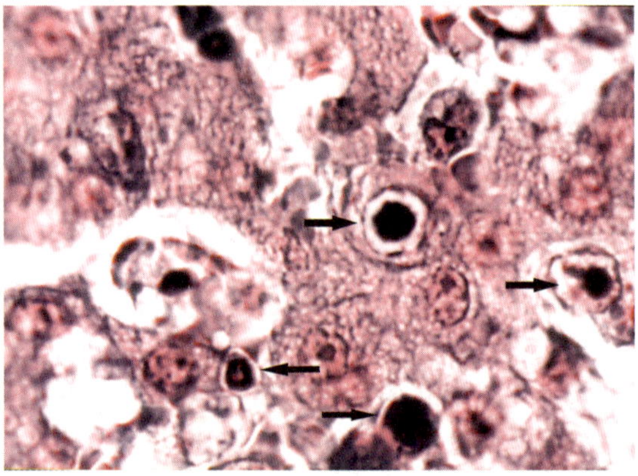

图 8-42　肝细胞核内包涵体

在有些变性肿大的肝细胞核内可见圆形团块状包涵体形成(↑)。HE×400　(陈怀涛)

2. 细菌性肝炎

(1)病因和发生机理　引起此型肝炎的细菌种类很多,如巴氏杆菌、沙门菌、坏死杆菌、钩端螺旋体和各种化脓性细菌等。细菌性肝炎以组织变质、坏死、形成脓肿或肉芽肿为主要病理特征。

（2）病理变化

①以变质为主要表现的细菌性肝炎

眼观 肝肿大，肝内充血阶段可见肝呈暗红色；有黄疸者为土黄色或橙黄色。常见点状出血与斑状出血，以及灰白色或灰黄色的坏死病灶。

镜检 中央静脉和肝窦扩张，充血或出血。肝细胞广泛颗粒变性、脂肪变性或水泡变性。坏死灶多位于肝小叶内，大小不一，也可发生弥漫性坏死，坏死灶外围有以嗜中性粒细胞为主的炎症细胞浸润（图 8-43）。毛细胆管因充盈胆汁而扩张。

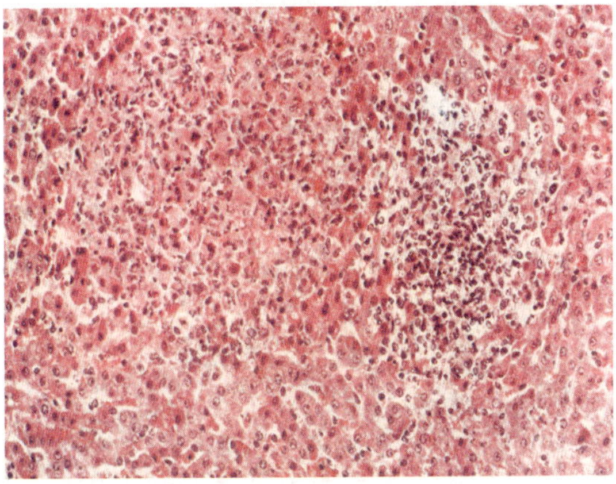

图 8-43 细菌性肝炎

肝细胞坏死，枯否氏细胞增生，炎性细胞浸润。HE×200 （刘宝岩）

②以化脓为主要表现的细菌性肝炎 化脓性感染特别是化脓棒状杆菌引起的化脓性肝炎（肝脓肿），病菌一般经由门静脉进入肝。

眼观 脓肿为单发或多发，多数发生在左肝叶。脓肿具有包膜，内含黏稠的黄绿色脓液。肝表面的脓肿常引起纤维素性肝周围炎，因而发生粘连。

镜检 病灶组织出现脓性溶解，嗜中性粒细胞浸润。

③以肉芽肿形成为主要表现的细菌性肝炎 常为肝内感染某些慢性传染病的病原体如结核杆菌、放线菌等所致。

眼观 肝内出现大小不等的肉芽肿性结节状病变。此类肉芽肿的组织结构大致相同，肉芽肿结节中心为黄白色干酪样坏死物，如有钙化时质地比较硬固，刀切时闻磨砂声。

镜检 结节中心为均质无结构坏死物质，有时可见蓝色颗粒状钙盐沉着；坏死灶周围为多量上皮样细胞浸润，其间还见几个胞体很大的多核巨细胞，它们的胞核位于胞浆的一侧边缘，呈马蹄状排列；周围有多量淋巴细胞浸润，外围见数量不等的结缔组织环绕。结节与周围组织分界清楚。

3. 霉菌性肝炎

（1）病因 其病原体常见有烟曲霉菌、黄曲霉菌、灰绿曲霉菌等致病性真菌。

（2）病理变化

①眼观 肝显著肿大，边缘钝圆，切面隆突，呈土黄色，质脆易碎，有明显黄疸。

②镜检 肝细胞脂肪变性、出血、坏死和淋巴细胞增生（图 8-44），间质小胆管增生。慢性病例则形成肉芽肿结节，其组织结构与其他特异性肉芽肿相似，但可发现大量菌丝。

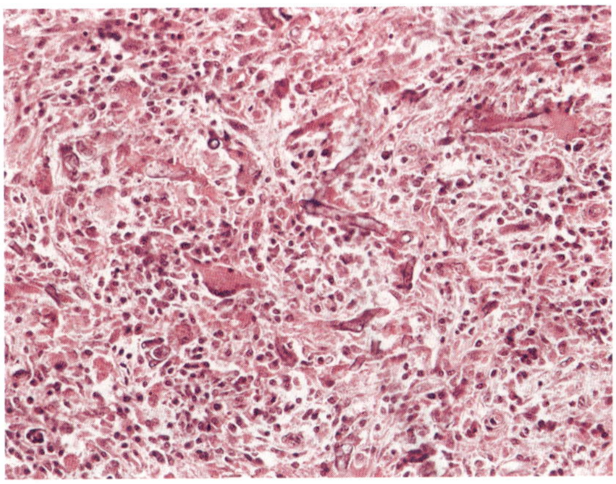

图 8-44 霉菌性肝炎

肝病灶中央是结缔组织增生和淋巴细胞浸润，也见多核巨细胞，注意在增生组织中有不少曲霉菌菌丝。HE×400 （陈怀涛）

4. 寄生虫性肝炎

（1）病因和发生机理 寄生虫性肝炎因肝

内某些寄生虫在肝实质中或肝内胆管寄生繁殖，或某些寄生虫的幼虫移行于肝时而发生。

（2）病理变化

①眼观　肝表面有大量形态不一的白斑散布，白斑质地致密和硬固，有时高出被膜位置，俗称“乳斑肝”（图 8-45）。

②镜检　许多肝小叶内有局灶性坏死灶，其周围有大量嗜酸性粒细胞以及少量嗜中性粒细胞和淋巴细胞浸润，小叶间和汇管区结缔组织增生。肝寄生虫幼虫移行的坏死病灶，形成有上皮样细胞围绕和炎性细胞浸润以及结缔组织增生的肉芽肿（图 8-46）。

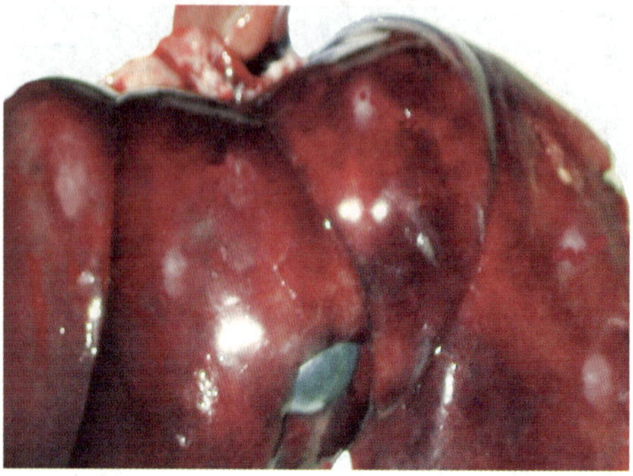

图 8-45　间质性肝炎

犬蛔虫幼虫引起的间质性肝炎，肝炎病灶呈灰白色小片状　　（胡俊杰）

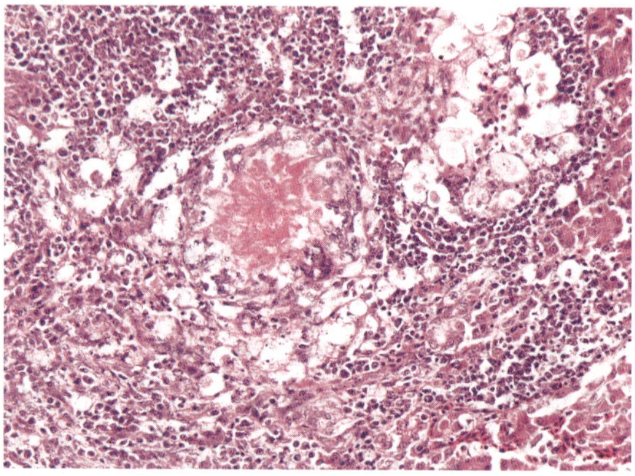

图 8-46　组织滴虫性肝炎

图中见一个坏死灶，附近结缔组织增生，淋巴细胞、浆细胞、巨噬细胞浸润，并见巨细胞形成，增生的组织中杂有不少组织滴虫。HE×400

（陈怀涛）

（二）中毒性肝炎

中毒性肝炎是指由病原微生物以外的其他毒性物质引起，以肝组织发生重度的营养不良性病变以至坏死，同时还伴有充血、水肿和出血为特征的肝炎。

1. 病因

宠物采食了霉败食物和腐烂的鱼肉类及其工业加工副产品等有毒分解产物，或由于长期服用某些抗生素或磺胺类药物，或因机体本身患有某些疾病引起物质代谢障碍，毒性代谢产物在体内蓄积过多等均可引起中毒性肝炎的发生。

2. 病理变化

①眼观　肝呈不同程度肿大，潮红充血或可见出血点与出血斑，水肿明显时肝湿润且重量增加，切面多汁。在重度肝细胞脂肪变性时，肝肿大、质脆，呈黄褐色。如淤血兼有脂肪变性时，肝在黄褐色或灰黄色的背景上，见暗红色的条纹，呈类似于槟榔切面的斑纹；同时常可于肝的表面和切面发现有灰白色的坏死灶。急性中毒性肝炎，由于大量肝细胞坏死、崩解和伴有脂肪变性，肝的体积通常缩小，肝叶边缘变为锐薄，呈黄色。

②镜检　肝小叶中央静脉扩大，肝窦淤血和出血，肝细胞重度颗粒变性、水泡变性和脂肪变性，小叶周边、中央静脉周围或散在的肝细胞坏死。严重病例坏死灶遍及整个小叶呈弥漫性坏死；坏死细胞呈伊红深染的透明圆球状，未完全坏死溶解的肝细胞见胞核固缩或碎裂。肝小叶内或间质中炎性细胞渗出现象微弱，有时仅见少许淋巴细胞。

3. 结局和对机体的影响

由于引起中毒的毒物种类较多，且中毒的程度轻重不一，上述这些变化有时差异颇大。耐过的一些急性中毒性肝炎可转为慢性。变性轻微的肝细胞逆转恢复正常，较小的坏死灶通过纤维组织增生而瘢痕化，肝实质萎缩，肝被膜、小叶间和汇管区结缔组织不同程度增生而出现肝硬化。

(三)胆管肝炎

胆管肝炎(肝实质相邻部分发炎)相对来说是猫的普通肝病，犬类较为少见。

1. 发病原因

目前普遍认为是由于大量细菌感染了胆管，特别是革兰氏阴性菌和厌氧微生物，胆汁淤积直接导致胆管损伤。

2. 发病机理

细菌感染导致嗜中性粒细胞炎症反应，后期淋巴细胞和浆细胞浸润，门脉周围肝细胞发生坏死，有一定量的血小板损坏，炎性反应渗透到肝实质，典型的慢性肝炎时门脉区和胆管区有混合炎症反应发生。

四、肝硬化

各种原因引起肝细胞严重变性和坏死后，出现肝细胞结节状再生和间质结缔组织广泛增生，使肝变硬、变形的过程称为肝硬化。

(一)原因和发生机理

引起肝硬化的原因有很多，常见的有以下几种。

(1)门脉性肝硬化　见于病毒性肝炎、黄曲霉毒素中毒、营养缺乏(如缺乏胆碱或蛋氨酸)等，肝组织发生严重的变性、坏死，继而转为慢性经过，汇管区和小叶间纤维性结缔组织广泛增生和网状纤维胶原化，从而逐渐发展为以假小叶形成为主要特征的肝硬化。

(2)坏死后肝硬化　常见于病原微生物感染和黄曲霉毒素、四氯化碳中毒等。此种肝硬化是在肝实质大片坏死的基础上形成的。肝坏死区内结缔组织广泛增生和肝细胞结节状再生。

(3)淤血性肝硬化又称心源性肝硬化　主要见于慢性心功能不全，右心衰竭等。此时，由于肝发生慢性淤血和缺氧，肝小叶中心区的肝细胞发生变性、坏死，肝组织结构破坏，网状纤维胶原化，从而逐渐发展成此型肝硬化。

(4)寄生虫性肝硬化　这是最常见的肝硬化。是由于寄生虫幼虫在肝中移行、虫卵在肝内聚集或成虫直接寄生于肝内胆管中，在肝组织中形成大量的寄生虫结节，肝实质严重受损，进而纤维化，最终发展为此型肝硬化。

(5)胆汁性肝硬化　常见的原因主要有胆道结石，邻近组织的肿瘤对肝外胆管系统的持续压迫以及肝外胆管的狭窄和闭锁等。此外，在胆道慢性阻塞、胆汁长期淤滞的基础上，有些革兰氏阴性菌或肠球菌的感染导致肝细胞变性和坏死，肝小叶周围的小胆管增生，管腔扩张，充满浓缩的胆汁。当小胆管过分扩张而破裂后，胆汁溢出，引起门静脉区慢性炎症和纤维组织的增生，使肝小叶结构破坏，最后导致肝硬化。

(二)病理变化

肝硬化由于发生原因不同，其形态结构变化也有所差异。

1. 门脉性肝硬化

①眼观　在病变的初期和中期，肝体积正常或略变大，质地稍硬，重量略有增加；后期，肝体积缩小，重量略有减轻，质度坚硬，被膜明显变厚。表面可见大小较均匀的颗粒状结节，半球状突出于表面(图 8-47)；切面也有较多圆球形结节，呈弥漫性分布。结节呈黄褐色(肝细胞脂肪变性)或黄绿色(含较多的胆色素)，每一个结节相当于镜下的一个或几个假小叶。

②镜检　汇管区和小叶间质内纤维性结缔组织广泛增生，网状纤维胶原化，间质明显增宽，将原来的肝小叶分隔成大小不等、近似圆形的假小叶(图 8-48)。假小叶中的肝细胞常有脂肪变性、坏死，以及胆色素沉积；肝细胞大小不一，排列也较散乱；有时可见增大的肝细胞，核大而浓染，有些细胞呈双核，这种主要以肥大的肝细胞构成的假小叶通常是由残存的肝细胞再生形成的。假小叶中，中央静脉常偏于一侧或缺乏，有时看见两个以上的中央静脉。此外，结缔组织间隔中有大量淋巴细胞浸润，并有胆管的增生。

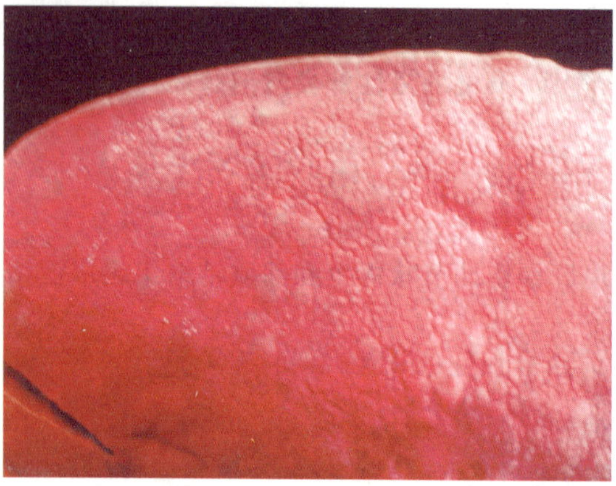

图 8-47　门脉性肝硬化(一)

肥大性肝硬化：肝增大，表面不平，呈结节状

（陈怀涛）

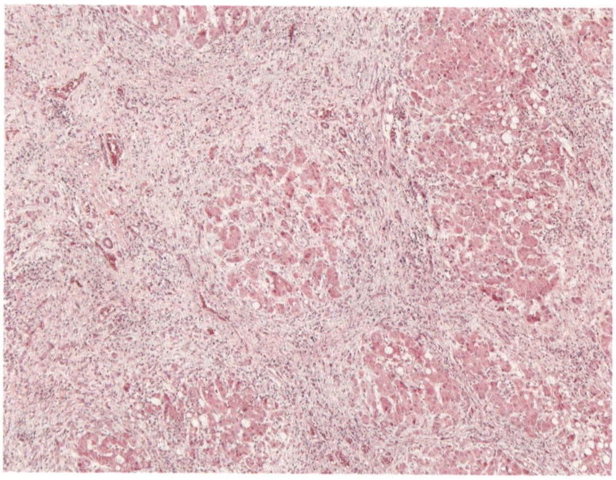

图 8-48　门脉性肝硬化(二)

肝中结缔组织大量增生，肝固有结构严重破坏，肝小叶被结缔组织分割成大小不等的细胞团块(假小叶)，假小叶间以厚层结缔组织相隔，其中有大量以淋巴细胞为主的炎性细胞浸润，此外，也见新生的毛细血管和假胆管。HE×100

（陈怀涛）

2. 坏死后肝硬化

①眼观　肝体积缩小，重量减轻，质地较硬，被膜皱缩且不易剥离，肝表面有许多大小不等的结节，故形态学上呈一种典型的结节性肝硬化。此型肝硬化由于肝坏死较为严重，且增生的结节大小不等，因而，通常都会引起肝变形。

②镜检　肝组织中散在大小不等、形状各异的坏死灶，严重时整个肝小叶发生坏死。坏死局部由于胶原纤维的大量增生使间质明显变宽。由于坏死区和结缔组织间隔的不规则分布，将原有的肝小叶分隔成数量不等、形态不一的假小叶。坏死后肝硬化与门脉性肝硬化相比，其假小叶的大小差异更为明显，而且形成的纤维间隔也较宽阔。

3. 淤血性肝硬化

①眼观　在病变的早期，肝的体积常增大，晚期则轻度缩小，质地较硬，肝表面较为平滑，仅呈现微细颗粒状结构，无明显的结节样外观。

②镜检 主要特征是肝小叶中心区发生明显的纤维化。而汇管区与小叶间纤维性结缔组织增生、小胆管增生以及肝细胞再生现象不明显。

4. 寄生虫性肝硬化

①眼观 早期肝明显变大，质地变硬。到病变后期，肝体积缩小，呈灰白色、坚硬，表面凹凸不平，呈颗粒状。

②镜检 早期在肝组织中可见许多虫体移行的孔道，其中常见到虫体及其残余。后期可见汇管区、胆管壁及肝小叶周边有大量结缔组织增生，并向肝小叶内伸展，导致肝小叶破坏，形成假小叶。假小叶中的肝细胞萎缩、消失，同时也可见再生的肝细胞结节。在增生的结缔组织中有大量的嗜酸性粒细胞（图 8-49）、淋巴细胞和浆细胞浸润。

5. 胆汁性肝硬化

①眼观 早期肝体积常增大，晚期则轻度缩小，质地较硬，肝表面较平滑或呈细颗粒状，无门脉性肝硬化时的结节样外观。肝常被胆汁染成深绿色或绿褐色，在胆道阻塞时尤为明显。

②镜检 ①汇管区小胆管、肝内毛细胆管以及肝窦状隙等均现明显扩张、充满胆汁（图 8-50），并有胆栓形成，为此型肝硬化的特征性病变。②由于肝细胞内胆汁成分的堆积（肝细胞淤胆），使其肿大、变性、坏死，胞浆疏松、呈网状，细胞核消失；坏死区毛细胆管中的胆汁外溢，淤积在坏死灶中，形成所谓的“胆湖”。③汇管区胆管扩张及小胆管增生，胆管周围纤维组织增生，汇管区变宽，邻近的汇管区之间可由纤维性间隔彼此相连。但在相当长的时期内，增生的纤维组织并不侵入肝小叶内。④汇管区及肝小叶周围结缔组织中还见大量嗜中性粒细胞浸润，炎性变化沿小胆管向肝小叶内逐渐扩展。到晚期，沿小胆管增生的肉芽组织也伸入小叶内，导致假小叶的形成。但假小叶形成和肝小叶结构破坏程度较轻，可与坏死后肝硬化和门脉性肝硬化区别。

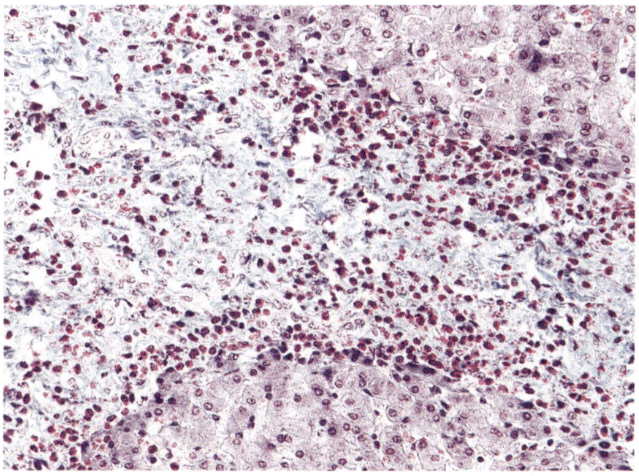

图 8-49 蛔虫性肝硬化

肝小叶之间结缔组织增生，大量嗜酸性粒细胞浸润。HE×400 （陈怀涛）

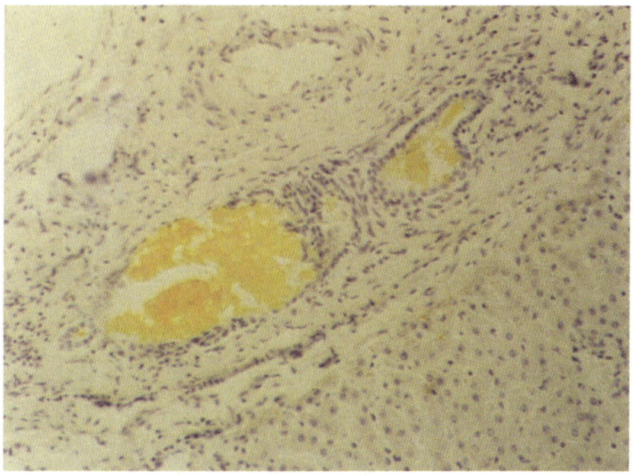

图 8-50 胆汁性肝硬化

大、小胆管均扩张，充满黄色胆汁，间质结缔组织增生，淋巴细胞浸润。HE×400 （陈怀涛）

（三）结局和对机体的影响

肝硬化是一渐进性病理过程，即使病因消除也不能恢复正常。肝细胞的再生和代偿能力都很强，早期可通过功能代偿而在相当长的时间内不出现明显症状。但后期由于代偿失调，就可出现一系列症状，主要为门脉性高压症和肝功能障碍。

1. 门脉性高压症

肝硬化时，门静脉压升高，引起门静脉所属器官(胃、肠、脾)淤血和水肿，影响胃肠道蠕动和分泌功能，进一步引起慢性胃肠炎，所以临床表现有食欲不振和消化不良。肝硬化后期可引起腹水。腹水的形成机理主要是门静脉高压和血浆胶体渗透压下降所引起的。

2. 肝功能障碍

(1)合成功能改变　肝硬化时，肝合成蛋白质的能力降低，血浆蛋白含量减少，血浆胶体渗透压降低。另外，肝合成纤维蛋白原和凝血酶原的作用降低，故有出血倾向。

(2)灭活功能降低　肝硬化时，肝对某些激素特别是醛固酮和抗利尿激素灭活发生障碍，使其在体内蓄积，引起腹水。

(3)胆色素代谢障碍　肝细胞受损和胆汁排出受阻，血中直接胆红素和间接胆红素均增加。

(4)酶活性改变　肝细胞受损，某些酶如谷丙转氨酶、谷草转氨酶等进入血液，因而肝功能检查时，这些酶活性升高。

(5)自体中毒　是肝功能衰竭的一种表现。肝硬化时，肝屏障及解毒功能降低，不能有效地清除血液中有毒代谢产物，如血氨及酚类，造成自体中毒，特别是氨中毒。

任务5　泌尿系统病理

泌尿系统包括肾、输尿管、膀胱和尿道。泌尿系统的功能是将动物体内代谢过程中产生的废物和毒物，通过尿的形式排出体外，以调节机体 pH 和水盐代谢，维持其内环境的相对稳定。泌尿系统的疾病较多见于肾和膀胱，尤以肾的疾病常见和重要。

一、肾炎

肾炎是指以肾小球、肾小管和间质炎症变化为特征的疾病。根据发生部位和性质，通常把肾炎分为肾小球肾炎、间质性肾炎和化脓性肾炎。

(一)肾小球肾炎

肾小球肾炎是以肾小球炎症为主的肾炎。炎症过程常常始于肾小球，然后逐渐波及肾球囊、肾小管和间质。根据病变波及的范围，肾小球肾炎可分为弥漫性和局灶性两类。病变累及两侧肾几乎全部肾小球者，为弥漫性肾小球肾炎；仅有散在的部分肾小球受累者，为局灶性肾小球肾炎。根据肾小球肾炎的病程和病理变化，一般将肾小球肾炎分为急性、亚急性和慢性三大类。

1. 急性肾小球肾炎

急性肾小球肾炎常发生于急性感染之后，起病急，病程较短。病理变化主要在肾小球毛细血管网和肾球囊内，通常开始以血管球毛细血管变化为主，以后肾球囊内也出现明显病变。

①眼观　急性肾小球肾炎早期变化不明显，以后肾轻度或中度肿大，充血，质地柔软，被膜紧张，易剥离，表面与切面潮红，所以称“大红肾”。若肾小球毛细血管破裂出血，肾表面和切面散布针尖状大小的红点，形如蚤咬，称“蚤咬肾”。肾切面可见皮质由于炎性水肿而变宽，纹理模糊，与髓质分界清楚。

②镜检　主要病变是肾小球内细胞增生。早期，肾小球毛细血管扩张充血，内皮细胞和系膜细胞肿胀增生，毛细血管通透性增加，血浆蛋白滤入肾球囊内，肾小球内有少量白细胞浸润。随后肾小球内系膜细胞严重增生，这些增生细胞压迫毛细血管，使毛细血管管腔狭窄甚至阻塞，肾小球呈缺血状。此时，肾小球内往往有多量炎性细胞浸润，肾小球内细胞增多，肾小球体积增大，膨大的肾小球毛细血管网几乎占据整个肾球囊腔。囊腔内有渗出的白细胞、红细胞和浆液。病理变化较严重者，毛细血管腔内有血栓形成，导致毛细血管发生纤维素样坏死，坏死的毛细血管破裂出血，致使大量红细胞进入肾球囊腔。不同的病例，病变的表现形式不同，有的以渗出为主，称为急性渗出性肾小球肾炎（图 8-51）；有些以系膜细胞的增生为主，称为急性增生性肾小球肾炎（图 8-52）；伴有严重大量出血者称为急性出血性肾小球肾炎（图 8-53）。肾小管上皮常有颗粒变性、玻璃样变性和脂肪变性。管腔内含有从肾小球滤过的蛋白、红细胞、白细胞和脱落的上皮细胞。这些物质在肾小管内凝集成各种管型。由蛋白凝固而成的称为透明管型，由许多细胞聚集而成的称为细胞管型。肾间质内常有不同程度的充血、水肿及少量淋巴细胞和嗜中性粒细胞浸润。

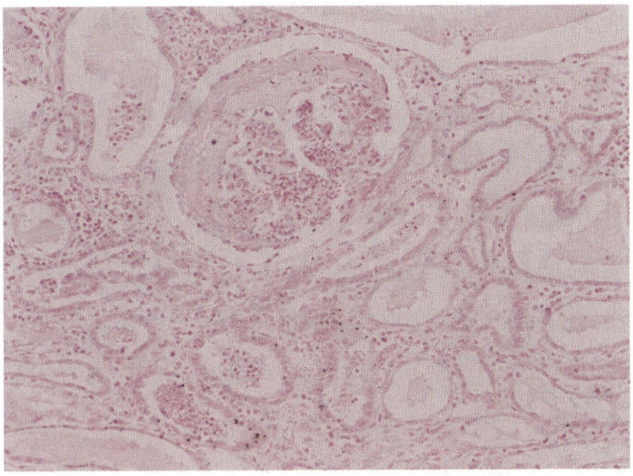

图 8-51　急性渗出性肾小球肾炎

浆液性肾小球肾炎：肾小球囊腔和肾小球毛细血管间隙有多量嗜中性粒细胞、纤维素、浆液和红细胞。血管球体积缩小和贫血；肾小管上皮细胞变性，有些管腔扩张，内含蛋白质和嗜中性粒细胞。HE×200　（甘肃农业大学兽医病理室）

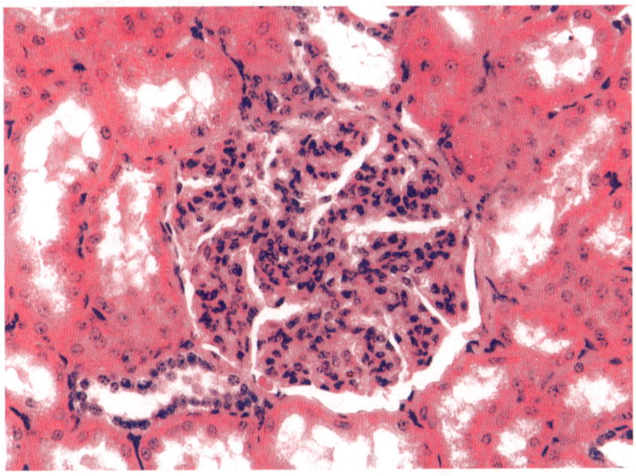

图 8-52　急性增生性肾小球肾炎

肾小球体积增大，细胞数量增多；肾小球毛细血管内皮细胞和系膜细胞肥大、增生；也见个别嗜中性粒细胞和单核细胞，肾小球囊腔狭窄呈裂缝；肾小管上皮细胞变性。HE×400　（陈怀涛）

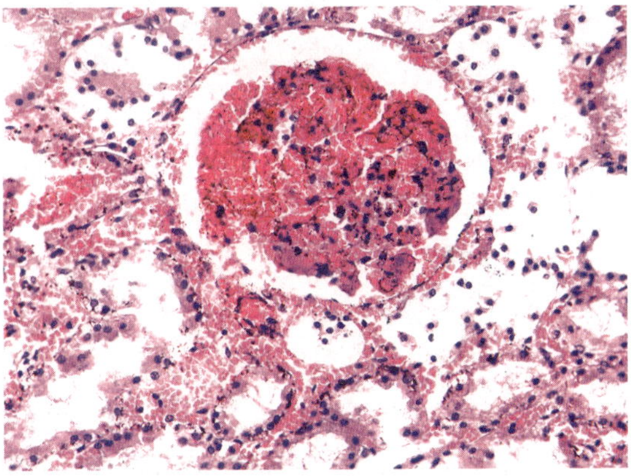

图 8-53　出血性肾小球肾炎

肾小球毛细血管充血，球囊腔有大量红细胞和嗜中性粒细胞，肾小球体积大；间质血管明显充血，肾小管上皮变形、脱落。HE×400　（陈怀涛）

2. 亚急性肾小球肾炎

亚急性肾小球肾炎可由急性肾小球肾炎转化而来，或由于病因作用较弱，病势一开始就呈亚急性经过。

①眼观　肾体积增大，被膜紧张，质度柔软，颜色苍白或淡黄色，俗称“大白肾”。若皮质有无数瘀点，表示曾有急性发作。切面隆起，皮质增宽，苍白色、混浊，与颜色正常的髓质分界明显。

②镜检　突出的病变为大部分肾球囊内有新月体形成。新月体主要由壁层上皮细胞增生和渗出的单核细胞组成。扁平的上皮细胞肿大，呈梭形或立方形，堆积成层，在肾球囊内毛细血管丛周围形成新月体(图 8-54)或环状体(图 8-55)。新月体内的上皮细胞间可见红细胞、嗜中性粒细胞和纤维素性渗出物。早期新月体主要由细胞构成，称为细胞性新月体。上皮细胞之间逐渐出现新生的纤维细胞，纤维组织逐渐增多形成纤维-细胞性新月体。最后新月体内的上皮细胞和渗出物完全由纤维组织替代，形成纤维性新月体。新月体形成一方面压迫毛细血管丛；另一方面使肾小囊闭塞，致使肾小球的结构和功能严重破坏，影响血浆从肾小球滤过，最后毛细血管丛萎缩、纤维化，整个肾小球呈纤维化玻璃样变。肾小管上皮细胞广泛颗粒变性，由于蛋白的吸收形成细胞内玻璃样变。病变肾单位所属肾小管上皮细胞萎缩甚至消失。间质水肿，炎性细胞浸润，后期发生纤维化。

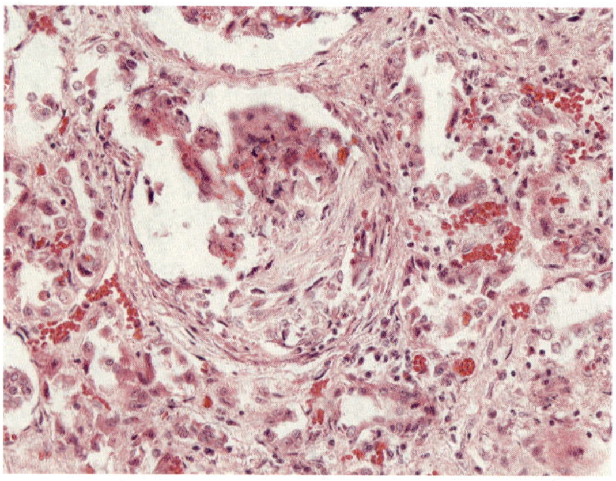

图 8-54　亚急性肾小球肾炎(一)

肾小球囊壁层上皮细胞增生重叠，在右下侧(被覆于球囊壁层的尿极侧)形成“新月体”；毛细血管丛受压，肾小球与球囊粘连；肾小管上皮变性，间质炎性细胞浸润。HE×400　(陈怀涛)

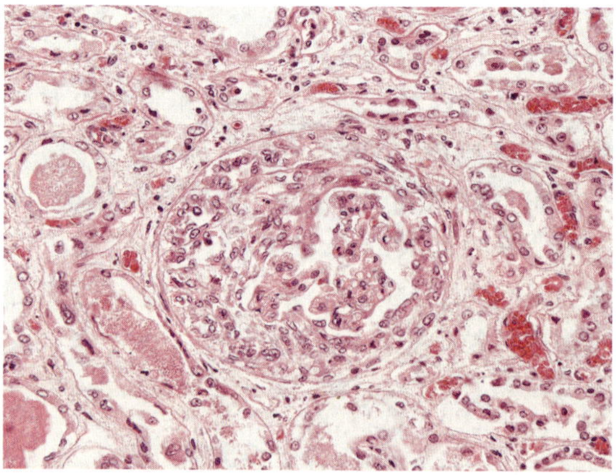

图 8-55　亚急性肾小球肾炎(二)

肾小球囊壁层上皮细胞明显增生，形成“环状体”，肾小球毛细血管受压萎缩；肾小管上皮变性，管腔有较多蛋白性物质，间质炎性细胞浸润。HE×400　(陈怀涛)

3. 慢性肾小球肾炎

慢性肾小球肾炎可以由急性和亚急性肾小球肾炎演变而来，也可以一开始就呈慢性经过。慢性肾小球肾炎起病缓慢，病程长，常反复发作，是各型肾小球肾炎发展到晚期的一种综合性病理类型。

①眼观　由于肾组织纤维化、瘢痕收缩和残存肾单位的代偿性肥大，肾体积缩小，表面高低不平，呈弥漫性细颗粒状，质地变硬，肾皮质常与肾被膜发生粘连，颜色苍白，故称“颗粒性固缩肾”或“皱缩肾”，切面见皮质变薄，纹理模糊不清，皮质与髓质分界不明显。

②镜检　大量肾小球纤维化(图 8-56)，玻璃样变(图 8-57)，所属的肾小管也萎缩消失，纤维化。由于萎缩部有纤维化组织增生，继而发生收缩，致使玻璃样变的肾小球互相靠近，这种现象称为“肾小球集中”。有些纤维化的肾小球消失于周围增生的结缔组织之中。残存的肾单

位发生代偿性肥大，表现为肾小球体积增大，肾小管扩张。扩张的肾小管管腔内常有各种管型。间质纤维组织明显增生，并有大量淋巴细胞和浆细胞浸润。

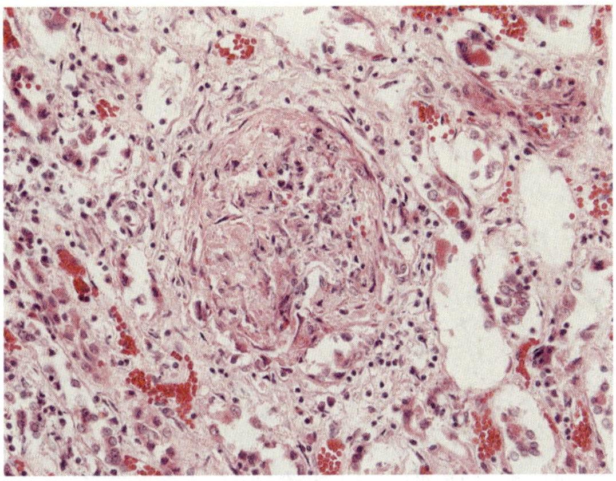

图 8-56 慢性肾小球肾炎(一)

肾小球明显纤维化，成为一团纤维结缔组织，毛细血管已经消失，球囊腔已完全闭塞。HE×400

（陈怀涛）

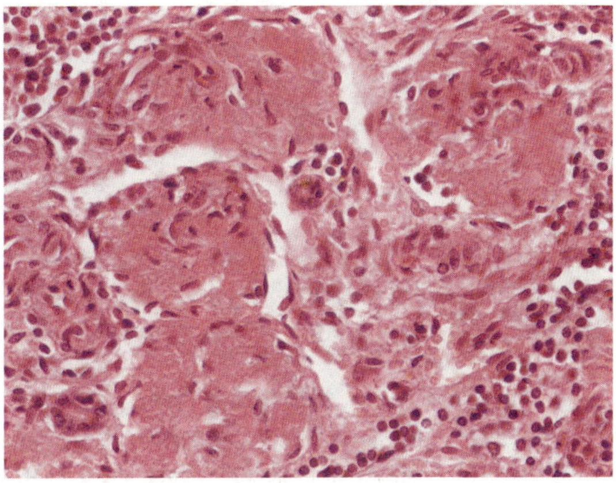

图 8-57 慢性肾小球肾炎(二)

肾小球发生玻璃样变，呈一团无结构的均质物；此图可见几个玻璃样变的肾小球，似肾小球增多；肾间质淋巴细胞浸润，结缔组织增生。HE×400

（陈怀涛）

（二）间质性肾炎

间质性肾炎是在肾间质发生的以淋巴细胞、单核细胞浸润和结缔组织增生为原发病变的非化脓性肾炎。

1. 原因和发生机理

本病原因尚不完全清楚，一般认为与感染、中毒性因素有关。某些细菌或病毒性传染病如布鲁氏菌病、钩端螺旋体病、犬瘟热等多有间质性肾炎的病变，青霉素类、头孢菌素、磺胺类药物过敏及寄生虫感染等都可引起间质性肾炎。

间质性肾炎常同时发生于两侧肾，表明其发生是毒性物质在排泄过程中经血源性途径侵入肾而引起的。炎症首先从肾小管间的间质开始，表现为淋巴细胞和单核细胞浸润，并有成纤维细胞增生。由于间质中增生和浸润的细胞压迫肾小管和肾小球，可使肾小管和肾小球发生萎缩和崩解消失。若大量的肾单位被破坏，病宠往往死于尿毒症。

2. 类型与病理变化

根据间质性肾炎炎症波及的范围可将其分为两种类型。

(1)弥漫性间质性肾炎　是幼年宠物中常见的一种病变，往往是某些全身性感染的一种伴发病。在感染高峰时两侧肾均受损，表示病因经由血源途径而来。可分为急性弥漫性间质性肾炎和慢性弥漫性间质性肾炎。

①急性弥漫性间质性肾炎

眼观　肾稍肿大，被膜紧张容易剥离，被膜下皮质表面和切面上可见清晰的灰白色斑纹，这是白细胞稠密浸润的小病区，这些病区与周围无明显分界，轮廓模糊。切面呈灰白色辐射状条纹，波及整个皮质和髓质外带。

镜检　病变主要集中在间质，间质小血管扩张充血，结缔组织水肿，白细胞浸润，浸润的白

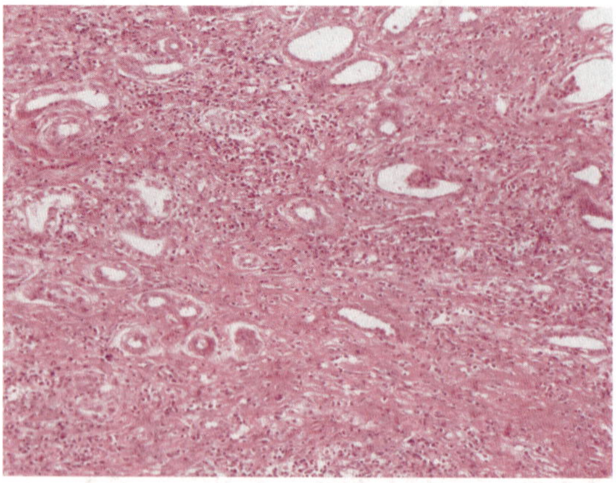

图 8-58　慢性间质性肾炎

肾间质有大量结缔组织增生，淋巴细胞和浆细胞浸润；肾小管多数萎缩或消失，但有的扩张，肾小球也多萎缩、变小，但有的球囊腔扩张。HE×100　　（王雯慧）

细胞为单核细胞、淋巴细胞和浆细胞，浸润细胞波及整个肾间质（图 8-58）。肾小管及肾小球变化多不明显。

②慢性弥漫性间质性肾炎

眼观　亚急性和慢性弥漫性间质性肾炎的肾体积缩小，质度变硬，肾表面凹凸不平，呈淡灰色或黄褐色，被膜增厚，与皮质粘连，剥离困难，切面皮质变薄，皮质与髓质分界不清，这种肾炎眼观和显微镜下与慢性肾小球肾炎都不易区别。

镜检　慢性弥漫性间质性肾炎时，间质发生纤维组织广泛增生，随着纤维组织逐渐成熟，炎性细胞数量逐渐减少。许多肾小管发生颗粒变性、萎缩消失，并被纤维组织所代替，残留的肾小管则发生扩张和肥大。肾小囊发生纤维性肥厚或者囊腔扩张，以后肾小球变形或皱缩。在与慢性肾小球肾炎鉴别诊断时，许多肾小球无变化或仅有轻度变化是其主要特点。

（2）局灶性间质性肾炎

①眼观　在肾表面及切面皮质部散在多数点状、斑状或结节状病灶。犬间质性肾炎病灶较小，为圆形或多形的灰色小结节。

②镜检　肾小球一般正常，肾小管的损害继发于间质的病变。间质的反应很明显，初期为水肿、淋巴细胞和浆细胞中度浸润，随着病情的发展，除仍可见到淋巴细胞和浆细胞外，成纤维细胞的增生则逐渐占优势。随着纤维组织的增生，许多肾小管发生萎缩与消失。有的肾小管也可能扩张，其上皮细胞变扁平，甚至只残留基底膜。

（三）化脓性肾炎

化脓性肾炎是指肾实质和肾盂的化脓性炎症，根据病原的感染途径可分为以下两种类型。

1. 肾盂肾炎

肾盂肾炎是肾盂和肾组织因化脓菌感染而发生的化脓性炎症。通常是从下端尿路上行的尿源性感染，常与输尿管、膀胱和尿道的炎症有关。雌性宠物发病率较高。

（1）原因　细菌感染是肾盂肾炎的主要原因，主要病原菌是棒状杆菌、葡萄球菌、链球菌、绿脓杆菌，大多是混合感染。其他原因，如下部尿道炎症，瘢痕组织收缩，结石形成，寄生虫在尿道内寄生和移动，分娩时产道创伤，膀胱麻痹等均可诱发肾盂肾炎。

（2）病理变化

①眼观　初期，肾肿大、柔软，被膜容易剥离。肾表面常有略显隆起的灰黄或灰白色斑状化脓灶，脓灶周围肾表面有出血。切面肾盂高度肿胀，黏膜充血水肿，肾盂内充满脓液；髓质部见有自肾乳头伸向皮质的呈放射状的灰白或灰黄色条纹，以后这些条纹融合成楔状的化脓灶，其底面转向肾表面，尖端位于肾乳头，病灶周围有充血、出血，与周围健康组织分界清楚。严重病例肾盂黏膜和肾乳头组织发生化脓、坏死，引起肾组织的进行性脓性溶解，肾盂黏膜形成溃

疡。后期肾实质内楔形化脓灶被吸收或机化，形成瘢痕组织，在肾表面出现较大的凹陷，肾体积缩小，形成继发性皱缩肾。

②镜检　初期，肾盂黏膜血管扩张、充血、水肿和细胞浸润。浸润的细胞以嗜中性粒细胞为主。黏膜上皮细胞变性、坏死、脱落，形成溃疡。自肾乳头伸向皮质的肾小管（主要是集合管）内充满嗜中性粒细胞，细菌染色可发现大量病原菌，肾小管上皮细胞坏死脱落。间质内常有嗜中性粒细胞浸润（图8-59）、血管充血和水肿。后期转变为亚急性或慢性肾盂肾炎时，肾小管内及间质内的细胞浸润以淋巴细胞和浆细胞为主，形成明显的楔形坏死灶。病变区成纤维细胞广泛增生，形成大量结缔组织，结缔组织纤维化形成瘢痕组织。

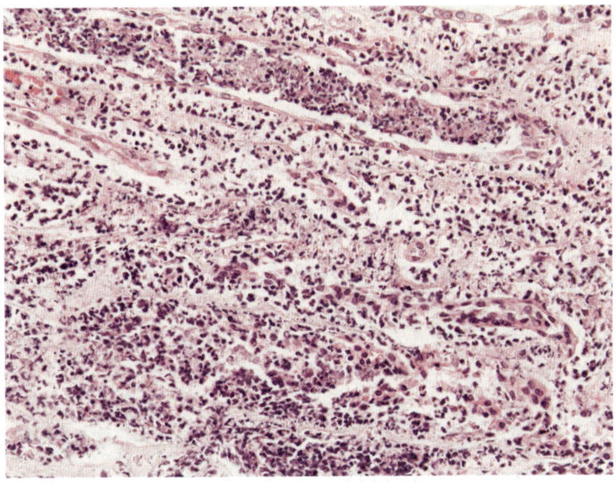

图 8-59　肾盂肾炎

髓质肾小管和局部间质内有大量嗜中性粒细胞和脓细胞聚集，部分肾小管已坏死，其界限不清。HE×400　（陈怀涛）

2. 栓子性化脓性肾炎

栓子性化脓性肾炎是指发生在肾实质内的一种化脓性炎症，其特征性病理变化是在肾形成多发性脓肿。

（1）原因和发生机理　机体其他组织器官的化脓性炎症的化脓菌团块侵入血流，经血液循环转移到肾，进入肾的化脓菌栓子在肾小球毛细血管及间质的毛细血管内形成栓塞，引起化脓性肾炎。

（2）病理变化

①眼观　病变常累及两侧肾，肾体积增大，被膜容易剥离。在肾表面见有多个稍隆起的灰黄色或乳白色圆形小脓肿，周边围以鲜红色或暗红色的炎性反应带。切面上的小脓肿较均匀地散布在皮质部，髓质内的脓肿灶较少。髓质内的病灶往往呈灰黄色条纹状，与髓放线的走向一致，周边也有鲜红色或暗红色的炎性反应带。

②镜检　在血管球及间质毛细血管内有细菌团块形成的栓塞，其周围有大量嗜中性粒细胞浸润。在肾小管间也可见到同样的细菌团块和嗜中性粒细胞浸润，以后浸润部肾组织发生坏死（图8-60）和脓性溶解，形成小脓肿，脓肿范围逐渐扩大和融合，形成较大的脓肿，其周围组织充血、出血、炎性水肿以及嗜中性粒细胞浸润。

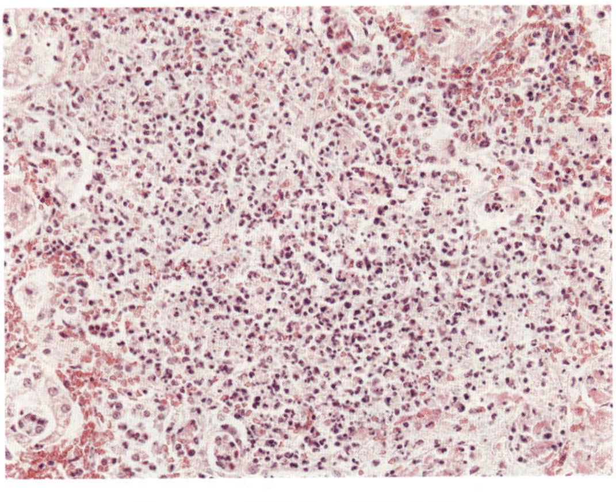

图 8-60　栓塞性化脓性肾炎

肾小球及其周围的肾间质有大量嗜中性粒细胞和脓细胞聚集，局部组织结构已被破坏。HE×400　（陈怀涛）

二、肾病

肾病是指以肾小管上皮细胞变性、坏死为主的一类病变，是由于各种内源性毒素和外源性毒物随血液流入肾而引起的。

(一)病因和发病机理

外源性毒物包括重金属(汞、铅、砷、铋和钴等)、有机溶剂(氯仿、四氯化碳)、抗菌素(新霉素、多黏菌素)、磺胺类等，内源性毒素是许多疾病过程中产生的并经肾排出的毒素。毒性物质随血流进入肾，可直接损害肾小管上皮细胞，使肾小管上皮细胞变性、坏死。

(二)类型和病变

1.坏死性肾病

坏死性肾病多呈急性经过，多见于急性传染病和中毒病。

①眼观　两侧肾轻度或中度肿大，质地柔软，颜色苍白。切面稍隆起，皮质部略有增厚，呈苍白色，髓质淤血，暗红色。

②镜检　急性病例的特征是肾小管上皮细胞变性(图 8-61)、坏死(图 8-62)、脱落，管腔内出现颗粒管型和透明管型。早期由于肾小管上皮肿胀，肾小管管腔变窄；晚期肾小管中度扩张。经一周时间后，上皮细胞可以再生。肾小管基底膜由新生的扁平上皮细胞覆盖，以后肾小管完全修复不留痕迹，但病宠多在大量肾小管上皮细胞变性、坏死时发生肾功能衰竭而死亡。

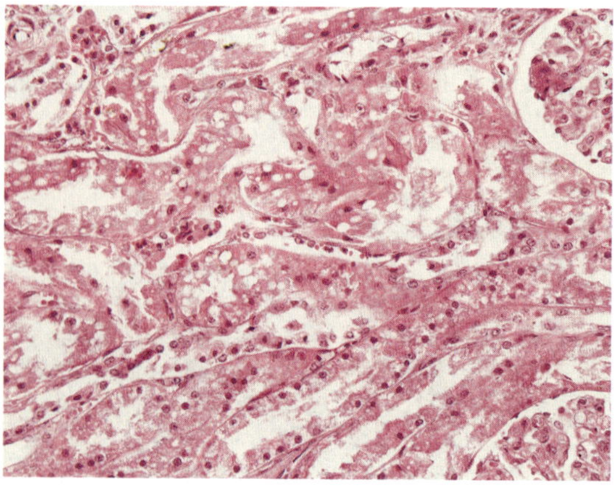

图 8-61　坏死性肾病(一)

肾小管上皮细胞发生脂肪变性和坏死，许多近曲小管管腔内含有蛋白性物质，管腔内外均无炎性细胞浸润。HE×400　(陈怀涛)

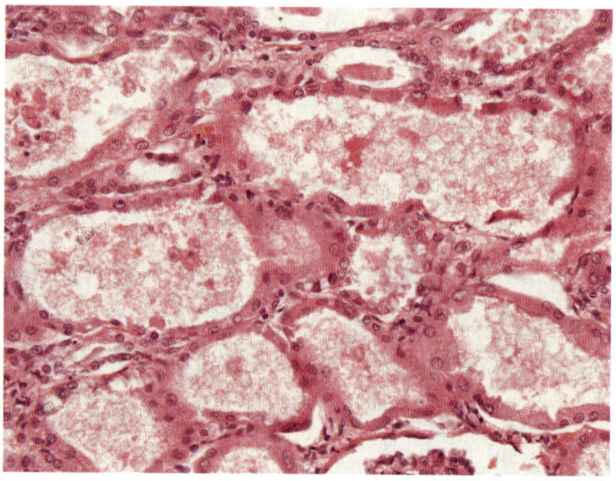

图 8-62　坏死性肾病(二)

肾小管上皮变性坏死，管腔中充满蛋白性物质，无炎症反应。HE×400　(陈怀涛)

2.淀粉样肾病

淀粉样肾病多见于一些慢性消耗性疾病，多呈慢性经过。

①眼观　肾肿大，质地坚硬，色泽灰白，切面呈灰黄色半透明的蜡样或油脂状。

②镜检　见肾小球毛细血管、入球动脉和小叶间动脉及肾小管的基底膜上有大量淀粉样物质沉着(图 8-63)。所属肾小管上皮细胞发生颗粒变性、透明变性、脂肪变性、水泡变性和坏死。病程久者，间质结缔组织广泛增生。

三、囊肿肾

(一)单囊肾

单囊肾多为先天性,犬最多见。囊肿的大小从几毫米至几厘米。一般为单侧性的大囊肿,呈圆形或椭圆形,主要位于皮质层。囊内含清亮液体,囊壁光滑,衬着扁平或立方上皮,也可衬覆角化上皮或无衬覆上皮,囊壁除上皮外,还有致密纤维组织。病宠不显症状,常在尸体剖检时意外发现。

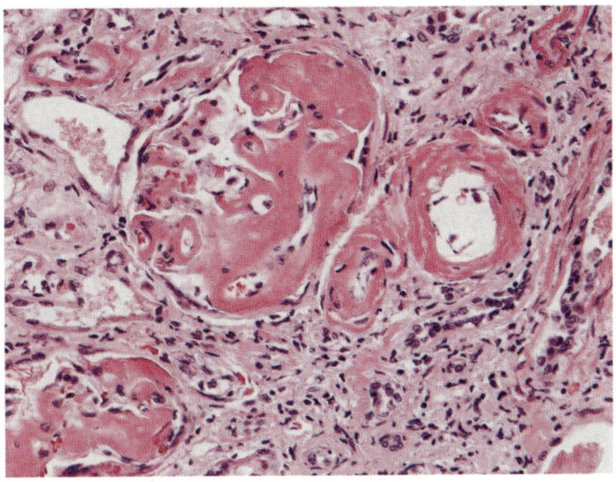

图 8-63 淀粉样肾病

淀粉样物质呈淡红色,可沉积于肾小球系膜区、毛细血管基底膜,故基底膜弥漫性增厚,管腔狭窄或闭塞;肾小动脉和细动脉管壁也有淀粉样物质沉积,因此管壁增厚,均质。HE×400

(陈怀涛)

(二)多囊肾

多囊肾一般认为是在胚胎发育中,多数肾单位和集合管未连通所致的一种先天性畸形。患有多发性囊肿的肾体积增大,切面上,可见皮质和髓质有许多大小不等的囊肿,囊内为透明液体(图 8-64),如有出血则呈淡红色或暗红色。肾实质多变为灰白色的纤维结缔组织。临诊上,如两侧肾同时受害,通常会在短时间内发生尿毒症死亡。在慢性间质性肾炎时,由于结缔组织对肾小管的压迫,受压处前段肾小管可因尿液潴留而扩张,从而导致多囊肾。

图 8-64 囊肿肾

兔肾。在肾皮质的表面和切面散在许多密集分布的、大小不等的囊泡,其中含有半透明的液体

(王新华)

四、尿毒症

尿毒症是指急性或慢性肾功能不全发展到严重阶段(即肾功能衰竭)时,由于代谢产物蓄积和水、电解质及酸碱平衡紊乱以致内分泌功能失调,因而引起机体出现的一系列自体中毒症状。

(一)病因

尿毒症的发生与以下几方面因素有关。

(1)胍类物质的作用　胍类物质是体内蛋白质代谢的异常产物,包括甲基胍和胍琥珀酸等。在尿毒症时,血液和尿液中胍类物质浓度均升高。它们可使病宠发生胃肠炎、溶血性贫血、血小板功能缺陷及抽搐等。

(2)酚类物质的作用　在正常情况下,肠内细菌可将苯环氨基酸(苯丙氨酸、酪氨酸等)转变为酚类物质。后者被吸收后经肾排出。在肾功能不全时,肾不能充分地将这些物质排出,故在血液中蓄积而引起中毒。

(3)尿素潴留　尿毒症时,血中尿素含量明显升高。尿素进入肠腔后,在肠道内经细菌作用产生的氨,对机体有毒性作用。

此外，也有人认为酸中毒、某些肽类和胺类的潴留，与尿毒症的一些症状有关。

(二)对机体的影响

尿毒症不是一个独立的疾病，而是一种综合症候群，是临诊危重病症之一。它除具有肾功能不全所引起的水、电解质代谢和酸碱平衡障碍及氮质血症外，由于机体自体中毒，还可引起其他器官系统的机能障碍。

(1)肺　可发生尿毒症性肺炎。临诊上可见病宠呼吸加深加快，严重时可出现周期性呼吸。眼观，肺呈暗紫红色、重量增加，切面有少量液体流出。镜检，肺泡和肺泡管充满水肿液，内含纤维素，并见少量巨噬细胞，肺泡壁上形成透明膜。

(2)肠道　小肠后段和结肠前段可发生浮膜性炎，引起病宠食欲降低、呕吐和腹泻。一般认为是氨对肠道刺激所致的结果。

(3)皮肤　尿素随汗排出，刺激皮肤感受器，可出现皮肤瘙痒症状。

(4)心脏　常发生纤维素性心包炎，这是严重尿毒症的表现之一。

(5)脑　大脑组织明显水肿、充血和小点出血，神经细胞变性。临诊上病宠出现神经症状，精神沉郁、昏迷或抽搐等。

五、膀胱炎

膀胱炎是指膀胱黏膜的炎症。炎症过程可波及黏膜层甚至整个膀胱壁。

(一)病因

膀胱炎多因细菌感染所致，常见的细菌有大肠杆菌、葡萄球菌、链球菌、绿脓杆菌、坏死杆菌及变形杆菌等。此外，膀胱结石长期机械刺激、某些含有刺激性的植物(毛茛、蕨类)中毒，也常引起膀胱炎。

在正常情况下，膀胱对细菌感染有强大的抵抗力，外来的细菌很快随尿液排除，故一般不易发生原发性感染。但在结石堵塞、膀胱麻痹及膀胱括约肌痉挛等情况下，尿液潴留，为细菌的停留和繁殖提供了条件。细菌经常接触膀胱黏膜以及尿液发酵产物(如氨)刺激和损伤黏膜，结果膀胱黏膜易发生感染并引起炎症，称为上行性(尿源性)感染。在肾炎时，病原体可随尿液经输尿管到达膀胱，继发膀胱炎，称为下行性(肾源性)感染。在某些传染病或其他系统疾病时，其病原菌可随血液循环到达膀胱而引起膀胱炎，称为血源性感染。

(二)病理变化

1.急性膀胱炎

根据病理变化的特点，急性膀胱炎又可分为卡他性炎、纤维素性炎、出血性炎、化脓性炎等类型。其病理变化特点分别是：

(1)卡他性膀胱炎　眼观，膀胱黏膜充血、肿胀，散在出血点，并有浆液性渗出物覆盖，黏膜下水肿。尿液浑浊。镜检，黏膜上皮细胞变性、坏死和脱落，黏膜下层显著充血、出血和水肿，并有以嗜中性粒细胞为主的炎性细胞浸润，其中混有少量巨噬细胞和淋巴细胞。

(2)纤维素性膀胱炎　可由卡他性膀胱炎转变而来。眼观，膀胱黏膜表面有较多量的污黄色的纤维素性渗出物，大部分黏膜发生坏死脱落。坏死组织常与渗出的纤维素结合，使黏膜表面被覆着一层灰白色或黑褐色的薄膜或痂。有时可见浅层糜烂。组织病理学观察可见黏膜呈典型的固膜性炎的变化。

(3)出血性膀胱炎　眼观，膀胱黏膜显著肿胀，散在出血点或出血斑。严重时则形成大小不等的黑褐色血肿，致使黏膜高低不平。膀胱内容物呈血样红色。镜检，黏膜内大量红细胞聚集成团，呈弥漫性分布，有时可见黏膜内形成充满血液的囊腔。出血灶外周显著充血、水肿和炎性细胞浸润。

(4)化脓性膀胱炎　眼观，膀胱黏膜表面常附有黏稠脓液，黏膜面粗糙或糜烂。膀胱内的尿液因混有脓液而变成白色浑浊的液体。黏膜下化脓时，往往构成蜂窝织炎景象。镜检，黏膜及黏膜下层有多量嗜中性粒细胞浸润。肌层肌纤维肿胀、变性和坏死。间质充血、水肿，有少量炎性细胞浸润。

2.慢性膀胱炎

慢性膀胱炎可由急性膀胱炎迁延而来，也可伴发于膀胱结石。此外，某些细菌(肾盂肾炎棒状杆菌)也可直接引起慢性膀胱炎。

眼观　膀胱壁显著肥厚，变硬，弹性减弱。黏膜增厚，呈灰白色皱褶状，有时呈绒毛状或息肉状增生。膀胱体积明显缩小，也有病例呈被动扩张。少数病例尿液中的尿素在细菌作用下分解，形成氨与镁的磷酸盐沉着于黏膜表面。严重时可在黏膜面形成一层硬壳，并伴有黏膜溃疡。

镜检　黏膜上皮脱落，黏膜下层有多量淋巴细胞和单核细胞浸润，并有结缔组织增生。肌层明显肥厚。

六、尿石病

尿石病是在泌尿道内出现尿结石。尿石是肉眼可见的沉淀的尿酸盐、尿蛋白和含蛋白质碎屑的集合物。大多数尿石有成层的结构，为坚硬的球形或卵圆形体，少数是泥沙状沉积物。其形状取决于结石所充塞的腔的形状。即使是同一类型的矿物质结石外观上也有不同，取决于它们是位于肾盂内还是在膀胱内。

病理特征　尿路[肾盂(图 8-65)、输尿管、膀胱(图 8-66)、尿道(图 8-67)]结石形成，局部黏膜充血、出血、水肿、发炎甚至坏死，动物出现血尿及排尿障碍等症状。

诊断要点　依据症状可怀疑本病；后腹部膀胱触诊、尿道触诊或 X 线摄片检查(图 8-68)，可能触到或发现结石，但犬、猫多发的细粒状结石难以查明，此时可进行尿道插管，以判断有无异常阻塞。

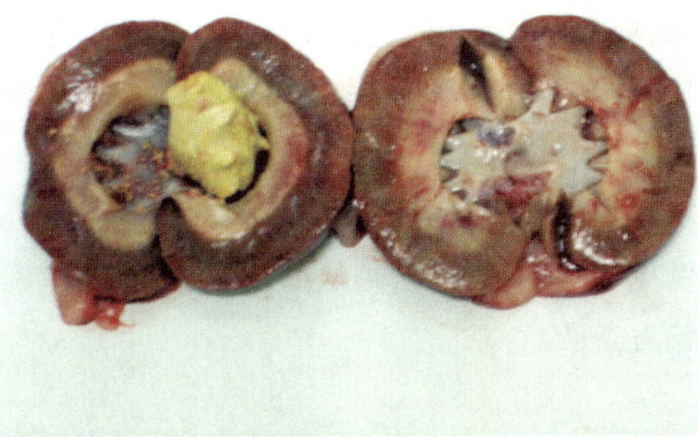

图 8-65　肾盂结石

病犬肾盂中有一大块结石和较多细粒状结石

(周方军)

图 8-66　离体结石的形态

膀胱结石，大小不等，形圆，从结石形态分析属磷酸胺镁结石

(王拔萃)

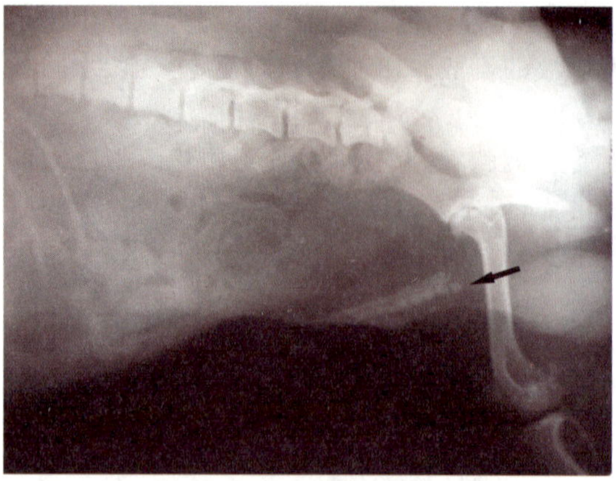

图 8-67　尿道结石 X 线影像

病犬尿道内见多个颗粒状结石，排列成串珠样（↑）　　（周方军）

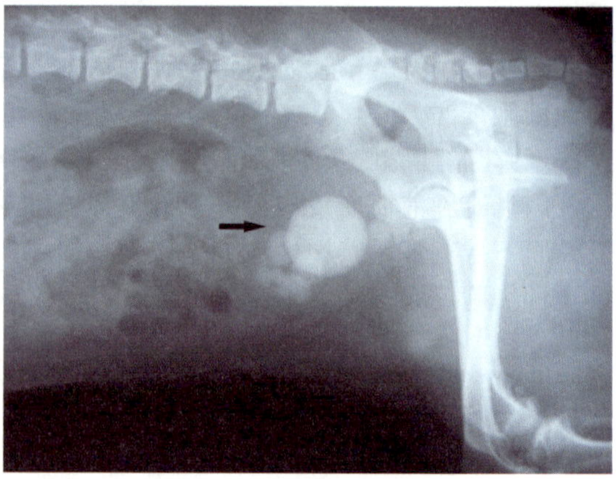

图 8-68　膀胱结石 X 线影像

病犬膀胱内积聚许多大小不一的结石（↑）　　（王拔萃）

任务 6　生殖系统病理

生殖系统病理包括雌性生殖器官病理和雄性生殖器官病理，临床上常见有卵巢病变、子宫内膜炎、乳腺炎和睾丸炎等。

一、卵巢病变

（一）卵巢炎

1. 急性卵巢炎

急性卵巢炎是由于子宫或输卵管的炎症性疾病蔓延到卵巢，或致病性微生物经血液和淋巴液循环进入卵巢引起感染而发炎。卵巢充血、肿大，并有炎性渗出物，表面有大量纤维素或散在出血斑点，化脓性炎时，可见卵巢表面和实质内有脓肿灶。

2. 慢性卵巢炎

慢性卵巢炎大多是由于结核病和布鲁氏菌病病原菌感染所引起的，或由急性卵巢炎转变而来。卵巢实质变性，炎性细胞浸润，结缔组织增生，卵巢白膜增厚，体积缩小，质地变硬，称“卵巢硬化”。

（二）卵巢囊肿

卵巢组织内未破裂的卵泡或黄体，因其本身发生变性和萎缩，所形成的球形空腔，称卵巢囊肿。可分为卵泡囊肿和黄体囊肿，以黄体囊肿较为多见。

1. 卵泡囊肿

卵泡囊肿是由于卵泡上皮变性，卵泡壁结缔组织增生变厚，卵母细胞死亡，卵泡液未被吸收或增多而形成的。呈单发或多发，囊肿的大小不等。囊肿壁薄而致密，内含透明液体，其中含有少量白蛋白。镜检，囊肿内一般不见卵细胞，囊肿膜萎缩，囊肿内壁为扁平细胞。

2. 黄体囊肿

黄体囊肿是由于未排卵的卵泡壁上皮黄体化而形成的，或是正常排卵后由于某些原因，黄体化不完全，在黄体内形成空腔，腔内聚积体液而形成。多为单侧发生，囊肿呈黄色，有核桃大至拳头大，囊内容物为透明液体，常伴发出血。

3. 黄体样囊肿

黄体样囊肿实质上是一种卵泡囊肿，是卵泡不破裂、不排卵，直接演变出的一种囊肿，是在发情周期黄体生成素释放延迟或不足的基础上发展起来的。囊腔为圆形，囊壁光滑，在临近黄体化的卵泡膜细胞区衬有一层纤维组织。

二、子宫内膜炎

子宫内膜炎是雌性动物常发疾病之一，大多是在分娩时或产后期间，由于子宫黏膜发生感染而引起的子宫黏膜的炎症过程。

(一)原因

引起子宫内膜炎的原因很多，其中病原微生物感染占有重要地位，主要病原体有化脓性杆菌、葡萄球菌、链球菌、大肠杆菌和布鲁氏菌等。宠物产后产道黏膜的损伤，子宫内蓄积的恶露等，均为细菌的侵入和繁殖提供了有利的条件。同时，自阴道流出的恶露玷污阴门附近及尾根部的皮毛，产后阴门松弛，子宫黏膜外露遭污染及摇动尾巴时污物触及阴门等也是构成上行性感染的重要因素。

(二)类型和病理变化

1. 急性卡他性子宫内膜炎

①眼观　外观无明显异常，但切开子宫腔，可见含量不等的渗出液，色泽灰白、混浊、黏稠，混有血液时呈红褐色(图 8-69)。内膜充血和水肿，呈弥漫性或局灶性潮红，其中散在出血点或出血斑，子宫子叶及其周边出血尤为明显。若炎症严重，可见体积增大，子宫壁变厚。内膜表面有假膜形成，假膜或呈半游离状态，或与内膜深部组织牢固结合不易剥离。炎症可以侵害一侧或两侧的子宫角及其他部分。

②镜检　子宫内膜血管扩张充血，有时可见散在性出血和血栓形成。病变轻微时，内膜上皮细胞变性、坏死、剥脱，以致在内膜表面附有含坏死脱落上皮细胞及白细胞的黏液(图 8-70)。内膜表层的子宫腺腺管周围有显著的水肿和嗜中性粒细胞、巨噬细胞和淋巴细胞等炎性细胞浸润，腺管内也呈现同样的病理变化。当炎症严重时，内膜组织显著坏死，并混有纤维素和红细胞，子宫肌层甚至浆膜层也有水肿和细胞浸润，肌纤维常发生变性或坏死。

2. 慢性化脓性子宫内膜炎

①眼观　外观子宫扩张，体积增大，触之有波动感(图 8-71)。子宫膜表面粗糙、污秽、无光泽，内膜多形成糜烂或溃疡灶。因感染的化脓菌种类不同，子宫腔内的脓液的颜色呈现不同变化，可见黄色、黄绿色或红褐色(图 8-72)。脓液有时混浊浓稠，有时稀薄如水，或呈干酪样。

②镜检　炎症早期，内膜有大量嗜中性粒细胞、淋巴细胞和浆细胞浸润，继之浸润的细胞与内膜组织共同发生坏死脱落和脓性溶解(图 8-73)。

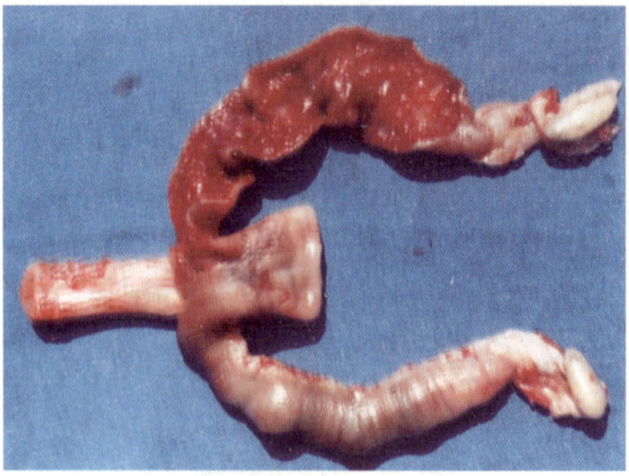

图 8-69　急性卡他性子宫内膜炎(一)
兔子宫。子宫外形稍肿大,黏膜充血潮红,有些肿胀,黏膜表面附以混浊的褐红色渗出物
（陈怀涛,李晓明）

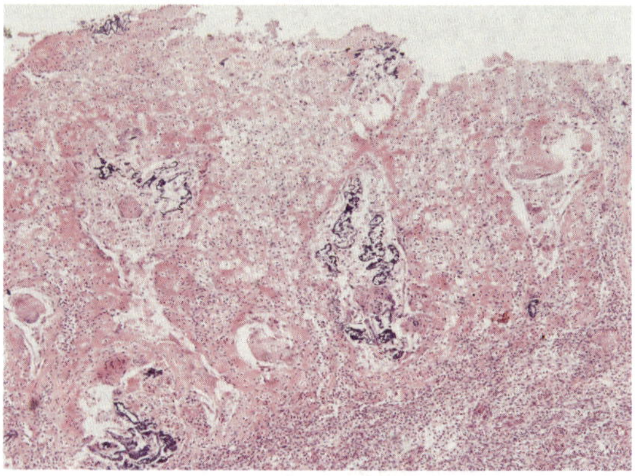

图 8-70　急性卡他性子宫内膜炎(二)
子宫内膜上皮变性、坏死、脱落,黏膜组织充血、出血、水肿并有嗜中性粒细胞浸润,子宫腺坏死。HE×100
（陈怀涛）

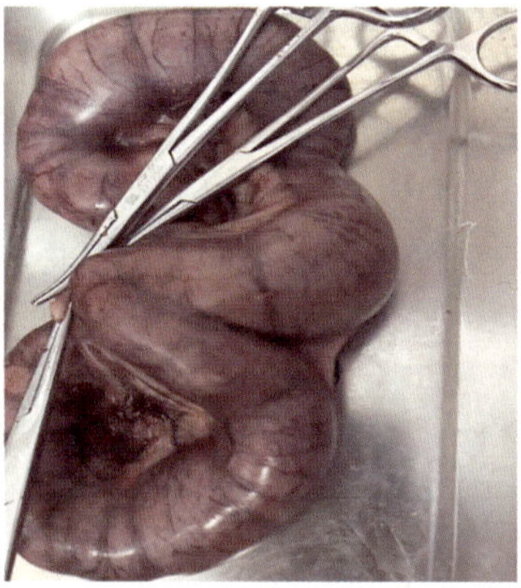

图 8-71　慢性化脓性子宫内膜炎(一)
积脓子宫体积增大,子宫壁血管充血

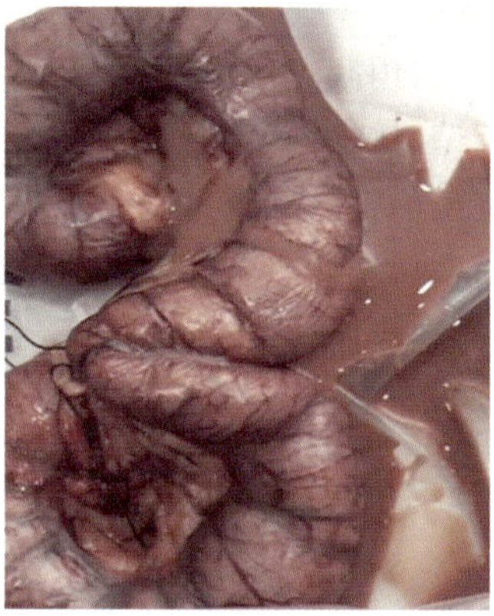

图 8-72　慢性化脓性子宫内膜炎(二)
子宫切开后,可见红褐色内容物

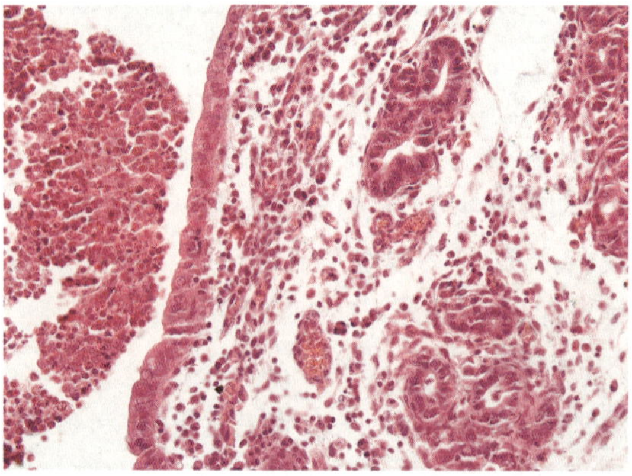

图 8-73　慢性化脓性子宫内膜炎(三)
兔子宫腔积聚大量脓细胞(左侧),子宫内膜有淋巴细胞、浆细胞及嗜中性粒细胞浸润。HE×400
（甘肃农业大学兽医病理室）

3.慢性非化脓性子宫内膜炎

慢性非化脓性子宫内膜炎的病理变化,依病原体的不同和病程的长短而有不同的临床表现。一般在发病初期呈轻微的急性卡他性子宫内膜炎变化,如子宫内膜充血、水肿和白细胞浸润,继之淋巴细胞和浆细胞浸润,并有成纤维细胞增生,导致内膜肥厚,显著肥厚部分呈息肉状隆起。增生的结缔组织压迫子宫腺排泄管,其分泌物排出受阻而蓄积在腺管内,使腺管呈囊状扩张。眼观,在内膜上出现大小不等的囊肿,呈半球状隆起,内含白色浑浊液,称为慢性囊肿性子宫内膜炎。部分病例随着病变不断发展,黏液腺及增生的结

缔组织萎缩，黏膜变薄，称为萎缩性子宫内膜炎。

三、乳腺炎

乳腺炎是乳房受到机械、物理、化学和生物学的致病因素作用而引起的炎症性疾病，又称乳房炎。是雌性宠物常见的疾病，其特征是乳腺发生炎症，同时乳汁发生理化性状的改变。

(一)原因

在引起乳腺炎的诸多因素中，病原微生物占有重要比例，主要有葡萄球菌、链球菌、化脓棒状杆菌、大肠杆菌、副伤寒杆菌、绿脓杆菌、产气杆菌等。另外，当乳房遭受打击、冲撞、挤压等机械作用，或幼宠咬伤乳头等机械损伤，也是引起本病的诱因，或者继发于子宫内膜炎及生殖器官的炎症等。

(二)类型和病理变化

关于乳腺炎的分类，至今仍存在一定的争议，目前临床上按发病原因和发病机理分为急性弥漫性乳腺炎、慢性弥漫性乳腺炎、化脓性乳腺炎等。

1.急性弥漫性乳腺炎

急性弥漫性乳腺炎又称非特异性弥漫性乳腺炎，多发于泌乳初期。

①眼观　乳腺组织肿大，大小不对称，质地坚硬，脆性增加，易于切开，切面上有渗出性炎变化。乳腺淋巴结肿大，切面灰白色、多汁。浆液性乳腺炎，病变部位肿胀、色泽鲜红，切面湿润有光泽，乳腺小叶呈灰黄色，间质及皮下结缔组织炎性水肿和充血；卡他性乳腺炎，切面较湿润，淡黄色颗粒状，按压时自切口流出浑浊脓样渗出物；出血性乳腺炎，局部皮肤充血，切面平坦，呈暗红色或黑红色，按压时自切口流出淡红色或血样稀薄液体，有时有絮状血凝块，输乳管和乳池黏膜常见出血点；纤维素性乳腺炎，乳腺组织质地硬实，切面干燥，呈白色或灰黄色。

②镜检　浆液性乳腺炎时，乳腺腺泡腔内有带脂肪滴的渗出物，并混有少量脱落上皮细胞和嗜中性粒细胞，腺泡上皮细胞呈颗粒变性、脂肪变性和脱落，间质呈现显著的炎性水肿、充血和嗜中性粒细胞浸润(图 8-74)。卡他性乳腺炎时，腺泡腔及导管内有多量脱落上皮细胞和白细胞浸润，间质水肿和炎性细胞浸润。出血性乳腺炎时，腺泡腔及导管内蓄积红细胞，上皮细胞变性和脱落，间质内液充满红细胞，血管充血，偶尔可见到血栓形成。纤维素性乳腺炎时，腺泡腔内有纤维素网，上皮细胞变性脱落，并有少量的嗜中性粒细胞和单核细胞浸润。

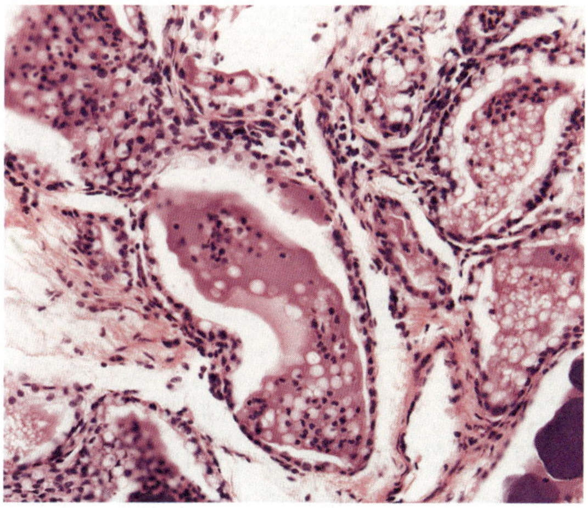

图 8-74　浆液性乳腺炎

腺泡内有浆液(内含脂肪滴)、嗜中性粒细胞和脱落的上皮细胞，腺上皮细胞变性，部分脱落；间质水肿、炎症细胞浸润。HE×400　(陈怀涛)

2.慢性弥漫性乳腺炎

慢性弥漫性乳腺炎主要病原为无乳链球菌和乳腺炎链球菌，以增生变化为主，多取慢性经过。

①眼观　一般情况只侵害一个乳叶，以后侧乳叶多发。初期病变乳叶肿大、质地稍

硬、易切开，乳池和输乳管扩张，管腔内充满黄褐色或黄绿色脓样液，常混有血液，或带乳块的浆液黏液性分泌物，乳池及输乳管黏膜显著充血，呈颗粒状，但不肥厚，间质充血和水肿。腺小叶呈灰黄色或灰红色，肿大并突出于切面，按压时流出浑浊的脓样液。病变主要是以在导管系统内发生卡他性或化脓性炎症为特征。到后期则转变为增生性炎症，黏膜上皮增生而呈结节状、条纹状或息肉状，其周围乳腺组织逐渐萎缩甚至消失，最后由于结缔组织纤维化，导致病变部乳腺缩小硬化，淋巴结明显肿胀。

②镜检　初期在腺泡、输乳管和乳池的渗出物中含脂肪滴，混有嗜中性粒细胞和脱落上皮，并有间质水肿及单核细胞和嗜中性粒细胞浸润。继之，炎灶内以淋巴细胞、浆细胞为主，并有成纤维细胞增生。输乳管及乳池黏膜因上述的细胞浸润及上皮细胞增生而肥厚，形成皱襞或疣状突起。增生的结缔组织纤维化和收缩，输乳管和乳池被牵引而显著扩张，上皮细胞萎缩或化生为鳞状上皮。

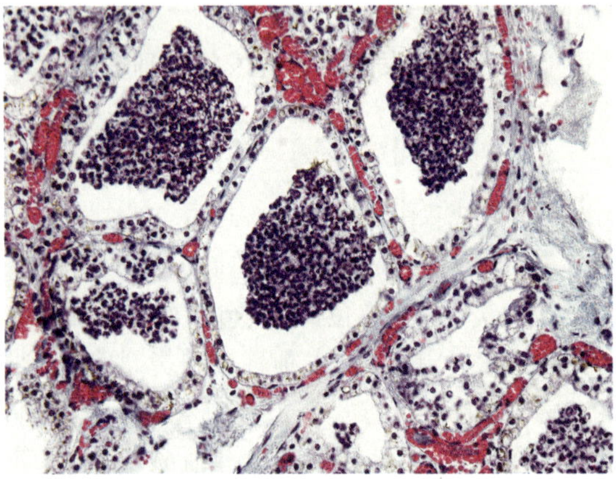

图 8-75　化脓性乳腺炎

腺泡内有大量脓细胞和嗜中性粒细胞，腺上皮明显变性，部分脱落，间质充血，并有炎性细胞浸润。HE×400　（陈怀涛）

3. 化脓性乳腺炎

化脓性乳腺炎主要是有化脓性棒状杆菌和链球菌感染引起。

①眼观　可见病变部位乳房轻微肿胀，质地柔软，淋巴结肿大。乳池及输乳管内充满黄白色或黄绿色脓液，黏膜表面粗糙并覆有坏死组织，实质内可见大小不等的脓肿灶，后期脓肿周围形成结缔组织包囊。

②镜检　乳房皮下及间质有弥漫性化脓性炎，管腔内的渗出物中有大量坏死崩解组织、嗜中性粒细胞和脓球，腺泡及导管系统的上皮细胞显著坏死脱落，形成组织缺损，间质内有大量嗜中性粒细胞浸润（图 8-75）。

四、睾丸炎

睾丸炎是睾丸实质的炎症，常与附睾同时发病。根据睾丸炎的病程和病变，可将其分为急性睾丸炎、慢性睾丸炎和特异性睾丸炎三种类型。

（一）急性睾丸炎

由外伤或经血源感染引起，或由尿道经输精管感染发病。病原菌有化脓菌、坏死杆菌、布鲁氏菌等。

①眼观　发炎睾丸发红、肿胀，被膜紧张变硬，切面湿润多汁，实质显著隆突，炎症波及被膜，可引起睾丸鞘膜炎，有时见有大小不等的凝固性坏死灶或化脓灶。

②镜检　曲细精管内及间质有炎性细胞浸润（嗜中性粒细胞、淋巴细胞及浆细胞等），血管充血和炎性水肿，并见组织坏死。

（二）慢性睾丸炎

多继发于急性炎症，以局灶性或弥漫性肉芽组织增生为特征。睾丸的体积不变或缩小，质地坚硬，表面粗糙，被膜增厚，切面干燥，常有钙盐沉着。伴有鞘膜炎时，因机化使鞘膜脏层和壁层黏连，以致睾丸被固定，不能移动。

(三)特异性睾丸炎

特异性睾丸炎是由特定病原菌(结核分支杆菌、布鲁氏菌)引起的睾丸炎，病原多源于血源散播，病程多取慢性经过。

学习评价

一、名词解释

1. 心肌炎　2. 坏死性脾炎　3. 肺炎　4. 纤维性肺炎　5. 间质性肺炎　6. 肺气肿　7. 肺萎陷　8. 胃炎　9. 肝炎　10. 肾炎　11. 间质性肾炎

二、填空题

1. 心肌炎根据发生的部位和性质可分为______、______、______等类型。

2. 纤维素性肺炎按病变发展过程可分为______、______、______、______四个时期。

3. 脾炎根据病变特征和病程急缓可分为______、______、______及______四种类型。

4. 心内膜炎根据病变特点可分为______、______。

5. 急性肠炎根据渗出物的性质和病变特点，常分为______、______、______、______四种类型。

6. 引起肝硬化的原因很多，常见的有______、______、______、______、______。

7. 肾小球肾炎按病程和病理变化可分为______、______、______等类型。

三、单项选择题

1. 可引起犬少尿的疾病是(　　)。

A. 尿崩症　B. 糖尿病　C. 急性肾炎　D. 慢性肾炎　E. 子宫蓄脓

2. 肾病与急性肾炎的主要鉴别症状是(　　)。

A. 少尿　B. 无尿　C. 水肿　D. 血尿　E. 肾区敏感

3. 犬，4 岁，咳嗽，体温 40.2 ℃，肺部听诊有广泛性湿啰音，两侧鼻孔呼出气体都呈现尸臭气味，则该病可能是(　　)。

A. 大叶性肺炎　B. 小叶性肺炎　C. 支气管炎　D. 异物性肺炎　E. 间质性肺炎

4. 慕雄狂动物患的是(　　)。

A. 卵巢囊肿　B. 黄体囊肿　C. 子宫肿瘤　D. 子宫积液　E. 输卵管伞囊肿

四、简答题

1. 简述急性淋巴结炎的类型及各型的病变特征。

2. 简述肺炎的种类和病理变化。

3. 简述胃肠炎的类型及病理变化。
4. 简述肝炎的类型及病理变化。
5. 简述肾炎的类型、原因和病理变化。
6. 简述卵巢囊肿的类型。

病例分析

病例一：一只患急性肾小球肾炎的病犬，死亡后剖检可见肾轻度或中度肿大、充血，包膜紧张，表面光滑，色较红，肾表面及切面可见散在的小出血点。肾切面可见皮质变宽，纹理模糊，与髓质分界清楚。用本章学习病理知识分析该病犬的病理过程。

病例二：一只患急性卡他性子宫内膜炎的病犬，死亡后剖检未见子宫浆膜异常；切开后可见子宫腔内积有浑浊、黏稠呈灰白色的渗出物，混有血液时呈褐红色或巧克力色；子宫内膜充血和水肿，呈弥漫性或局灶性潮红肿胀，有散在出血点或出血斑，子宫子叶及其周边出血尤为明显。在个别部位内膜上皮细胞变性、坏死，并与渗出的纤维素凝结在内膜表面形成假膜，假膜或呈半游离状态，或与内膜深部组织牢固结合不易剥离。用本章学习病理知识分析该病例的病理过程。

病例三：有一只病犬死亡，剖检后见其胃黏膜表面被覆大量灰白色、灰黄色黏稠液体，胃黏膜皱襞显著增厚。部分胃黏膜及幽门部黏膜肥厚；切片见其黏膜固有层腺体与黏膜下层的结缔组织呈不均匀增生，黏膜表面呈高低不平的颗粒状。可见增生的结缔组织有瘢痕样收缩，腺体、肌层、黏膜萎缩或变薄，胃壁由厚变薄、皱襞减少。用本章学习病理知识分析病例，得出初步病理学诊断。

病例四：一只肠炎病犬死亡，剖检后可见肠黏膜充血、出血和水肿，结膜表面有多量灰白色、灰黄色絮状、片状、糠麸样纤维素性渗出物，多量的渗出物形成纤维素薄膜被覆于肠膜或肠内容物表面。肠黏膜仅有浅层坏死，纤维素性薄膜在肠黏膜上易于剥离，剥离后黏膜充血、水肿，表面光滑，有时可见轻度糜烂，肠内容物稀薄如水，常混有纤维素碎片。用本章学习病理知识分析该病例，得出初步病理学诊断。

项目九 神经、骨骼、肌肉病理

学习目标

知识目标：了解脑炎、白肌病、关节炎等的病因。熟悉这些常见病的病理变化。
能力目标：能根据病变诊断疾病。

学习任务

任务1 神经系统病理

一、脑炎

脑炎是指脑实质的炎症。如同时伴有脑膜炎症，则称为脑膜脑炎；如同时伴有脑脊髓的炎症，则称为脑脊髓炎。根据炎症性质可将脑炎分为化脓性脑炎和非化脓性脑炎。

(一)化脓性脑炎

化脓性脑炎是指脑组织由于化脓菌感染所引起的、以大量嗜中性粒细胞渗出，同时伴有局部组织液化性坏死和脓汁形成为特征的炎症过程。

1.病因及发病机理

引起化脓性脑炎的病原主要是细菌，如葡萄球菌、链球菌、棒状杆菌、李斯特菌、巴氏杆菌、大肠杆菌等。化脓菌侵入脑组织的途径主要有两条：一是血源性感染，即病原体从机体其他部位的化脓灶侵入血液，经血流转移到脑内血管，先引起脑栓塞性血管炎，破坏血脑屏障，进入脑组织，随后有大量嗜中性粒细胞浸润而形成脓肿；二是组织源性感染，即化脓菌在原发感染部位通过直接蔓延进入脑组织，引起化脓性脑炎。

2.病理变化

①眼观　在脑组织中形成大小不等黄色或灰白色小化脓灶，单发或多发，但很少出现大范围的化脓性浸润。蛛网膜下腔内充满奶油状脓液或灰黄色纤维素性脓性渗出物。严重者脑沟、脑回被脓液覆盖而模糊不清。

②镜检　蛛网膜下腔的脓性渗出物中有大量的嗜中性粒细胞和脓肿。脑实质内也有微小的局灶性化脓灶，其中浸润有大量嗜中性粒细胞和脓肿(图 9-1)。陈旧的脓肿灶周围由神经胶质细胞及结缔组织增生形成包囊。

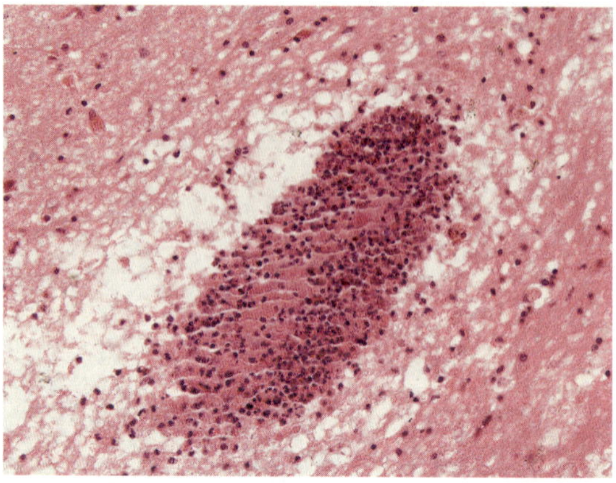

图 9-1 化脓性脑炎

脑组织中有椭圆形脓肿形成，其中有大量脓细胞，局部组织已坏死、溶解，脓肿周围的脑组织呈网状结构。HE×400 （陈怀涛）

（二）非化脓性脑炎

非化脓性脑炎是宠物脑炎中常见的一种，炎症过程中无大量嗜中性粒细胞浸润，即使有少量嗜中性粒细胞也不会引起脑组织的脓性溶解，而是以脑组织神经细胞变性、坏死，脑血管周围间隙有数量不等的炎性细胞（淋巴细胞、浆细胞或嗜酸性白细胞）浸润，构成袖套现象为特征。根据发生原因和病理变化特点分为以下两种。

1. 病毒性脑炎

病毒性脑炎呈典型的非化脓性脑炎，病变主要在脑脊髓实质，脑脊髓膜变化轻微。常见于狂犬病、伪狂犬病、犬瘟热等。

（1）眼观　软脑膜及脑实质充血、水肿，脑回变宽，脑沟变浅，切面充血、水肿，严重者可见点状出血及粟粒至米粒大小的软化灶，软化灶可以散在或聚集成群。

（2）镜检

①血管变化　脑血管扩张充血，血流滞留，血管内皮细胞肿胀。血管周围有浆液渗出，间隙增宽，由淋巴细胞、单核细胞等构成管套（图 9-2）。

②神经细胞变性、坏死　神经元变性，中心染色质溶解，并逐渐扩展到整个细胞，然后细胞肿胀、苍白，细胞核消失。严重时，神经元凝固、皱缩、变圆，伊红染色深，核固缩或消失，神经元数量减少（图 9-3）。

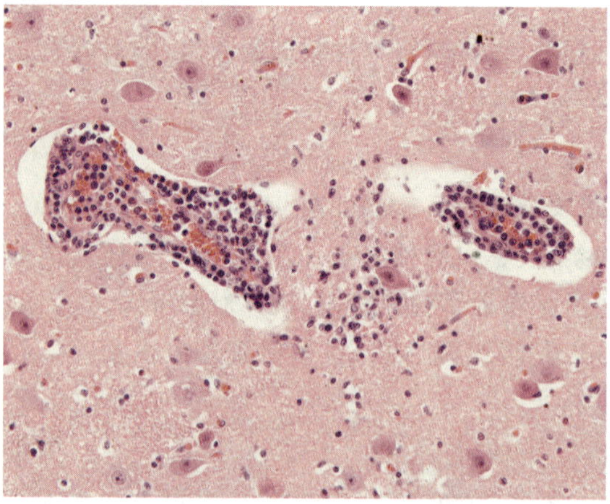

图 9-2 非化脓性脑炎（血管套）

在两个血管的横切面上，均可见管周有许多淋巴细胞围绕，形成血管套；血管间的脑组织中尚有一个小的胶质细胞结节，近旁的神经细胞发生中央染色质溶解。HE×400 （陈怀涛）

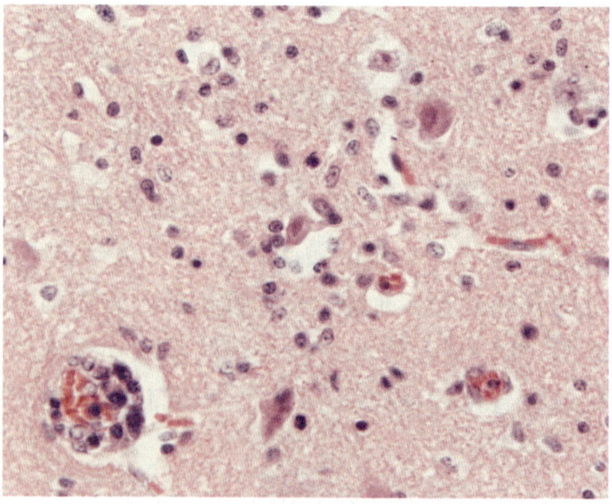

图 9-3 非化脓性脑炎（脑水肿）

脑血管充血，血管周隙扩张、水肿；神经细胞变性，胶质细胞增生。HE×400 （陈怀涛）

③神经胶质细胞增生　神经胶质细胞呈弥漫性或局灶性增生，以小胶质细胞的增生为主。局灶性增生可发生于脑实质的任何部位。在脑炎区，少突胶质细胞发生变性。星型胶质细胞变性或增生。小胶质细胞还可参与构成卫星现象（图 9-4）和噬神经元现象（图 9-5）。变性、坏死的神经元被吞噬后，常为增生的胶质细胞所取代，形成胶质细胞结节（图 9-6）。

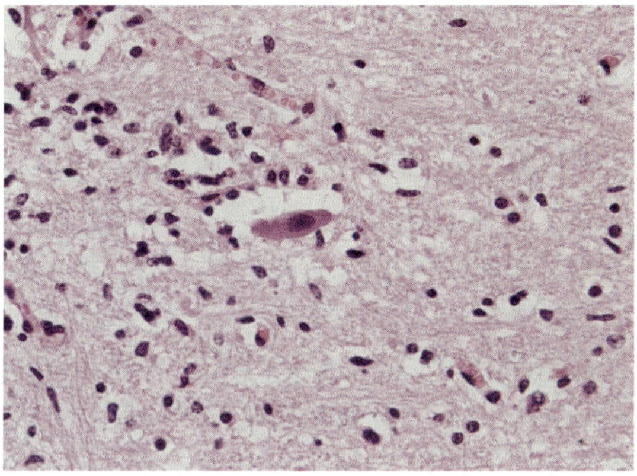

图 9-4　非化脓性脑炎（卫星化）
图中心变性坏死的神经细胞外周，有数个小胶质细胞与少突胶质细胞包围。HE×400　（陈怀涛）

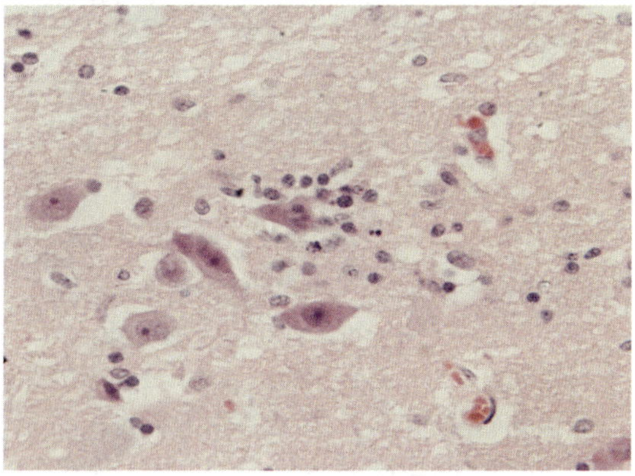

图 9-5　非化脓性脑炎（噬神经元现象）
图中心神经元坏死后，被小胶质细胞吞噬、清除。HE×400　（陈怀涛）

④脑膜炎　很少出现严重的脑膜炎，但某些病原对脑膜有选择性亲和力。因此，脑膜炎也是原发病的一部分，如犬瘟热等。

血管周围套、神经元变性和神经胶质细胞增生，是中枢神经系统病毒性感染的典型性特征，并且意味着病毒的细胞致病作用和对神经细胞变性的应答。病毒性脑炎不仅有上述共同的病变，并且由于病原的不同，还可出现某些特异病变。如在狂犬病的脑神经细胞胞质内见有包涵体，包涵体为圆形或椭圆形，染色呈嗜伊红性，这是诊断狂犬病的重要依据。

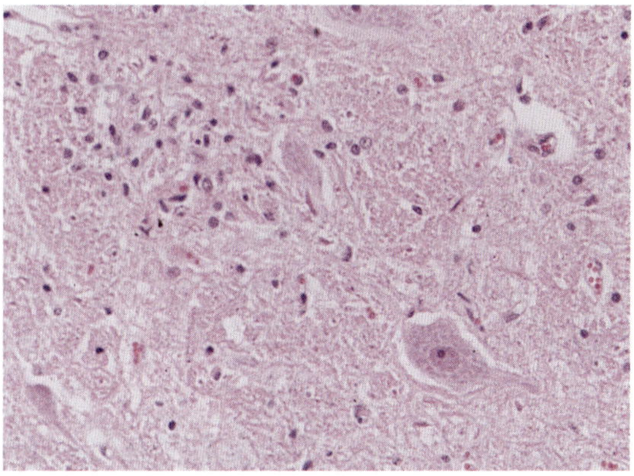

图 9-6　非化脓性脑炎（胶质细胞结节）
小胶质细胞增生形成细胞团块（图左上方），神经细胞坏死、溶解。HE×400　（陈怀涛）

2. 寄生虫性脑炎

寄生虫性脑炎是由某些种的寄生虫（如原虫、囊虫、线虫、吸虫）引起的脑炎，其病理变化差异较大，多具有非化脓性脑炎某些变化的特点，如有感染，也会发生化脓过程。该种脑炎时多伴有致病性寄生虫的存在，同时也可见嗜酸性粒细胞浸润（图 9-7）。

二、脑软化

脑软化是指脑组织坏死后分解液化的过程。由于脑组织蛋白质含量少，不易凝固，磷脂和水分较多，易分解液化，因此其坏死后形成软化病灶。

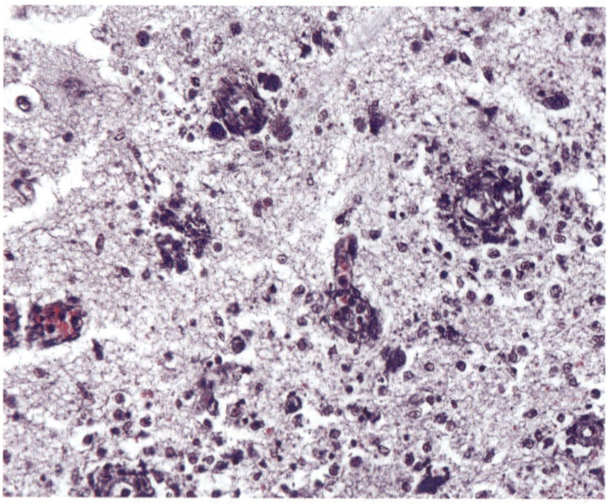

图 9-7　寄生虫性脑炎(犬弓形虫病)

脑血管内皮与外膜细胞增生，血管附近和脑组织中见数个弓形虫假囊，胶质细胞明显增生，甚至形成结节。HEA×400　　（陈怀涛）

(一)病因

引起脑组织软化的原因很多，凡是能造成神经细胞坏死的致病因素都可以引起脑软化，如创伤、梗死、感染、中毒、维生素及微量元素缺乏、遗传性因素等，所以它的性质是非特异性的。

但有一些特殊的病因作用于组织后，待宠物生长到一定年龄或致病因素的作用达到一定的时间后，便突然发病，如临床上犬、猫的维生素 B 缺乏症时脑组织呈现有大小不一的坏死灶。维生素 B_1 是水溶性维生素，它广泛分布于青菜、大米外壳、谷粒、豆类等植物中，一般不容易发生缺乏，除非食物不足、失去平衡或吸收障碍时才发生。猫对维生素 B_1 需求量比犬高 5 倍，因此，较犬更易发生维生素 B_1 缺乏症。

(二)病理变化

(1)眼观　初期病变不易被肉眼所观察，仅见大脑回变宽、肿胀、湿润。较严重病例，可见大脑皮质变软，切面皮质带黄色，并有界限明显的坏死灶。

(2)镜检　脑血管扩张充血，血管周围空隙增宽，间隔破裂，其中偶有少量淋巴细胞和单核细胞，有时呈轻微的环状出血。尚未发生液化的坏死灶，该部的神经细胞呈皱缩状态，细胞收缩成多角形，胞浆嗜酸性着染，核浓缩。少部分神经细胞肿胀变圆，胞浆内有少数空泡为尼氏小体溶解形成，严重者整个胞浆内充满颗粒样物质，甚至细胞形态消失，仅留有痕迹，如坏死灶已发生液化时，病灶内充满多量液体，组织疏松，崩解为颗粒状物质，坏死灶周围缺少明显的炎性细胞反应。神经胶质细胞呈弥漫性增生，少数情况下有神经胶质结节。

(三)结局和对机体的影响

维生素 B_1 缺乏引起脑软化时，病宠表现为食欲不振，呕吐和神经系统紊乱，行动不稳，严重的可能因心脏衰竭而死亡。

任务 2　骨骼、肌肉病理

一、白肌病

白肌病以骨骼肌和心肌变化为主，骨骼肌是白肌病常见的部位。躯体各处均可发生，臀部、股部、背部等病变多见明显，呈对称性分布。

(一)病因

白肌病一般认为是由于维生素 E、微量元素或含硫氨基酸缺乏以及宠物摄入的不饱和脂肪酸过剩所引起的。

(二)病理变化

剥皮后皮下组织湿润有少量浆液,以腹下、四肢较明显,皮下脂肪沉着量少。骨骼肌发育不良,湿润色淡,松弛没有弹性,有水肿样光泽。全身淋巴结肿大,被膜紧张,呈灰黄色或灰白色,质地软,切面外翻,多汁,灰黄或灰白色,结构模糊。心包积液,无色。心肌弛缓,柔软,黄红与黄白色相间。心外膜湿润有水样光泽,左右心室壁均有黄红色或灰白色条纹病灶,形状不规则。肝稍肿大,呈黄褐色或淡褐色,质地较脆,呈浊肿和脂肪变性。胆囊膨满、扩张,切开后流出橙黄色稀薄胆汁。脾萎缩,质地硬实,切面凹陷,小梁可见且增多,含血量少。肾稍肿大,呈淡褐色,被膜易剥离,质地脆弱,切面凸起,皮质髓质界限难辨,有灰白色斑块病灶。

二、代谢性骨病

在骨的发育过程中,成骨作用和溶骨作用处于动态平衡状态,当平衡状态紊乱时,就会引起代谢性骨病。

(一)病因和类型

代谢性骨病中佝偻病和骨软症在宠物中最为常见,都是由于钙、磷代谢障碍或维生素D缺乏所造成,以骨基质钙化不良为特征。幼宠骨基质钙化不良引起长骨软化、变形,弯曲、骨端膨大等症状,称为佝偻病。成年宠物由于钙、磷代谢障碍,使已沉积在骨中的钙盐动员出来,以致钙盐被吸收,骨质变软,称为骨软症。佝偻病、骨软症的本质是骨组织内钙盐(碳酸钙,磷酸钙)的含量减少。

宠物发病主要是由于饲料中钙、磷不足或比例不当以及由维生素D缺乏或不足造成的,其中常见原因是维生素D缺乏。因为钙的吸收和利用都需要维生素D的参与。另外,肝、肾病变,消化机能紊乱以及阳光照射不足也是本病的发病原因。

(二)病理变化

(1)眼观　长骨的骨端和胸肋关节肿大,尤其前肢腕关节呈内弧形屈曲(图9-8),后肢跗关节内收呈八字形叉开站立,肋软骨连接部肿大且呈串珠状排列,出芽期延长,齿形排列不规则,易磨损。将长骨纵行切开或锯开,可见骨骺软骨异常增多而使骨端膨大,骨骺明显增宽,这是软骨骨化障碍造成的。由于膜内成骨时钙化不全,骨样组织堆积,使骨干皮质增厚且变软,用力可以切开,骨髓腔变狭窄。肋骨和肋软骨结合部呈结节状或半球状隆起,左右两侧成串排列,状如串珠,称为串珠胸。这种病灶长期存在而不消退,在临床上具有诊断意义。颅骨显著增厚、变形、软化,外观明显肿大。

图9-8　关节变形

前肢腕关节呈内弧形屈曲

(周庆国)

(2)镜检　主要表现为软骨细胞和骨样组织异常增多。骨骺软骨细胞大量堆积,使软骨细胞增生带加宽,软骨细胞肥大,排列紊乱,骨骺显著增宽且参差不齐,其中有增生的软骨细胞团块和增生的骨样组织,骨髓腔内骨内膜产生的骨样组织增多,使骨髓腔缩小,骨外膜产生的骨样组织增多，使骨切面增厚。骨小梁数量减少，中心部分多已钙化呈蓝色，而周围部分多是未钙化的骨样组织，呈淡红色。

三、纤维性骨营养不良

纤维性骨营养不良又称为骨髓纤维化，是指骨组织弥散性或局灶性消失并由纤维组织取代的病理过程，是一种营养代谢性疾病。

（一）特征和病因

纤维性骨营养不良的特征是破骨过程增强，骨骼脱钙，同时纤维性结缔组织过度增生并取代原来骨组织，使骨骼体积变大，质地变软，骨骼弯曲、变形，易骨折，负重时产生疼痛感。

纤维性骨营养不良的直接原因是甲状旁腺功能亢进，甲状旁腺素（PTH）分泌增多。因此，凡引起甲状旁腺功能亢进的因素均能导致本病。甲状旁腺腺瘤引起原发性甲状旁腺功能亢进，甲状旁腺素分泌增多。食物中缺钙或磷过量，维生素 D 缺乏等因素引起继发性甲状旁腺机能亢进。甲状旁腺增生，代偿性肥大，使甲状旁腺素分泌增多。另外，饲料中植酸、鞣酸、脂肪酸过多时可与钙结合成不溶性钙盐，镁、铁、锶、锰、铝离子等金属离子可与磷酸根结合形成不溶性磷酸盐复合物，两者均能影响钙、磷的吸收，钙、磷必须以可溶解状态在小肠吸收。纤维性骨营养不良也可继发于佝偻病或骨软症。

（二）病理变化

（1）眼观　骨骼出现不同程度的疏松、肿胀、变形，但以头部肿大最明显。头骨中以上、下颌骨肿胀尤其明显，开始是下颌骨肿大，然后波及上颌骨、泪骨、鼻骨、额骨，使头颅明显肿大。上颌骨肿胀严重时鼻道狭窄，呼吸困难；下颌骨肿胀严重时，下颌间隙变窄，齿根松动、齿冠变短等。脊椎骨骨体肿大，脊柱弯曲，横突和棘突增厚。肋骨增厚、变软，呈波状弯曲，与肋软骨结合处呈串珠状隆起。四肢长骨骨体肿大，骨膜增厚、粗糙，断面松质骨间隙扩大，密质骨疏松多孔，骨髓完全被增生的结缔组织所代替，呈灰白色或红褐色。骨骼变软，可以用刀切断。软化的骨骼重量减轻，关节软骨面常有深浅不一的缺陷，凸凹不平，关节囊结缔组织增厚。

（2）镜检　骨髓腔内的骨组织被破坏吸收，几乎完全被新生的结缔组织所代替。纤维组织增多，纤维细胞疏松或比较密集，呈束状或旋涡状排列，其间有残留的骨小梁片段。骨外膜和骨内膜均有大量结缔组织增生，在骨质吸收和纤维化的同时也有新骨形成。新形成的骨小梁不发生骨化或部分骨化，小梁之间充满结缔组织，因此，骨骼体积肿大，骨质松软。新生骨小梁呈放射状从骨外膜形成。

四、关节炎

关节炎是指关节各部位的炎症过程。常发部位有肩关节、膝关节、跗关节、肘关节、腕关节等，多发生于单个关节。

（一）类型和病因

关节炎主要有创伤性关节炎和感染性关节炎两种类型。

（1）创伤性关节炎　是指剧烈运动等机械性原因造成的关节囊、关节韧带、关节部软组织，甚至关节内软骨和骨的创伤，常引起浆液性关节炎，表现为关节肿胀和明显的渗出，关节囊内充满浆液性或浆液-纤维素性渗出物，渗出物稀薄，无色或淡黄色。关节囊滑膜层充血。如继发感染则转为感染性关节炎。

(2)感染性关节炎　主要指由各种微生物引起的关节部位的炎症过程。引起关节炎的最常见病原有支原体、衣原体、细菌、病毒等。感染性关节炎常伴发全身性败血症或脓毒血症，即病原体通过血液侵入关节，引起关节炎。也可由于关节创伤、骨折、关节手术、关节囊内注射、抽液等直接感染。另外，相邻部位（骨骼、皮肤、肌肉）的炎症也可蔓延至关节，引起关节炎。

（二）病理变化

关节炎病变为关节肿胀，关节囊紧张，关节腔内积聚有浆液性、纤维素性或化脓性渗出物，滑膜充血、增厚。化脓性关节炎时，关节囊、关节韧带及关节周围软组织内常有大小不等的脓肿，进一步侵害关节软骨和骨骼则引起化脓性软骨炎和化脓性骨髓炎，关节软骨面粗糙、糜烂。在慢性关节炎时关节囊、韧带、关节骨膜、关节周围结缔组织发生骨化，关节明显粗大，活动性减小，最后两骨端被新生组织完全愈合在一起，导致关节变形和强硬。患关节炎的宠物临床表现为患部关节肿胀、发热、疼痛和跛行，通过治疗原发病，如消除感染等，关节功能一般可完全恢复正常，通常不遗留永久性病变。

学习评价

一、名词解释

1. 脑炎　2. 脑软化　3. 白肌病　4. 纤维素性骨营养不良

二、填空题

1. 脑炎根据炎症性质可分为__________、__________两种类型。

2. 关节炎的类型包括__________、__________。

3. __________、__________、__________是中枢神经系统病毒性感染的典型性特征。

三、简答题

1. 简述非化脓性脑炎的病变特征。

2. 简述佝偻病的发生原因及眼观病变特征。

病例分析

一只患脑软化的病犬，死亡后剖检可见大脑回变宽、肿胀、湿润；还可见大脑皮质局部变软，切面皮质带黄色、并有界限明显的坏死灶。用本章学习病理知识分析该病例的病理过程。

参考文献

[1] 陈怀涛，赵德明. 兽医病理学[M]. 北京：中国农业出版社，2013.
[2] 黄爱芳，祝艳华. 动物病理[M]. 北京：中国农业大学出版社，2016.
[3] 杜护华，李进军. 宠物病理[M]. 北京：化学工业出版社，2016.
[4] 张鸿，杨慧萍. 宠物病理[M]. 北京：中国农业出版社，2016.
[5] 于金玲，李金玲. 动物病理[M]. 北京：中国轻工业出版社，2018.